生命的支撑

SHENGMING DE ZHICHENG

动物骨骼的奇妙探索

李湘涛 编著

上海科学技术出版社

图书在版编目（CIP）数据

生命的支撑：动物骨骼的奇妙探索 / 李湘涛编著.
—上海：上海科学技术出版社，2019.3
　ISBN 978-7-5478-4308-6

Ⅰ.①生… Ⅱ.①李… Ⅲ.①动物—骨骼—普及
读物 Ⅳ.①Q954.54-49

中国版本图书馆 CIP 数据核字（2019）第 010021 号

责任编辑　张　斌
文字编辑　兰明娟
摄　　影　李湘涛　张　斌
插　　画　杨红珍
电脑制作　谢腊妹
印制总监　朱国范
装帧设计　戚永昌

生命的支撑——动物骨骼的奇妙探索
李湘涛　编著

上海世纪出版（集团）有限公司
上 海 科 学 技 术 出 版 社　出版、发行
（上海钦州南路 71 号　邮政编码 200235　www.sstp.cn）
上海中华商务联合印刷有限公司印刷
开本 787×1092　1/16　印张 18.5　插页 4
字数 500 千字
2019 年 3 月第 1 版　2019 年 3 月第 1 次印刷
ISBN 978-7-5478-4308-6/N·165
定价：248.00 元

前　言

骨骼是生命造就的杰作，也充分展现了生命之美。

然而，普通人能够接触动物骨骼的机会不多，就连动物学工作者也很难系统地观察到各个动物类群的骨骼。因此，本书所展示的 300 多幅骨骼照片是非常难能可贵的。它们仿佛遵循着同一种逻辑，却又表现出千姿百态。它们中有的看起来很熟悉，有的看起来很美丽，有的看起来很震撼，从而表现出无比迷人的魅力。

在阅读本书时，这些精美的骨骼似乎触手可及，从长相怪异的鸭嘴兽到体躯庞大的非洲象，从古老的"活化石"矛尾鱼到已经灭绝的渡渡鸟，每一个骨骼都清晰地展现在你的眼前。这些珍贵的生命遗存，无疑都曾经书写过一段生动的传奇故事。

本书内容分为哺乳动物、鸟类、爬行动物、两栖动物和鱼类五个部分，这并非传统分类学中的概念，而是为了方便读者阅读而划分的。事实上，本书在物种的排列方式上，完全采用了目前最新的脊椎动物分类系统，特别是哺乳动物和鸟类。

自 20 世纪 80 年代以来，由于分子生物学理论和方法以及各种新技术的广泛应用，特别是 DNA 测序技术的突飞猛进，当然还包括不可或缺的骨骼化石证据，使宏观动物分类学飞速发展，人们对脊椎动物各个类群的起源与演化的认识不断更新，并产生了以系统进化树为表现形式的、全新的世界现代动物分类系统。枝繁叶茂的多分支系统囊括了所有的动物类群，而各种动物都依据且仅依据其共享的、新的衍生特征被归入某一类群中，而不考虑其原始特征的相似性。例如，不少种类看似鱼类，但其实它们的身体构造和演化历史都与硬骨鱼类相差甚远。因此，分类学家已经不再将"鱼类"作为一个分类单元。

由于传统的分类系统已不能真实地反映出动物世界的复杂性，为了顺应国内外动物学蓬勃发展的形势，我国学者也开始逐渐接受国际上已成为主流的、新的世界现代动物分类系统，以便更好地加强与世界各国动物学家开展交流与合作，其中《中国哺乳动物多样性及地理分布》（蒋志刚等著，2015）和《中国鸟类分类与分布名录（第三版）》（郑光美主编，2017）集中体现了目前国内外哺乳动物和鸟类系统发育与分类、分布研究的新成果，特别是目前国际上关于现代哺乳动物和鸟类在"目""科"等高级分类阶元方面的主流意见，不仅名称和内涵做了较大幅度的修订，而且"目""科"的排列顺序也有很大变化。

其中，哺乳动物在"目"阶元方面，与本书有关的主要变更有：袋鼬目、袋鼠目的设立，原来它们都隶属于单一的有袋目；带甲目（犰狳科）、披毛目（树懒科、食蚁兽科）的设立，原来它们都隶属于贫齿目；劳亚食虫目是基于基因序列的系统发育研究，认为传统的食虫目并非单系群而设立的；鲸偶蹄目的设立是由于分子生物学的证据已经有力地证实了古生物学的推测，从而将鲸类和偶蹄类合并成一个单系类群——鲸偶蹄类。此外，撤消了原分类系统中的有袋目、贫齿目、鳍足目等，并且将原来隶属于鳍足目的海狮科、海象科和海豹科移到了食肉目。在"科"阶元方面最重要的变更是将原来分别隶属于黑猩猩科、猩猩科和大猩猩科的黑猩猩、猩猩、西部大猩猩等都归于人科。

在鸟类方面，与本书有关的主要变更是撤消了原分类系统中的鸥形目，增设了鲣鸟目、鹰形目、鸨形目和犀鸟目，并将䴕形目的名称更改为啄木鸟目。

利用现代科技手段进行脊椎动物种和种下分类的调整也一直是动物学家的一个重要研究内容。与传统分类学相比，许多物种的分类地位也发生了变化。一些以往通过形态学分类列为亚种的种类，经鸣声、分子、行为和演化历史等综合证据的分析，使亚种被提升为种的情况已屡见不鲜。在本书中，凡是骨骼标本能够确定原物种中的亚种的，均更改为新的物种名称，如西黑冠长臂猿、东白眉长臂猿、西部大猩猩等。不过，由于有些骨骼标本在形态方面以及原始记录中已经无法进行相应的有效区分或推断，所以仍然按照该骨骼标本原始记录的物种名称进行介绍，如梅花鹿、马鹿、驼鹿、扭角羚、盘羊等。

需要说明的是，动物分类学是分歧较大的一门基础学科。不同生物类群、不同分类学家对种的标准有不同的认识，对于一个种是否有效、一个分类单元的分合，往往仁者见仁、智者见智，有时也无法取得统一的意见。而且，随着生物学各个领域层出不穷的新发现，系统发育树也在不断地做出各种相应的修订，以便更加真实地反映各个动物类群的演化历史。

在本书形形色色的动物骨骼照片的基础上，为了帮助大家更好地了解与动物骨骼相关的科学知识，本书还以简要的文字介绍了骨骼的特质、骨骼的组成、骨骼的作用、骨骼的进化、骨骼的魅力、生命的档案，以及哺乳动物、鸟类、爬行动物、两栖动物、鱼类等动物类群不同骨骼的特点。对于每个物种则介绍了该种动物的中文名、学名、分类地位、体型大小、分布等，而关于各个物种的骨骼（包括角、牙、喙等被誉为"外骨骼"的皮肤衍生物）的特殊意义和生物学特征成为介绍的重点。此外，本书最后还附有对骨骼名词的术语解释。

书中介绍的每种动物均配有活体状态的彩色照片或精美的手绘插图，从而使读者能够通过阅读本书，对书中介绍的动物物种以及相关的科学知识有一个较为深入和完整的了解。

限于水平，书中的疏漏和不妥之处，恳切希望读者给予指正！

目　录

鸟类

GAI SHU

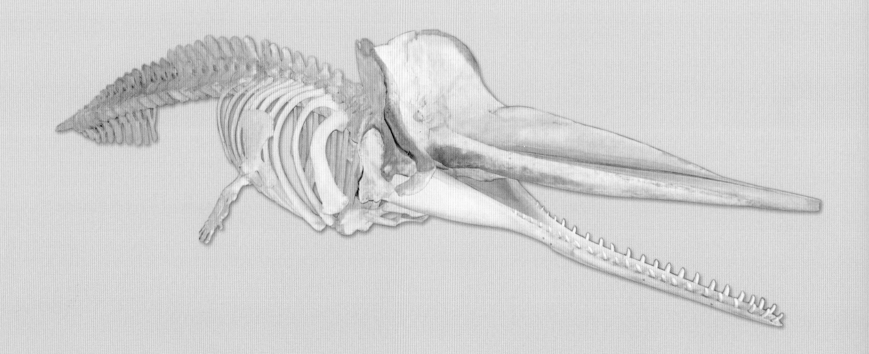

概　述

　　脊椎动物的骨骼系统是由许多骨骼借关节和韧带巧妙连接而形成的一个支架。它不仅支撑着形态各异的各种脊椎动物的躯体，也细致地勾勒出它们各自不同的"相貌"或"脸面"，以及千奇百怪、各具特色的轮廓与造型。

　　骨骼的存在，意义非常重大。正是由于骨骼系统所提供的坚实支撑，地球上才出现了鲸、大象、长颈鹿和恐龙那样的庞然大物；也正是由于通过骨骼连接起来的运动杠杆系统，才使脊椎动物无论在速度还是在灵敏度方面，都获得了高度的发展。

　　对人类来说，特殊的骨骼结构使直立成为可能。经过无数代的努力，人类终于站了起来，自由行动，跋山涉水，踏遍脚下的这个星球。

一、骨骼的特质

在不同动物之间，骨骼的大小、轻重和形状有所不同，如娇小的琉球狐蝠头骨就与巨大的河马头骨相差悬殊。即使在同一个动物体内，不同部位的骨骼也是多种多样、无奇不有。例如，人类大腿上长筒状的股骨，长度可超过半米，而中耳里形状像马镫一样的镫骨却只有一个米粒大小。

所有的骨骼都属于结缔组织，由细胞（软骨细胞或骨细胞）和细胞间质（包括基质和纤维）构成。其中，软骨组织由软骨细胞和细胞间质组成，间质中的基质为凝胶状的半固体，从而使软骨坚韧而有弹性，能起到一定的支持和保护作用。由于软骨组织还是太"软"，因而只是圆口类、软骨鱼类的骨骼组织，在其他类群中则只是在胚胎期机体的主要支持结构，成体后大多被硬骨代替，仅在骨端、关节面、椎骨间、气管、耳郭、腹侧肋骨、胸骨、会厌等处仍保留一部分软骨组织。骨组织由骨细胞和细胞间质组成，具有更强大的支持和保护作用，也是最坚硬的结缔组织。骨组织不仅构成了大多数脊椎动物骨骼的主要成分，也是它们机体内最大的钙库，主要以骨盐的形式沉积。

由于每块骨骼在机体中的位置不同，所起的作用也有所不同，因而也就呈现出了各种不同的形态，通常可以分为长骨、短骨、扁骨和不规则骨四种类型。

长骨像一个外实中空的大竹筒，中部较长的一段叫骨干，两端粗大的部分称骨骺。幼年动物在骨骺与骨干之间为骺软骨，骺软骨不断生长，又逐渐骨化，使长骨不断增长。成年后，骺软骨完全骨化，便不再增长。长骨主要起支持和运动杠杆的作用，如四肢骨。

短骨为似立方体的小骨块，骨质坚实，具耐压性，主要起杠杆和支持作用。有些短骨成组位于长骨之间，起着支持、分散压力和缓冲震动的作用，如腕骨和跗骨。有的短骨成串排列，如椎骨，使组成的脊柱既具有坚固性，又具有灵活性。有的短骨称籽骨，起滑车的作用，可改变力的方向，如膝盖骨。

扁骨是扁平的板状骨，如头骨的各骨片，构成颅腔的壁，对脑起到保护作用。有的扁骨可为骨骼肌提供广阔的附着面，

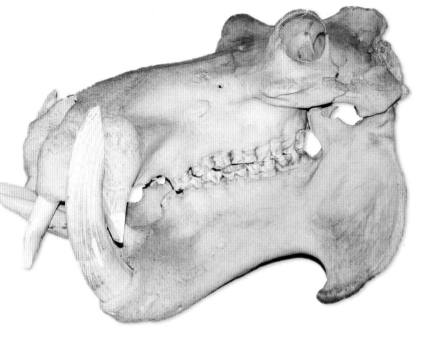

河马头骨

琉球狐蝠头骨

如肩胛骨。

不规则骨的形状很不规则，如岩乳骨、蝶骨等。其功能往往比较复杂。有些不规则骨内还具有含气的腔，称为含气骨，如上颌骨等。

由于形态复杂多样，所以在骨骼上的不同部位也有很多专有名称。如比较平坦的地方叫面，面与面之间的分界称为缘；表面上突起明显的叫突，较为和缓的叫隆起，带有粗糙面的叫粗隆，近似球形的叫结节，较大而圆的叫隆突，尖锐的叫棘，隆起的锐棱叫嵴，细长的弱嵴叫线；较大的凹陷称为窝，较小的称为凹，小凹是更小的凹陷，长形的凹陷叫沟；圆形洞隙叫孔，管形的叫隧道，小管是很狭窄的管……骨骼之间的连接方式，除了颅骨之间连接的骨缝、把脊椎连成串儿的"小垫子"一样的椎间盘等不能大范围活动的连接方

式外，真正能让骨骼灵巧地自由活动的是其间的一个运转自如的特殊结构——关节。

关节主要有六个类型。球窝型允许各个方向的运动，但容易脱臼，如哺乳动物的髋关节和肩关节；鞍型允许几个方向的上下运动，如灵长类可以使拇指与其他指对握；铰链型允许在单一平面内摆动，如膝关节和踝关节；轴型主要限制旋转运动，如位于第一、第二颈椎间可以控制头部的转动；双髁型允许旋转及前后转动，如腕关节；平面型只允许有限的运动，如哺乳动物脊柱和骨盆之间的连接，除在分娩时骨盆扩张以容纳胚胎之外，其他时候不能运动。

典型的骨骼，如长骨，其结构包括骨质、骨髓和骨膜三部分，前者是骨骼的主要部分，后两者为骨骼的附属结构。

骨质又可分为骨密质和骨松质。骨密质分布在骨骼的表层，致密坚硬，耐压性强；骨松质在骨骼的内部，占据骨骼的大部分体积，疏松呈海绵状，由细小而相互交错的骨小梁构成。这个精致的结构，即所谓的"网状骨质组织"，弹性较大。骨小梁的排列与身体重力传递及肌肉牵引的方向一致。

骨髓由宛如丝瓜筋络一样的网状组织或脂肪组织构成，填充于髓腔和骨松质的网眼里，分为两种。在长骨的髓腔内是富含脂肪的黄骨髓，而在长骨两端以及短骨、扁骨的骨松质中则充满红骨髓。红骨髓是一个忙碌的"造血工厂"，负责绝大部分红细胞和白细胞的生产，源源不断地向血液提供新鲜的红细胞。随着年龄的增长，鲜亮的红骨髓会逐渐被黄骨髓所取代，其组成成分也变成脂肪组织，从而失去造血功能。

完整的骨骼表面也不是光溜溜的，而是披着一件色彩丰富、感觉灵敏的"迷彩服"——骨膜。这是一层由致密结缔组织构成的膜，紧贴在骨骼的表面。骨膜中有神经和血管，对骨骼具有保护、营养和再生的作用。

并不是所有的骨骼都包含这三部分，例如属于弓形长骨的肋骨就没有骨髓腔，短骨则主要由骨松质上附着一层薄的骨密质组成，头骨上的扁骨也大多是如三明治的结构——外面是骨密质，内部是骨松质。

动物正常的生活和运动要求骨骼拥有足够的强度、刚度、稳定性等物理特性。强度指骨骼抵抗外力破坏的能力，使运动时不易骨折。刚度指骨骼在外力作用下抵抗变形的能力，使骨骼的形状和尺寸因受力而产生的变形不超过正常生活所允许的限度。稳定性指骨骼在外力作用下保持原有平衡形态的能力，例如，管状长骨在压力作用下有被压弯的可能，但仍会保持其原有的直线平衡形态。

骨骼的这些特性主要是由它的化学成分所赋予的，包括有机物（主要是骨胶原）和无机物（主要是各种钙盐，如磷酸钙、碳酸钙等）两大类。有机物使骨骼有较大的韧性和弹性，无机物能够保证骨骼的硬度，两者合理配合，使骨骼既坚且韧。例如，成年人骨骼中有机物约占 1/3，无机物约占 2/3。但在人或动物的一生中，骨骼的内部结构和化学成分随着年龄的变化而不断更新，故其物理特性也随之发生改变。

显然，骨骼并不是生来就那么坚硬、结实的。以人类为例，刚出生的婴儿骨胶质成分较多，所以骨骼比较松软，这有利于婴儿从母亲的子宫里顺利分娩。这些柔软的骨骼要经过一个"钙化"的过程，才逐渐变得坚硬起来。婴幼儿骨骼中的有机物多、无机物少，所以弹性大、硬度小，容易发生变形。随着年龄的增长，钙盐所占的比例逐渐增大，弹性越来越小，故老年人的骨骼脆性增加，容易发生骨折。

骨折是一个听起来令人恐惧的事件！但幸运的是，骨骼中有成骨细胞和破骨细胞。前者主要成分是钙盐，贴附于骨面，就像"砌砖工"一样，负责骨骼结构的搭建与修复；后者参与骨组织的吸收过程，如同一个"拆迁工"，负责不断地破坏旧的骨质，并把它们消化吸收掉。事实上，即使没有骨折出现，骨骼也是每时每刻都不停地进行着新陈代谢，不断地沉积钙盐形成新骨，同时又溶解旧骨，并把溶解后的各种离子输送给血液。

骨骼来自中胚层未分化的间充质形成的成骨细胞，由成骨细胞发生出软骨和硬骨。硬骨在发生上有两种类型：一种是从间充质经过软骨阶段再变成硬骨，如脊柱、肋骨、四肢骨和头骨的一部分；另一种是在间充质的基础上，不经过软骨阶段而直接形成硬骨，如头骨顶部的额骨、顶骨，颌弓上的前颌骨、上颌骨、齿骨等。不过，不论它们是怎样发生的，一经变成硬骨，从形态上就不能鉴别出来了。

骨骼所拥有的自然、优美、合理的形态，不仅是生长的产物，而且很大程度上受到力学因素的制约，因此往往表现为力学应力的映像。人或动物一生中身体结构都在不断地变化，那些精细入微的适应变化显得奇妙无比。因此，蹒跚学步的婴儿体内稚嫩的骨骼"砌砖工"所搭建出的结构不可能一劳永逸，而是要一而再、再而三地精雕细琢。随着身体的生长，早期建造的系统就会变得无用，必须及时得到更替。这也说明"砌砖工"对机体所承受的各种压力和拉力十分敏感，因而能够通过生长、吸收和改造，让骨骼在它所受到的主要负荷的方向上不断进行重建，使强度和形状越来越适应它所受到的应力变化，更加粗壮、坚实，以保证其对机体的支撑和保护作用。

海狸鼠的牙齿

在头骨上，除了那些复杂多样的一片片骨骼，引人注目的还有各种各样的牙齿。它们异常坚硬的性质，使很多人认为牙齿也属于骨骼。其实不然，就其形成过程和结构来说，牙齿是皮肤的一种衍生物，其坚硬的釉质是由外胚层的表皮形成的。

动物为了适应生存环境，其皮肤产生了多种多样的衍生物，它们的功能非常复杂。事实上，很多被人们认为是骨骼的东西，其实都是皮肤的衍生物，其中最主要的有牙齿、角（实角、洞角、犀牛角）、爪（蹄、甲）、喙，以及鳞（角质鳞、硬鳞、圆鳞、栉鳞、盾鳞）、骨板、鳍条等。它们有的形成一些辅助结构协同骨骼对身体进行保护或者使自己拥有令人生畏的外形；有的可以与骨骼和肌肉一起完成某些运动，如哺乳动物的爪、蹄、甲可帮助它们行走、奔跑、攀登或抓握等；有的则是动物在生存竞争中捕捉猎物或者自身防御的一种武器，如牙齿、爪、喙、角等。而牛、羊、鹿、犀牛等动物头上的角，主要是雄性之间用于争夺雌性的一种武器，经过激烈角斗的优胜者，自然可以得到"妻妾成群"的奖赏。

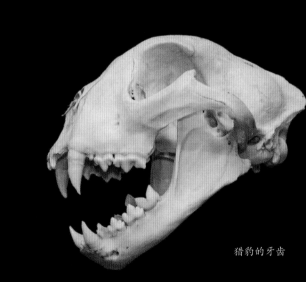

猎豹的牙齿

由于这些材质坚硬的皮肤衍生物所表现的"不是骨骼，胜似骨骼"的性质，以及在脊椎动物生活中所起的重要作用，也使它们赢得了"外骨骼"的美誉。

黑尾蟒的牙齿

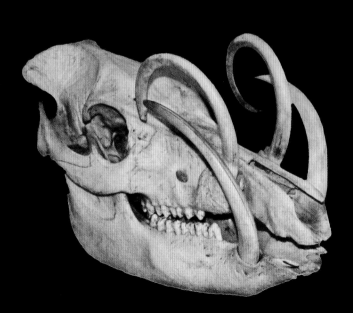

鹿豚的牙齿

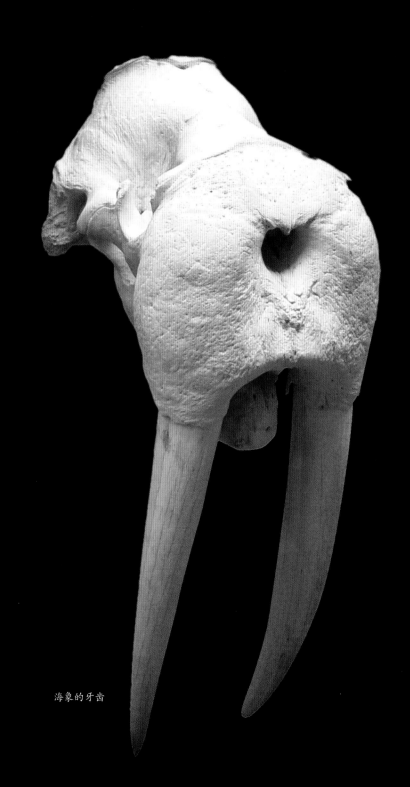

海象的牙齿

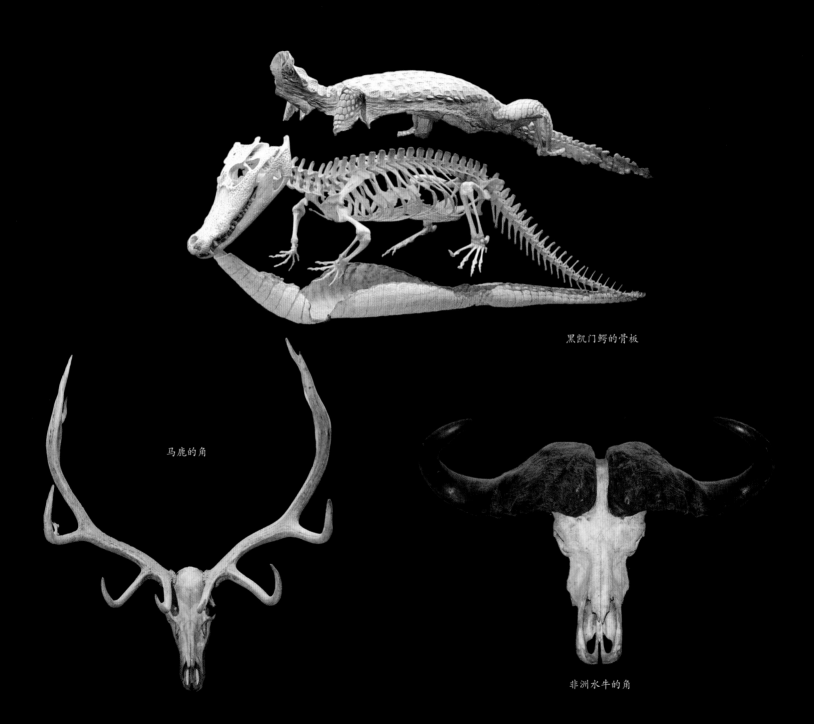

黑凯门鳄的骨板

马鹿的角

非洲水牛的角

二、骨骼的组成

脊椎动物最主要的特点就是体内有一条由一串脊椎骨连接而成的脊柱，起支撑身体的作用。脊柱与头骨、胸骨、肋骨共同构成脊椎动物的中轴骨骼。

大多数脊椎动物还有一套附肢骨骼，形成鱼形动物成对的偶鳍或四足类动物的四肢，起到平衡、推动身体前进以及在前进时掌握方向的作用。附肢骨骼通过带骨与中轴骨骼相连接。

（一）中轴骨骼

1. 头骨

头骨是骨骼系统中最复杂的一个部分，宛若迷宫一般，不仅骨块甚多，形状不规则，而且还有许多细小的、常被人们忽略的小骨块。此外，头骨上的窝、窦、腔、孔、嵴等，也非常多。

对脊椎动物的各个类群来说，进化过程中的一个趋势是：由于脑的不断发展，脑颅所占比例也随之增大，但头骨骨块的数目却越来越少，软骨更多地被硬骨所代替。例如，现代硬骨鱼类的头骨有 100～180 块，两栖动物、爬行动物的头骨有 50～90 块，哺乳动物的头骨有 35 块左右，而人类的头骨仅有 23 块（不包括听小骨）。

头骨骨块数目的减少主要是由于相邻骨块的愈合，如蛙的额骨和顶骨愈合为单一的额顶骨。另外一个原因是，一些骨片的退化消失，如哺乳动物的下颌除保留齿骨外，其余骨块皆退化或消失。头骨骨块的减少和愈合，也成为顺利解决坚固与轻便这一矛盾的有效途径。与此同时，头骨各骨块的连接也由疏松变为紧密，彼此愈合成为牢固的脑颅，只有下颌骨与头骨其他部分形成可动的连接——颌关节。其中，硬骨鱼类和一部分软骨鱼类用舌颌骨作为悬器将上下颌连于脑颅，称为舌接型；肺鱼和大多数陆生脊椎动物的上颌骨直接与脑颅相连或与之愈合，其上的方骨与下颌形成关节，舌颌骨已完全失去悬器的作用，这种连接方式称为自接型；哺乳动物的上颌骨已经与脑颅愈合，与脑颅联系更为密切，下颌的齿骨直接和颞骨形成关节，这种称为颅接型的关联方式也使咀嚼食物更为有力。而且，它们的下颌上一般都有强大的肌肉组织，还能起到装饰的作用。

在进化过程中，影响头骨结构和造型的主要因素有脑的发达程度、感觉器官的不同情况以及动物取食的方式。例如灵长类的眼窝总是朝向前方，使得左右眼的视野几乎能够完全叠加在一起，形成完美的立体视觉和景深感知。此外，鲸类变态的头骨不仅形成了一副长脸和一张犹如鸟喙一般的大嘴，而且还有一个奇特而令人费解的现象：不对称——左侧有些骨骼比右侧的大，前面有些骨骼缩进到其他骨骼内，这可能与其回声定位的能力密切相关。

根据不同动物头骨的形状和结构，人们可以比较容易地推测出它们的行为习性。以某些哺乳动物为例，有些动物的头骨狭窄而精细，如羚羊，适应于食草和机敏地逃避敌害；有些动物的头骨短粗而有力，如老虎，适应于发现猎物，并且依靠强有力的嘴来进行捕食。短粗而有力的头骨顶上还有高高突起的嵴线，宛若船帆一般，称为矢状嵴，肌肉能够附着其上，赋予它们强大的咬力。

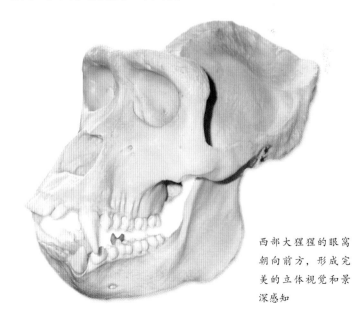

西部大猩猩的眼窝朝向前方，形成完美的立体视觉和景深感知

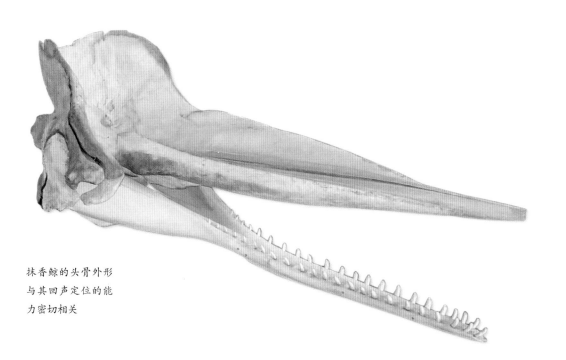

抹香鲸的头骨外形
与其回声定位的能
力密切相关

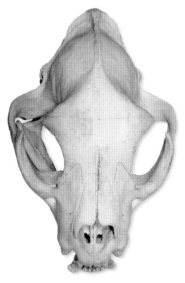

雪豹的头骨上高高突起的
矢状嵴赋予它强大的咬力

2. 脊柱

脊柱由一节节的脊椎骨连接而成，是支持身体中轴和保护脊髓的器官。有些种类的脊柱由相当多的脊椎骨组成。例如，蛇的脊椎骨多达 500 余块，蚓螈可达 250 块，某些有尾两栖动物也有 100 块。

一块典型脊椎骨的中央部分是椎体，椎体背面是椎弓，很多椎弓相连形成椎管以容纳脊髓。椎体的腹面有脉弓，脉弓组成脉管，是血管通过之处。椎弓与脉弓都有延伸的棘。陆生脊椎动物的脊椎骨上还具有多种突起。

无论有多少块脊椎骨，它们顺次排列都是以椎体两端的关节相互衔接的。在进化过程中，脊柱在支持身体与保护内脏方面趋向于更加坚固，而在转动方面趋向于更加灵活，这一点从椎体两端关节面形状的演化过程中表现得非常清楚。它们由只能稍稍摆动的双凹型（包括鱼类、有尾两栖动物，以及楔齿蜥、守宫类和一些绝灭的少数爬行动物），到比较灵活的前凹型（包括多数无尾两栖动物、多数爬行动物和鸟类的第一颈椎）和后凹型（包括大多数蝾螈和一部分无尾两栖动物，以及少数爬行动物），最后达到转动程度极其灵活的马鞍型（鸟类）和双平型（哺乳动物），结合脊柱的分区与加固，使这一支持脊椎动物身体的重要结构愈来愈完善。

鱼类的脊柱仅分化为躯椎及尾椎，且两部分的差异有限，头骨通过后颞骨与肩带相连，基本上不能活动，腰带也不与脊柱相接。两栖动物只有 1 块颈椎，处于过渡阶段，头部稍能活动，并且已有荐椎与腰带相接。爬行动物已分化为颈椎、胸椎、腰椎、荐椎和尾椎 5 个区域，其前 2 个颈椎分别为寰椎和枢椎，已经能让头部做仰、俯及左右转动，从而使头部的感觉器官获得更加充分的利用，而荐椎的不断完善也和脊椎动物登陆后附肢承担体重及行走的功能密切相关。例外的是，蛇类的脊椎骨虽然非常多，但脊柱的分区却不明显，仅分化为尾椎和尾前椎，椎骨之间通过灵活弯曲的关节连接，以保证它的蜿蜒运动。同时，在脊椎骨中央的腹面还生长了一对称为椎弓突的构造，以限制它们在一定范围之间的活动。

　　鸟类为了适应飞行生活方式，其脊椎骨骼有大量的愈合现象，形成一个坚挺的骨架以适合飞行的需要。鸟类的躯体重心也集中在中央，有助于它们在飞行中保持平衡。它们的少数胸椎、腰椎、荐椎以及一部分尾椎愈合为一个整体，称愈合荐骨。最后几枚尾骨也愈合成一块非常小的尾综骨，它所支持的尾柄上着生扇形的尾羽，可在飞行及降落时起舵的作用。另一方面，鸟类有多枚脊椎骨组成的颈椎，所具有的高度灵活性又在一定程度上补偿了腰荐部活动的不足。与头骨相连接的寰椎，可与头骨一起在枢椎上转动，从而大大提高头部的活动范围，其转动范围一般可达 180°，猫头鹰甚至可转 270°。

　　尽管不同种类哺乳动物颈部的长短相差很悬殊，但它们的颈椎数目绝大多数恒为 7 块（仅海牛科为 6 块、树懒目为 5～9 块等少数例外），只是每一块椎骨的长短不同。水生哺乳动物的颈椎一般都很短，而且相邻椎骨相接很紧密，有的甚至愈合成为一块，也反映出它们在水中生活头部较少活动的特点。地下穴居的种类，如鼹鼠，颈椎很短；善于跳跃的种类，如跳鼠，颈椎也变短，并有愈合现象，这样能防止跳跃时头部剧烈的摆动。

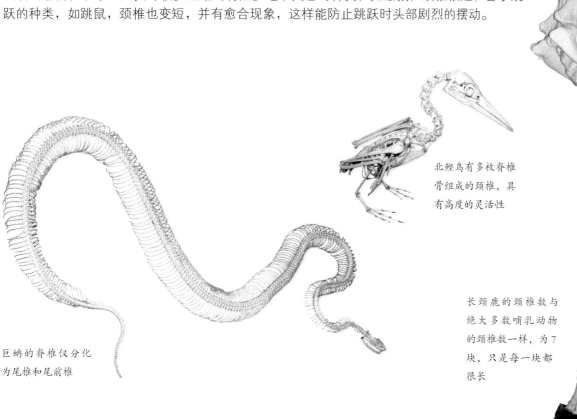

北鲣鸟有多枚脊椎骨组成的颈椎，具有高度的灵活性

巨蚺的脊椎仅分化为尾椎和尾前椎

长颈鹿的颈椎数与绝大多数哺乳动物的颈椎数一样，为 7 块，只是每一块都很长

在四足类哺乳动物中，脊柱成弧形，只有一个朝下的弯曲。人类脊柱则有4个弯曲，既有凸向前的颈曲、腰曲，又有凸向后的胸曲、骶曲。而且，人类的脊柱由颈椎向下逐渐变粗，到下部腰椎最粗，这是由于直立时头颅、上肢和躯干的重量经脊柱向下传递，越向下的椎骨负担越重，也就越加粗大。

有趣的是，人和类人猿的尾椎仅为3~5块，已退化成为痕迹器官。尾椎靠前的部分还保持着一般脊椎骨的各突起，后面的尾椎已失去完整的椎骨外形，椎弓和横突等皆消失，仅保留圆柱状的椎体。

事实上，脊椎动物的尾椎数目变化很大。一般来说，尾椎的数目和尾的长度成正比。由于躯干与尾的分界处就是肛门，因此脊椎动物的尾被称为肛后尾，是其外形的主要特征之一。某些脊椎动物的尾在外部形态上还有一些特殊的形式，如鱼类的尾鳍和鸟类的尾羽。

鱼类的尾鳍由刺状的硬骨或软骨支撑薄膜构成。鲸类也有向水平方向扩展的一对尾叶，但和它的背鳍一样，并不是由骨骼支持的，脊椎骨在狭长的尾干部逐渐变细，最后在进入尾鳍之前消失。

人和类人猿的尾椎仅为 3~5 块，已退化成为痕迹器官

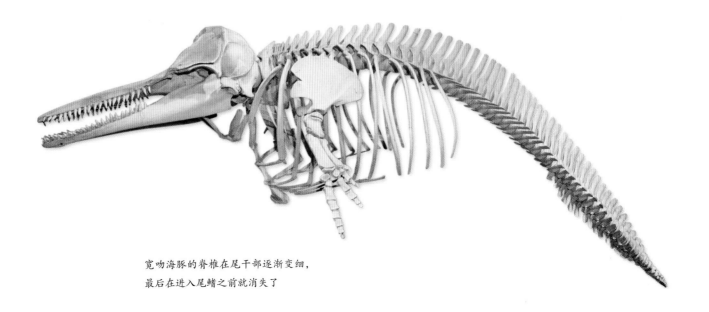

宽吻海豚的脊椎在尾干部逐渐变细，
最后在进入尾鳍之前就消失了

许多动物的尾都能不同程度地卷曲，其中黑蜘蛛猴的尾发育得非常完善，甚至可以协助它们进行移动和采食，将诸多的功能发挥得淋漓尽致。在能够飞行或滑翔的动物中，尾也能起到辅助的作用。尾更是一些凶猛动物置对手于死地的一种武器，老虎能用尾给背后的猎物以猛烈的一击，湾鳄可以突然甩动它那侧扁而长的尾将岸边的猎物击入水中，就连袋鼠的尾扫过去也相当于"一记闷棍"。

3. 肋骨和胸骨

鱼类没有胸骨，但有肋骨，一端与躯椎相连，另一端游离。硬骨鱼类的肋骨还从两侧包围体腔起保护内脏的作用。两栖动物中的无足类（如蚓螈）和有尾类中的一些种类（如洞螈、三指螈等）也不具胸骨。有尾两栖动物中的蝾螈、大鲵等的胸骨仅仅是一块简单的软骨板。无尾两栖动物虽然已有较发达的胸骨，但由于两栖动物均无明显的肋骨，故胸骨不与脊柱相连，而仅和肩带相接。

从爬行动物开始，胸骨与肋骨都得到发展，并且由胸椎、肋骨及胸骨借关节、韧带相连接而形成胸廓，其功能是支持和增强体壁、保护胸腔内脏、为前肢肌提供附着，还能起到协助肺呼吸的作用。

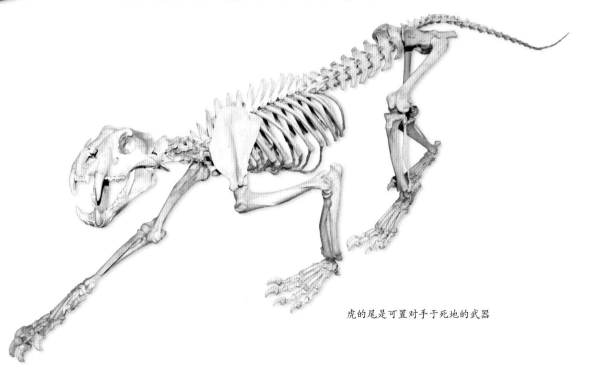

黑蜘蛛猴的尾能卷曲，协助它进行移动和采食

虎的尾是可置对手于死地的武器

在爬行动物中，龟鳖类的胸骨参与骨质板的形成，肋骨背面与背甲愈合，位于肩带和腰带之外。蛇类不具胸骨，除寰椎外，尾前椎的椎骨上都有能动的、结构单一的发达肋骨附着，肋骨的腹端有韧带与腹鳞相连，借助脊柱的左右弯曲和肌肉活动使肋骨移动，从而支配腹鳞随之移动，与地面产生磨擦，推动身体做水平波状弯曲移动。

鸟类的胸骨中央有高耸的三角形片状突起，很像船底的龙骨，因而称为龙骨突。龙骨突可增大胸肌的附着面，只有那些不善飞翔的鸟类（如鸵鸟）胸骨扁平，称为平胸类。蝙蝠的胸骨也具有龙骨突，但没有鸟类那样发达。鸟类胸椎两侧各附有一条弯形的肋骨，并延伸到胸骨，成为能够活动的关节。肋骨彼此借钩状突相关联，除了最后一对外，每一个突起都压在后面一根肋骨上，使胸廓更加坚固。胸廓需要承担更大压力的雁鸭类更是把这个构造发挥到了极致。它们的钩状突非常长，1 枚钩状突可以跨越 2 枚肋骨，使相邻的 3 枚肋骨都可以通过 1 个钩状突连在一起。而且，即使有这样的加固，也不影响胸廓作为一个整体的弹性和功能的发挥。

对于四足类哺乳动物来说，胸廓就好像被两条前腿夹扁了一样，背腹径大于左右径，横切面呈心脏形。而人类胸廓的横断面呈肾形，这种宽阔的形状使重心后移，容易在直立时保持身体平衡。由于有水的浮力，鲸类的肋骨不需要支撑体重，所以结构较细，也不与脊椎和胸骨紧密连接。

（二）附肢骨骼

附肢骨骼包括附肢骨与带骨。在身体前部有前肢骨与肩带（主要包括肩胛骨、乌喙状骨、锁骨等，人的肩带仅有肩胛骨和锁骨），身体后部有后肢骨与腰带（主要包括髂骨、坐骨、耻骨等）。

肩带在各类脊椎动物中皆不与脊柱直接相连，而是通过韧带、肌肉连于脊柱之上。硬骨鱼类的情况较特殊，肩带通过上匙骨、后颞骨直接和头骨相连。

与肩带相比较，腰带在各类脊椎动物中缺少变化。鱼类的腰带作用很小，不与脊柱关联，这与鱼的偶鳍不承担体重有关。现代四足类的腰带皆与脊柱相连，作为脊柱与后肢之

间的桥梁，起着支持身体的作用。

人和哺乳动物的腰带由髂骨、坐骨和耻骨相互愈合成为髋骨，并与位于中央的骶骨、尾骨和连接它们的韧带组成骨盆，可容纳腹腔下部的内脏。胎儿在其中发育，产道也经过骨盆。动物的骨盆像一个进出口都与筒轴斜交的圆筒，背侧壁较近颅侧，腹侧壁较近尾端，两者不是全面相对，入口和出口也不全面相对，所以分娩时胎儿在经过骨盆时有回旋的余地，困难不大。人类骨盆为顺应直立姿势而出现了一系列改变，特别是其上下径的缩小及韧带的强固，使得其前壁和后壁在垂直方向上互相趋近，就像是一个进出口都几乎与筒轴垂直的圆筒，而人类胎儿头颅增大，经过这个圆筒时回旋的余地较少，所以难产的可能性也就增大了。

鱼类偶鳍的主要作用是维持身体平衡及改变运动的方向，共有肉鳍、鳍褶鳍和辐射鳍三种类型。偶鳍中有鳍条支持，包括鳍棘和软鳍条两种，前者刚硬而不分节，后者柔软、分节且末端往往分叉。鳍条的类别、数目依种类而异，因此也是鱼类分类的重要依据之一。

陆生脊椎动物的四肢和鱼鳍有很大的区别：鱼类的鳍是单支点的杠杆，只能依着躯体做

人类的骨盆为顺应直立姿势而出现了一系列改变

相对应的转动；陆生动物的四肢是多支点的杠杆，不仅整个附肢可以依躯体做相应的转动，而且附肢的各部分彼此也可以做相对应的转动，既坚固又灵活，适于载重和沿地面行动。

四肢骨的典型结构，前、后肢基本上是一致的，只是骨块名称不同。静止时的四足动物靠前腿和后腿稳固站立，四条腿只发挥了支撑全部体重的功能，使我们立刻联想到相似的由两个桥墩托起的桥梁。

水生动物主要是通过躯体和鳍或其他附肢的摆动，在水中产生推力而游泳前进的。在陆地上活动的动物，最早也是靠躯体和附肢的摆动而使身体移动的，并且由此逐渐发展到行走、奔跑和跳跃。

两栖动物的蝾螈、大鲵等虽有前肢和后肢，尾不退化，仍在水中生活，但可离开水在地面上行走，靠前、后肢交替伸展前进，而身体左右摆动，保持在水中游泳的特点。由于它们四肢细弱，位于躯干的腹侧面，与躯干相垂直，所以腹部与地面接触，行走方式是一种费力的杠杆运动。爬行动物的四肢已较强大，可以略微举起身体使之稍离地面，但四肢与躯干的关系未做根本的改善，所以它们行走时的姿态一般都与蝾螈等近似的匍匐而行。这种运动方式，不仅速度慢，而且相当费劲。龟类的四肢与躯干的连接处位于龟壳以内，因而在遇到危险时能迅速地将四肢缩进壳里，但同时也进一步削弱了四肢的灵活性。在现生的爬行动物中，蜥蜴类算是比较善于行走的，特别是壁虎，脚底的吸附能力很强，能在墙壁上行走自如。

鸟类的前肢高度特化，演化成翅膀，在地面行走依靠后肢。前肢的变化主要是通过手部骨骼（腕骨、掌骨和指骨）的愈合和消失，使支撑翅膀的骨骼构成一个整体。一系列飞羽均牢固地"锚定"在前肢骨骼的后缘，其中沿指骨、掌骨至腕关节排成一列为主要提供飞行推进力的初级飞羽，附着在下臂部（尺骨）的一列为主要提供上升力的次级飞羽。此外，在第一枚指骨上还着生有 3～4 枚坚韧的短羽，称小翼羽，在减小飞行时的湍流发生

大美洲鸵的腿长而粗
壮，适合行走和奔跑

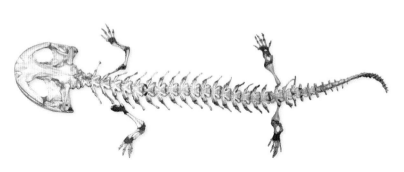

日本大鲵的四肢细弱，尾不退化，可在
水中游也可在陆地上费力地行走

上有重要作用。翅膀通过活动的肩关节与锁骨相连，锁骨增加了翅膀拍打时的弹性，在改变方向和突然变速时起着平衡和协调作用。由于指骨退化，现代鸟类指上大都无爪，仅有生活在南美洲的麝雉幼鸟的指上尚具两爪，可用于攀缘。鸟类后肢的变化表现在胫跗节延长，以趾啄地，脚掌与陆地接触面积减少，趾的数目减少，这对于起飞、弹跳和着陆是十分有利的。用后肢行走的鸟类把躯体重心置于后肢上面的位置，并保持身体的平衡。其中走禽类，如鸵鸟、大美洲鸵等，腿很长，十分粗壮，脚也极为强大，适于在沙漠、草原中行走或奔跑，速度很快，是名副其实的赛跑健将。

哺乳动物的四肢经过扭转后近端紧贴身体，肘关节向后，膝关节朝前，能支持体重，且行走极其稳健而灵活。不过，在水中生活的鲸类和海牛类都不能在陆地上活动。鲸类前肢为能略微转动的鳍状肢，并额外长有能伸得很长的指骨，后肢退化，只保留腰带的细小而彼此分离的碎片。鳍脚类的四肢主要适于游泳，在陆地上，海狮和海象可用四肢着地支持身体，由于后肢能自脚踝处朝前弯，因此能用以在陆地上步行，海豹虽然前肢能着地，但后肢只能朝后伸，不能自脚踝处朝前弯，因此不能用以在陆地上步行，登陆后只能依靠前肢和上体的蠕动，像一条大蠕虫一样匍匐前行，步履艰难，跌跌撞撞，十分笨拙可笑，活动的范围也不大。

哺乳动物按四肢形态的特点，可分为跖行类、趾行类和蹄行类。奇蹄类和偶蹄类在寻找不同地区生长茂盛的嫩草以及逃避捕食性天敌的追捕过程中，逐渐演化形成灵活的长腿，与地面接触的是由趾骨末端特化的蹄，适合于快速奔跑，有的甚至能在陡峻的高山上行走自如。而有蹄类的天敌——捕食它们的肉食性猛兽的腿也很发达，为趾行类，趾端有利爪，善于快跑和捕食。它们与地面接触的仅为趾骨，在行走和奔跑时跖不着地，因此重心向前，特别轻捷而富有弹力。人类属于跖行类，与地面接触的部位包括从跟骨向前的中后足骨和趾骨，体重全部由脚支撑。同样属于跖行类的猩猩在地上仅能勉强直立行走，但需要前肢的帮助，手掌并不摊平，而是用指关节着地，一瘸一拐的姿势显得十分笨拙，移动速度也很慢，远不如在树上攀缘那般灵活。熊也属于跖行类，并

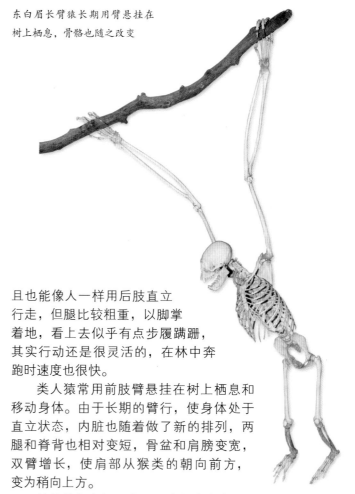

且也能像人一样用后肢直立行走，但腿比较粗重，以脚掌着地，看上去似乎有点步履蹒跚，其实行动还是很灵活的，在林中奔跑时速度也很快。

类人猿常用前肢臂悬挂在树上栖息和移动身体。由于长期的臂行，使身体处于直立状态，内脏也随着做了新的排列，两腿和脊背也相对变短，骨盆和肩膀变宽，双臂增长，使肩部从猴类的朝向前方，变为稍向上方。

锁骨的存在与否也和运动方式有密切关系。一般来说，善于跳跃、奔跑的哺乳动物的锁骨大多退化；前肢具有多样性活动的哺乳动物，包括用前肢掘土（如鼹鼠）、飞行（如蝙蝠）和攀缘（如灵长类）的种类，锁骨发达，这样的前肢在多样性活动中具有更大的坚固性。作为灵长类的一员，人类的锁骨发达，从而使前肢可以多方向转动，活动得到极大的增强，在劳动和使用工具的行为中发挥了重要的作用。

（三）上耻骨和阴茎骨

某些哺乳动物的体内还存在一些和骨骼系统缺乏任何联系的独立骨骼，如上耻骨和阴茎骨。

上耻骨位于有袋类动物的骨盆前面，可以用来支撑袋里的幼仔，所以又叫袋骨。不过，单孔类的针鼹也有上耻骨并与骨盆相连接，其作用为支撑其临时囊进行孵卵。但由于雌雄均有上耻骨，所以这种说法不能完全令人信服。由于单孔类并非有袋类动物的祖先，因此这一结构很可能是远祖爬行动物留下来的祖征。对于单孔类来说，上耻骨上可以附着更多的肌肉，也可能有助于其较短的后腿支撑粗的身体。

阴茎骨位于阴茎头的远端，可能是海绵体远端钙化的结果。奇怪的是，在哺乳动物中只有食肉类（不算鳍足类）动物全部拥有阴茎骨，此外在食虫类、翼手类、灵长类、鳍足类、啮齿类和鲸类六个类群中的部分种类也具有阴茎骨。

阴茎骨的形态是所有骨骼中变化最大的，即使在有些非常相近的物种之间差异也很大。它们长短不一，有的大而复杂，有的小而简单，形状有锯齿状、挚状、柱状等，有的顶端还有突起。例如，松鼠的阴茎骨呈刮勺状，宛如一个人的右手，其扁平部分如凹陷的手掌，右侧有一个像拇指一样的小突起，主干则犹如前臂，很是有趣。

不过，在同一物种中阴茎骨的形态结构基本稳定，说明由于其所处地位特殊，承受的环境压力比其他骨骼小，从而具有高度的物种特征。人们还发现松鼠在交配过程中，阴茎骨上的齿状物与雌性阴道上的皱褶可以如双手十指叉握似地互相交叉。因而，阴茎骨能够作为生殖隔离的一个重要因素，在确定物种时得到应用。另外，幼年和成年动物的阴茎骨在形态上有显著差别，是鉴别雄性成体、幼体的有效指标。

对于阴茎骨的作用，一般认为它能提供额外的刚性，起"支持棒"的作用，以及通过对雌性的阴道壁产生足够的压力和必要的摩擦来诱使雌性排卵，提高受精的成功率。它还可能防止尿道堵塞，并有助于精子的运输。

不过，由于阴茎骨在哺乳动物中并非普遍存在，那些没有阴茎骨的种类（包括人类在内），也能成功地交配并繁殖后代，说明它的功能具有一定的局限性。

三、骨骼的作用

（一）躯体的支架

骨骼的第一大功能如同躯体"大厦"的"钢筋水泥"框架一样，支撑和维持脊椎动物的身体形态。

骨骼所受的外力来自自身重力、贴附在骨架上的肌群的收缩力、肌张力、外力和各种运动产生的力等。骨骼受力后的变形主要有拉伸、压缩、剪切、弯曲和扭转五种基本变形。例如，人类进行吊环运动时上肢骨被拉伸；举重运动员举起杠铃后上肢和下肢骨被压缩，弯腰时使脊柱弯曲；花样滑冰时转动动作使下肢骨受扭转；等等。实际上，骨骼所受的力往往是几种受力的组合。

骨骼在运动中的受力情况虽然复杂，但它总是以最优的外表形态和内部结构适应其功能，以优化的形态和结构作为骨骼自身重建的目标。因此，凡是强有力的肌腱附着的骨骼部分，为适应承受较大应力的功能，均形成局部隆起，如骨三角肌结节等。

"硬骨头"常常用来形容一个人的凛然正气。那么，到底骨骼有多"硬"？有人曾测试过人的骨骼，结果是每平方厘米的骨骼能承受 2.1 吨的压力，比花岗石还要坚固。骨骼中的有机物好像钢筋，组成网状结构，分层次地紧密排列，让骨骼具有弹性和韧性。骨骼中的无机物，尤其是钙和磷结合而成的羟基磷灰石，能紧密地充填于有机物的网状结构里，像水泥一样，让骨骼具有硬度和坚固性。

经过长期自然演化，人与动物所具有的不同类型的骨骼产生了最优的力学性能，即具有最大的强度、最省的材料、最轻的质量。简言之，具有"以尽可能少的材料承担最大负荷"的最优力学特性。切面类似铁轨"工字梁"结构的扁骨（如哺乳动物的齿骨）就体现了这一特性。在长骨的管状结构中也蕴含着这样一个很重要的建筑学原理：同一质量的材料，管子比柱子结实。

骨骼的这种力学特性与它的比重和结构密切相关。骨骼的密度比铸铁小 3 倍，柔性比铸铁大 10 倍，并具可塑性，承受外力时可吸收 6 倍能量。骨骼是由羟基磷灰石和胶原纤维组成的复合材料，前者抗压力，后者抗拉力，柔韧的胶原纤维可以阻止脆性断裂，坚硬的矿物质成分可克服软材料的柔性，因此能承受很强的打击。

　　骨骼作为复合材料还具有不均匀性和各向异性，即在同一块骨骼的不同部位，或在同一部位的不同方向，其力学性能都有很大差别。

　　骨骼作为一种有生命的材料，一种活的组织，具有不同于其他工程材料的特性，即功能适应性。活体骨骼会按其所受应力而改变成分、内部结构和外部形态。换言之，骨骼的重建与其所处的力学环境密切相关。

　　骨骼不断进行生长、发育、再造和吸收的过程就是"骨重建"。骨重建使其内部结构和外表形态动态地适应不断变化的外部力学环境。例如，应力对骨骼的改变、生长和吸收起着调节作用，每一块骨骼都对应一个最适宜的应力范围，应力过高和过低都会使骨骼萎缩。骨骼通常会在应力加大的方向上再造。运动和功能锻炼可促进骨骼的形态结构发生变化，使其变得更加粗壮和坚固。骨骼的再生能力较强，在受到创伤后能很快修复。

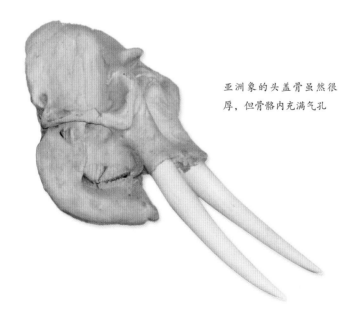

亚洲象的头盖骨虽然很厚，但骨骼内充满气孔

　　骨骼中的空腔，如同钢管一样，不但减少单位体积的质量，而且可以减少运动的负荷。鸟类的骨骼内具有可充满气体的腔隙，变得薄而轻便。在体型巨大的动物中也有类似的适应结构，例如大象的头盖骨虽然很厚，但骨骼内充满气孔，可以减轻质量；鲸的骨骼具有海绵状组织，可以减轻身体的比重，增大浮力。

（二）运动的杠杆

　　骨骼的第二大功能是为肌肉提供附着的基础，构成一个连接的、可以运动的杠杆系统。骨骼与骨骼之间大都形成关节，而肌肉附着在骨骼上，常常跨越一个或多个关节。骨骼、关节和肌肉三个密切相关的部分构成人与动物的运动装置。人与动物各种动作的完成，主要是由于肌肉收缩作用于骨骼的结果。换句话说，运动是以骨骼为杠杆、关节为枢纽、肌肉的收缩为动力来完成的。

　　除了长骨、短骨外，有些扁骨以其宽大的表面作为肌肉的附着处，如肩胛骨。鸟类超群的飞行本领得益于它具有一个很大的龙骨突，以扩大发达的胸肌的附着面。

　　骨骼常常被认为是运动器官中的被动部分（主动部分是肌肉）。事实上，骨骼并不是被动的。相反，它在向身体的每一部位喷射活力。

　　鸟儿在天空中自由地飞翔，长臂猿在树枝上潇洒地腾跃，豹势若迅雷般的速度，人类杂技演员所表演的各种优美、惊险、矫健、敏捷的动作，都令人赞叹。这些都是由动物或人类高度发达的骨骼和肌肉共同组成的运动器官来完成的。当肌肉收缩时，骨骼便成为运动的杠杆，以关节为轴产生运动，使身体在空间的位置改变，即物理学上所谓的"空间位移"。

　　人与动物四肢的灵活与其有众多关节有关。上肢的关节有胸锁关节、肩关节、肘关节、桡腕关节等。下肢关节有骶髂关节、髋关节、膝关节和踝关节等。

　　关节是由两个或更多的骨端及多种组织相连接而成。例如，膝关节由胫骨（小腿骨）和股骨（大腿骨）连接构成。髋关节又称"球窝关节"，由股骨上端——股骨头（球）和骨盆

豹势若迅雷般的速度得益于
高度发达的骨骼和肌肉

最重要的柔软器官，全都获得了骨骼周到而坚强的护卫。这样，动物的身体就经得起寻常的磕磕碰碰，甚至较小的意外打击。

提供庇护的除了长骨、短骨外，还有扁骨和不规则骨。它们参与构成脊椎动物体内一个个大小不等的腔室，这些腔室是体内各种重要器官的专用"居室"。如颅腔容纳脑，胸腔容纳心脏，腹腔容纳肝、脾和胃肠，盆腔容纳泌尿生殖器官。脊柱是躯干的中轴，上承颅骨，下连髋骨，中附肋骨，参与构成胸廓、腹腔和盆腔的后壁。在脊柱的中央，有由椎孔连成的椎管，容纳和保护脊髓。正是由于骨骼的保护作用，上述重要而娇嫩的脏器，才能在自己的"居室"里安全而舒适地生活和工作。

虽然鸟类的骨骼相当轻盈，但是其强度和韧性足以应付空中飞行所面临的巨大的压力，特别是脑颅的骨骼在所有的强应力点上都得到加固，许多种类的脑颅厚度几乎等同于一张纸的厚度，但强度却没有降低。例如，啄木鸟每天敲击树木 500～600 次，速度几乎是音速的 2 倍，它的头部不可避免地受到非常剧烈的震动。但它既不会得脑震荡，也不会头痛，因为它的大脑被一层密实而富有弹性的头骨紧密地包裹起来。头骨骨质呈海绵状，形成一个避震功能极佳的保护垫，可以有效缓冲敲击所带来的巨大震动。

人类具有由跗骨与跖骨借韧带和肌腱相连所形成的足弓，使足底的内侧缘向上拱，状如拱门，而其外侧缘则与地面相贴。这种弓状结构被达·芬奇称为"工程学上的杰作"。它起着弹簧的作用，减少行走时震动对脑的冲击，是人类进化到直立行走的一种适应。

除此之外，有些动物甚至整个身体都被由骨骼参与组成的"盔甲"所保护，如龟鳖类的身体位于坚固的"外骨骼"——甲壳之内，而这个主要源自表皮角质层以及真皮的薄而大的骨板也由骨骼的参与形成。甲壳上有两个开口，前面的可以露出头部和前肢，后面的可以露出尾和后肢。除侧颈龟类、鳄龟类、平胸龟和海龟类等少数种类外，大多数龟鳖类的头、尾和四肢均可缩入壳内以躲避危险。犰狳身体的外面也被有一层由小骨片组成的、如瓷砖般排列的骨质鳞片，

的一部分——髋臼（窝）构成。

关节内骨端的表面有一层光滑的软骨覆盖。正常情况下，关节软骨的存在可以使关节在无痛和无摩擦的状态下运动。软骨的摩擦系数非常小，比冰面还光滑。软骨的弹性大，可起到缓冲的作用。

关节的周围有纤维组织——关节囊包围，关节囊有一层光滑的"内衬"——滑膜。关节滑膜能够产生"高级润滑剂"——关节液，可以减少关节的摩擦和运动产生的磨损，并增加关节的灵活性。

（三）器官的铠甲

骨骼的第三大功能是像铠甲一样保护脊椎动物身体的内部器官，使其在剧烈运动时能够保持内部稳定。身体中那些

乌龟的身体位于坚
固的甲壳之内

如同硬甲一般，前段和后段的骨质鳞片连成像龟甲一样的整块结构，不能伸缩，中段的鳞片呈条带状环绕而形成"绊"，有筋肉相连，可以自由伸缩，从而增加了身体的灵活性，甚至可以快速奔跑。

（四）鲜活的组织和细胞

骨骼虽然十分坚硬，却是活生生的组织。骨骼的再生功能伴随着动物的一生。骨骼与其他组织一样，新骨会不断替换旧骨。旧骨被破骨细胞吃掉，成骨细胞再形成新骨，这是防止骨骼老化不可或缺的过程。成骨细胞会产生胶原，胶原外面有一层"黏连"蛋白，可以把钙黏合在恰当位置。来自血液中的钙自动附着在胶原蛋白上，在骨骼中沉积，骨骼中钙的流失会不断得到补偿，这样才能保证骨骼保持最佳状态。

骨骼不仅有丰富多样的机械功能，还执行着复杂奥妙的物理、化学和生理功能。它能制造血细胞、贮存矿物质，以及帮助调控 pH。

在骨髓腔和骨松质间隙中，含有一种柔软而富有血液的组织——骨髓，是脊椎动物身体中主要的造血器官。一代代的红细胞和白细胞在这里发生、发展和成熟，并被一批批地输送到血液循环中去，执行着自己的使命。

骨骼还是一些基础矿物质元素在体内的主要储存地，特别是对体内的钙、磷代谢具有一定的缓冲和调控作用。其中，钙负责传递细胞内的信息，参与从神经冲动的传导到肌肉的收缩等诸多重要的生理、生化活动，对生命而言是不可或缺的物质。破骨细胞担负着将骨骼中的钙离子释放到血液中，以支持生命活动的重要任务。它们会用酸或酶从旧骨中溶解钙和胶原，并使这些溶解的钙重新进入血液，运送到身体的不同部位。

最近的研究表明，骨骼还能分泌一种称作骨钙素的蛋白来调节糖分和脂肪的吸收，从而意味着骨骼也是一种内分泌器官。

骨骼中存在可化身为体内细胞的全能细胞。骨髓中有许多制造血液细胞（红细胞、白细胞）的造血干细胞，以及制造硬骨、软骨、脂肪的间叶干细胞。这些骨髓细胞都可以超越原来的能力，"化身"为各种组织细胞，包括骨骼肌、心肌、神经细胞，以及肝脏、肾脏等处的细胞，也就是具备分化成各种细胞的能力。

人们原来已知源自受精卵的胚胎干细胞可以分化出所有细胞，这种干细胞可望被应用在使受损组织再生的医疗上。而骨髓细胞的分化能力与胚胎干细胞的分化能力相匹敌，其意义十分重大。胚胎干细胞的使用牵涉伦理问题。如果能够由自己的骨髓取出细胞来制造各种组织细胞，即可顺利解决这一问题。在不久的将来，利用骨髓细胞使肾脏、肝脏等组织再生的医疗也许就会实现。

四、骨骼的进化

在奥陶纪时代，有一个身体细长呈管状、没有上下颌、长着歪尾形的尾鳍、样子像鱼形的动物类群脱颖而出，开始了动物演化史上崭新的一页。由于它们体内都有一条由一串脊椎骨连接而成的脊柱，因此它们的出现也标志着脊椎动物正式登上了历史的舞台。

脊椎动物作为一种极其精巧的设计，它们的骨骼也在进化过程中不断改良和演化，以适应不同生命的特殊形式。

（一）从无颌到有颌

到了泥盆纪，早期的脊椎动物达到繁盛时期，出现了多种多样的无颌鱼形动物。它们都没有上下颌骨，只有一个漏斗式的口，不能通过口的张合来摄食，只能靠吮吸或仅靠水的自然流动将食物送进口中。此外，它们没有真正的偶鳍，中轴骨骼为软骨。这个类群的代表是甲胄鱼类，因其身体前部披有彼此相连的、像古代武士的铠甲一样的骨板或鳞甲而得名。

无颌类取得了暂时的成功。但是，当许多沿着不同进化路线迅速发展起来的更为进步的有颌类脊椎动物兴起之后，它们最终还是在生存竞争中失败了，除七鳃鳗、盲鳗等少数营寄生或半寄生等特殊生活方式的种类残存至今外，绝大多数都退出了历史舞台。

从无颌到有颌是脊椎动物进化史上的第一个大事件。颌的出现改变了无颌类的滤食性和少运动特性，使主动捕食和取食较大的猎物成为可能，且运动能力加强。脊椎动物随着有颌类的出现开始真正地繁盛起来。

有趣的是，颌竟然是由一些原来执行功能与取食毫无关系的结构——最前部的鳃弓转变而来的。无颌类的鳃由一系列骨骼支撑，形状像尖端指向后方的躺着的"V"形。每一个"V"形构造就是一个鳃弓。由于原来前边的两对鳃弓消失，第三对鳃弓上长出了牙齿，并在"V"形的尖端外形成关节嵌接在一起，于是，一对能够张合自如、有效地咬扯食物的上下颌便形成了。

颌骨的出现也意味着动物开始有了"脸面"。在有颌类的身上还出现了真正的偶鳍，即成对的附肢，包括一对胸鳍和一对腹鳍，大大加强了身体的运动能力，因此也是脊椎动物在进化过程中的一项重要的形态变革。从此，鱼形动物快速分化，在泥盆纪空前繁盛，因此泥盆纪被称为鱼形动物时代。

迄今为止，人们所发现的最原始的有颌类是盾皮鱼类，它也可能是包括22 000多种现代鱼类在内的其他有颌鱼类的祖先。盾皮鱼类身体的前部也有包裹身体的骨甲，但与甲胄鱼类将身体全部装入其中、不分块、不能活动的"骨筒"不同，它们的骨甲分成几块，而且彼此之间能够活动，这样在行动上就灵活多了。

（二）软骨鱼类、硬骨鱼类称霸水域

与盾皮鱼类相比，更为进步的软骨鱼类、硬骨鱼类不再长有沉重的骨甲，代之以各种鳞片，使它们运动的灵活性大大加强，因而迅速崛起。

在鱼形动物进化的初期，颌骨后面的第一对鳃弓特化为舌弓，上面的骨骼特化为起支撑或连接作用的舌颌骨，将颌骨与颅骨连接起来，使口的活动性大大加强。舌颌骨对现生鱼类和陆生脊椎动物的演化都发挥了重要的作用。

软骨鱼类和硬骨鱼类之所以获得成功，主要是由于它们对水生环境有着种种适应构造。它们的身体一般都变成纺锤状，尾鳍是有力的推进工具，偶鳍变成前后两对由鳍条组成的比较柔软的鳍叶，起着升降板和舵的作用，使鱼体上升、下降和左右转动。背鳍和臀鳍则起平衡作用。

软骨鱼类几乎全部是海洋动物，现代物种包括鲨鱼、鳐鱼、虹鱼和银鲛等。在它们的一生中骨骼始终都是软骨，通常仅有牙齿和棘刺为坚硬部分，能形成化石，偶尔也有充分钙化的颅骨、颌骨和脊椎等成为化石。

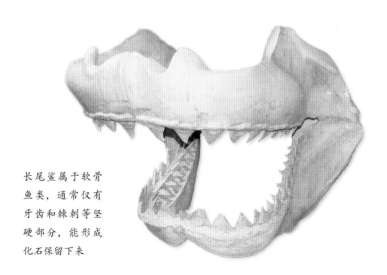

长尾鲨属于软骨鱼类，通常仅有牙齿和棘刺等坚硬部分，能形成化石保留下来

最原始的软骨鱼类以裂口鲨为代表。奇特的是，现代鲨鱼的口通常都是横裂缝状的，而裂口鲨的口却是直裂缝的，它的牙齿中间有一个高齿尖，其两侧各有一个低齿尖，许多古老的软骨鱼类牙齿都是这样的结构。

早在志留纪晚期，硬骨鱼类中最原始的一支——棘鱼类也悄悄地登上了进化的舞台。它们因除尾鳍外的各个鳍的前端都有一根硬棘而得名，外形像鲨鱼，有一对大眼睛，但其骨骼已开始骨化。

在更为进步的硬骨鱼类的骨骼中，头骨的外层由数量很多的骨片衔接拼成，覆盖着头的顶部和侧面，并向后覆盖在鳃上。鳃弓由一系列以关节相连的骨链组成，整个鳃部又被一个单块的骨片——鳃盖骨所覆盖。硬骨鱼类主要有两大类：一类是在现今世界上还非常兴旺发展的辐鳍鱼类；另一类是直接关系到后来四足动物的起源，但它们自己的现生种类却十分有限的肉鳍鱼类。

肉鳍鱼类包括肺鱼类和总鳍鱼类两大类。肺鱼类至今只有少数极特化的种类生活在非洲、大洋洲和南美洲的赤道地区。但它们的偶鳍细弱，是双列式的，并不适于在陆地上爬行。总鳍鱼类在科学界被认为早在白垩纪早期就已经从地球上灭绝了，直到1938年又在非洲南部附近海域发现了矛尾鱼（也叫拉蒂迈鱼）。

肉鳍鱼的偶鳍类似陆生脊椎动物附肢的构造，胸鳍和腹鳍的基部各有一块基鳍骨，相当于陆生动物的肱骨（或股骨），较远端的2块骨相当于桡骨、尺骨（或胫骨、腓骨）。在偶鳍的骨骼上还附有肌肉，构成有肉质基部的"肉鳍"，游动时与其他鱼类不同，交替伸出左胸鳍、右腹鳍和右胸鳍、左腹鳍。它们在登陆后能用这样强壮的偶鳍支撑身体并在陆地上爬行，因此有可能是在泥盆纪末期最早登陆的先驱。

（三）两栖动物登上陆地

在脊椎动物进化史上，从水栖到陆栖又是一个巨大的飞跃。从此，脊椎动物进入一个与它们曾经居住了亿万年的环

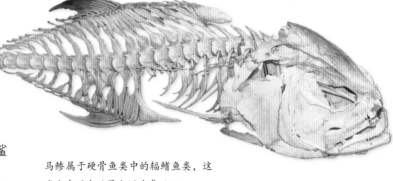

马鲹属于硬骨鱼类中的辐鳍鱼类，这类鱼在现今世界上还非常兴旺

境截然不同的新天地。动物要想在陆地上运动自如，必须在身体结构上进行一系列的改变，其中在骨骼方面的改变尤为重要。

鱼石螈是最早出现的两栖动物，拥有坚硬的头骨构造，吻部已加长，眼孔已由吻部移到头骨中部，但具有跟某些肉鳍鱼相似的迷路齿（因牙齿的横切面有珐琅质褶曲成的迷宫式图案而得名），还有一条鱼形的尾鳍。它的四肢骨和肉鳍鱼偶鳍的骨片基本相似，但已经分化为五趾型，脊椎骨上还长出了前、后关节突，有利于脊柱的弯曲，特别是前肢的肩带与头骨不同于鱼类那种固接形式，说明头部已能活动。

由于水有浮力，所以重力对鱼类等水生动物的影响较小，但对于生活在陆地上的动物来说就是一个影响很大的因素。最初的两栖动物离开水体后，便与增大了的重力作用进行斗争，从而发育出强壮的脊椎骨和强有力的附肢骨骼，从那些比较简单的构成肉鳍鱼类脊椎骨的椎体的"盘"或"环"变成了互相连锁的结构，形成了支持身体的强有力的水平脊柱。脊柱在前后两个点上分别由肩带与腰带支持，肩带和腰带又由前、后肢分别支持。

在新的运动方式中，四肢起到了最重要的作用，不仅克服了重力，使身体抬离地面，而且能够推动身体在地面上行进。奇妙的是，这与鱼类由身体和尾完成运动、偶鳍起平衡

作用的方式恰好相反，成对的附肢变成主要的运动器官，尾由前到后逐渐变细，在一定程度上变成了一个平衡器。这种由早期两栖动物开创的运动方式在陆生脊椎动物后来的进化过程中又以各种各样的变异继续发扬光大。

两栖动物到石炭纪得到了大发展，至二叠纪最为繁盛，故石炭纪至二叠纪称为两栖动物的时代。

两栖动物在进化中有两个重要分支：一支是向现代两栖动物方向，演变为现今的蛙、蝾螈等滑体两栖动物；另一支是从迷齿类两栖动物的石炭蜥类的分支中进化为爬行动物。

（四）爬行动物无处不在

爬行动物是真正的陆生动物，在骨骼结构上也表现出诸多与两栖动物不同的特征。它们的头骨比较高，不同于迷齿类两栖动物通常的那种扁平形，顶骨以后的骨片有的变小，有的由头骨的顶盖部位移到了枕部，有的甚至完全消失。它们的脊柱已分化为明显的颈、胸、腰、荐和尾五部分，椎体的数目、强度和灵活性均有所增加，尤其是荐椎的加强与其后肢所承受的体重有关，这些都是有利于陆地生活的重要标志。

它们的脊椎骨由一个大的椎侧体和一个缩小成小楔状的椎间体组成，比较进步的爬行动物类型椎间体消失。原始的种类有2块荐椎骨，不同于只有1块的两栖动物；而在许多进步的爬行动物当中，荐骨由好几块荐椎骨组成，有的类型有8块之多。原始的爬行动物肋骨从头部到骨盆之间是连续的，而且大致相似，但是进步的爬行动物肋骨通常有颈肋、胸肋和腹肋之分。

迄今为止，人们所发现的最早和最原始的爬行动物是二叠纪早期的杯龙类。从这样的基干出发，爬行动物很快便爆发式地向适应陆生环境的各个方向分化开来。到了从三叠纪初至白垩纪末的中生代，形形色色的爬行动物（蜥臀类、鸟臀类等）几乎占领了地球上的所有陆地环境，并且其中的一些类群（蛇颈龙类和鱼龙类）还重新回到水域成为霸主，还有一支爬行动物（翼龙类）飞上了天空。因此，中生代是爬行动物的时代。

颞孔是爬行动物眼眶后面颅顶上附加的孔，其作用是容纳强大的颌肌。颞孔的有无、数目和位置决定了该动物的噬咬方式，也就间接地影响到它们的许多行为和生理特征。因此，根据颞孔的发育与变化情况，爬行动物可分四大类：①头骨上没有颞孔的无孔类，如杯龙类、龟鳖类等；②头骨侧下方有一个颞孔的下孔类，这是一支向哺乳动物方向进化的爬行动物，称为似哺乳爬行动物；③头骨侧上方有一个颞孔的上孔类，这是一支海生爬行动物，如蛇颈龙和鱼龙；④头骨侧面上、下共有两个颞孔的双孔类，这是一类相当庞杂的支系，包括恐龙类、鳄类、有鳞类、翼龙类，以及现在生活在新西兰的喙头蜥类，等等。

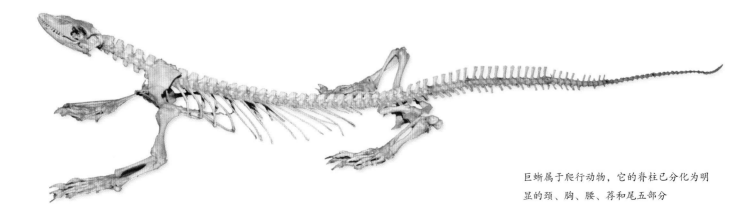

巨蜥属于爬行动物，它的脊柱已分化为明显的颈、胸、腰、荐和尾五部分

（五）鸟类征服天空

鸟类是真正的天空征服者，其骨骼由内而外都是很神奇的飞行结构，不但又轻又结实，而且每一部分都因其作用而有完美的构造。例如大多数骨骼变成中空，以减轻体重；有些较大的骨骼则在内部发展出一些支柱，使之更坚强而不失其屈挠性；胸骨异常发达并形成高高的龙骨突，以便使强大的牵引翅膀拍动的飞行肌肉附着在上面。

最早的鸟类是侏罗纪晚期的始祖鸟，其化石发现于德国巴伐利亚州。它们具有爬行动物和鸟类的过渡特征，而骨骼的变化就是适应飞翔方式的结果。但是始祖鸟不是现代鸟类的直接祖先，只是进化的一个侧支。中国鸟、华夏鸟、孔子鸟等都是自始祖鸟之后，近年来在我国辽宁发现的重要古鸟类。

关于鸟类飞行的起源，有两种假说：①树栖滑翔起源说认为，鸟类祖先是营树栖生活的爬行动物，它们在树间跳跃和滑翔，以后鳞片不断加长并演变为羽毛，前肢变为翼，最后获得飞翔的能力；②地栖疾走起源说认为，鸟类祖先可能是具有长尾、能用双足快速在地上奔走的爬行动物，在适应捕食和避敌的过程中，前肢因辅助奔走而逐渐演变为翼，其上鳞片加大成为羽毛，由此获得飞翔能力。

有趣的是，这两种学说不仅各抒己见，争论激烈，而且有时对同一现象的解释会截然相反。例如，树栖说认为鸟的第一趾伸向后方是有助于攀缘的树栖生活特征，而地栖说则认为这样的结构更有利于在地面上捕获动物类食物。

晚白垩世的鸟类头骨的各骨块已有如现代鸟类一样的愈合现象，颞孔进一步退化，骨骼的气孔性已高度发展，前肢骨骼像现代鸟类一样愈合。某些类群胸骨已大大扩张，成为强有力的胸肌的附着点。但是也有一些类群仍然保留着具有牙齿这一原始特征。

新生代开始时，鸟类已经全面地"现代化"，此后直到现在鸟类在骨骼结构上的变化都不太大。在鸟类的进化历史中，最引人注目的是出现了少数几种大型鸟类，翅膀次生性地退化，胸骨也次生性地变平（因此也叫平胸类），但腿部却变得非常强健，其中包括鸵鸟、美洲鸵、鸸鹋和鹤鸵，还包括直到近代才从地球上灭绝的马达加斯加的隆鸟和新西兰的恐鸟。

已经灭绝的恐鸟骨骼，翅膀次生性地退化，胸骨也次生性地变平，但腿部却变得非常强健

大多数现代的鸟类在骨骼结构上非常相似。但由于对许多不同生活方式的适应，它们在身体的许多方面都表现出异常丰富的多样性，造成身体比例、羽毛色彩的广泛变异。

（六）哺乳动物崛起

三叠纪末期，一些比较进步的似哺乳爬行动物开始分化，形成最早的哺乳动物。它们的个体都很小，数量较少，与当时占统治地位的恐龙类尚不能形成有效的竞争类群。

进入新生代后，有胎盘类哺乳动物迅速分化。由于具有更完善的适应能力，它们很快就占据了爬行动物灭绝后的生态空间，并得到了空前的发展，至今一直称雄全球，因而新生代称为"哺乳动物"时代。

在最原始的哺乳动物中有一支就是至今仍存在于澳大利亚等地的鸭嘴兽和针鼹，它们对探讨哺乳动物的起源是很有意义的。

在侏罗纪末至白垩纪初分化出后兽类和真兽类。后兽类包括现生和化石有袋类，具有上耻骨和下颌骨后侧特殊的角状突起。在骨骼结构上，真兽类拥有一系列的进步特征，包括脑颅扩大，反映出比后兽类具有更高的智力。

哺乳动物骨骼系统的演化趋向：首先，骨化完全，为肌肉的附着提供充分的支持；其次，骨骼愈合和简化，增大了坚固性并保证轻便；再次，提高了中轴骨骼的韧性，使四肢得以较大的速度和范围（步幅）活动；最后，长骨的生长限于早期，与爬行动物的终生生长不同，提高了骨骼的坚固性，有利于骨骼肌的完善。

哺乳动物的牙齿分化成门齿、犬齿和颊齿（包括前臼齿和臼齿）。颊齿通常有一个包括几个齿尖的齿冠，以两个或更多的齿根固着在颌骨上，这样的牙齿更适于咀嚼多样化的食物。

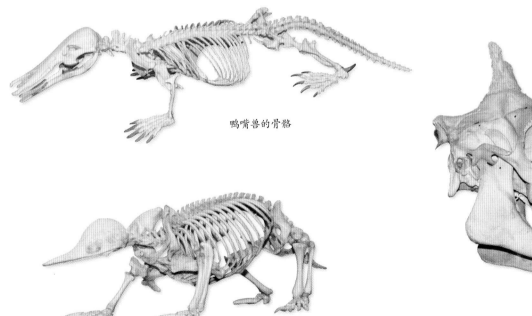

鸭嘴兽的骨骼

针鼹的骨骼

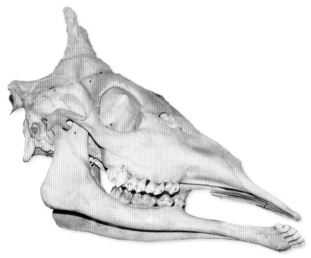

长颈鹿的牙齿

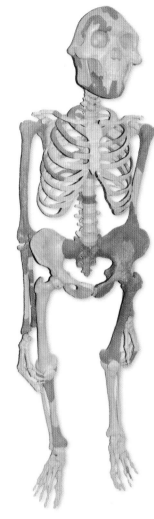

世界上最古老的人类化石，大名鼎鼎的阿法南猿"露西"

在真兽类中，颌的动作造成上下臼齿间的相互运动有四种类型：①上下臼齿上这些尖的交错咀咬，以擒住和撕咬食物；②牙齿边缘或棱、脊彼此剪切，以切碎食物；③牙齿一部分互相对压，以压碎食物；④相对齿面像磨粉机一样互相研磨，以磨碎食物。

在中新世（距今1 000万~2 000万年前），哺乳动物中的古猿从猿类中分化出来，形成两支。一支继续在森林生活，发展成现代类人猿；另一支转移到地面上生活，朝着人类的方向发展，大约在450万年前进化为人族（包括地猿、南猿及人）。

树栖的猿类，上肢长于下肢，身体重心较高，脊柱只是微呈弓形。它们偶尔直立，但很不稳，所以多采用半直立姿势。森林古猿被迫下地后，使整个体质形态向人类的方向发展。由于脑的发育，人类颅骨发达，骨块愈合多、数目少，颅腔容积大，还具有前额宽而高、吻部后缩、颌骨变短、牙齿变小、齿弓成马蹄形、犬齿退化等特征。

在人类脱离动物界而成为"地球主人"的过程中，功不可没的直立姿态一直在对抗使原始人类返回四足动物的重力的威胁。为了能够克服重力影响直立行走，人类在不断地完善、发展着自身的骨骼系统，使躯干、头骨、牙齿、喉部发生一系列变异。

人类的枕骨大孔前移至头骨腹面、颅底中央，其形态及位置使得人的头部能够自然地坐落在脊柱之上，不需要强大的颈部肌肉附着就可以达到平衡；脊柱呈"S"形弯曲，以缓冲直立行走时地面对头部的震动；骨盆变宽，以支持内脏器官及妊娠时的胎儿；前肢获得进化的机会，并出现人类特有的稳固下肢，使得人在行走时，身体的重心下移并接近中轴，保证步态的稳定性。因此，人虽然不是唯一能直立的物种，但只有人站立得最挺直、最自然。

五、骨骼的魅力

脊椎动物的骨骼，不仅支撑着它们的躯体，也连接着它们运动的网络，充分展现了大自然的鬼斧神工所塑造出的生命之辉煌。

在千姿百态的动物世界中，那些堪称"巨无霸"的种类对人们充满着极大的诱惑力。它们身姿魁梧，野性十足，令人神往。个头大无疑是"力量"与"权势"的象征，既可能拥有更大的实力去击败对手，也更容易俘获雌性的"芳心"。高大而粗壮的骨骼则是它们能够拥有这一切的基础。

在脊椎动物中，几乎涵盖所有的巨型物种。对于它们来说，为了在重力作用下维持其有利的体型，其身体必须由强大的骨骼结构来支持。要说当今陆地上的"巨无霸"，大象当之无愧。由于拥有厚重的头骨，以及一条虽然非常灵活却略显沉重的长鼻子和像两把利剑一样的象牙，于是，它不得不缩短颈部，颈椎变得扁平，同时增粗四肢，让脚变得短而宽，以此来保持身体平衡。

海洋中的"巨无霸"则非鲸类莫属，包括露脊鲸、灰鲸、座头鲸和长须鲸等须鲸类，以及抹香鲸等齿鲸类。它们大多比地球上曾经生活的最大的恐龙还要大，是从古至今体型最大的动物，一般体长可达24~34米，体重可达150 000~200 000千克，即相当于25头以上的非洲象，或者2 000~3 000个人的总和，仅头骨就可达3 000千克左右。它们的力量也大得惊人，堪称动物世界中的大力士。所幸的是，由于海洋浮力的作用，它们不需要像陆生动物那样费力地支撑自己的体重，而且在它们的骨骼内具有海绵状组织，可以减轻身体的比重，增大浮力。

不光是这些动物界中的绝对"巨无霸"，就连最大的鸟——鸵鸟、最大的鳄——湾鳄、最大的龟——棱皮龟、最大的两栖动物——大鲵、最大的鱼——鲸鲨……也都是人们乐于欣赏的对象，它们完美的骨骼结构，似乎是天才建筑师的杰作，常常引来人们的一阵阵惊叹！

骨骼的造型也蕴含了一种令人拍案叫绝的艺术之美。其中，奇异的螺旋曲线在美学鉴赏方面具有独特的吸引力。

以人类为例。因为发育过程中产生的扭曲，人类骨骼的表面有很多明显的螺旋结构：锁骨有明显的扭转；肋骨的螺旋扭曲还有辅助呼吸的功能；上下肢在发育中也会出现旋转现象。上肢向外旋转，内表面位置向前，于是右臂右旋、左臂左旋。下肢向相反的方向旋转，原来的内表面位置向后。这样的情况在大象的腿上也有显示，其左前腿为右旋，右前腿为左旋。

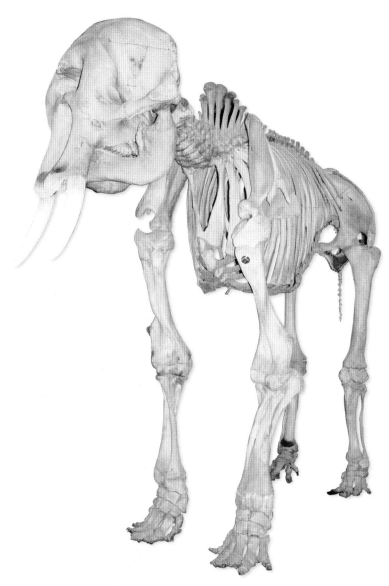

非洲象的骨骼

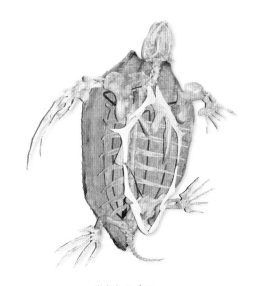

棱皮龟的骨骼

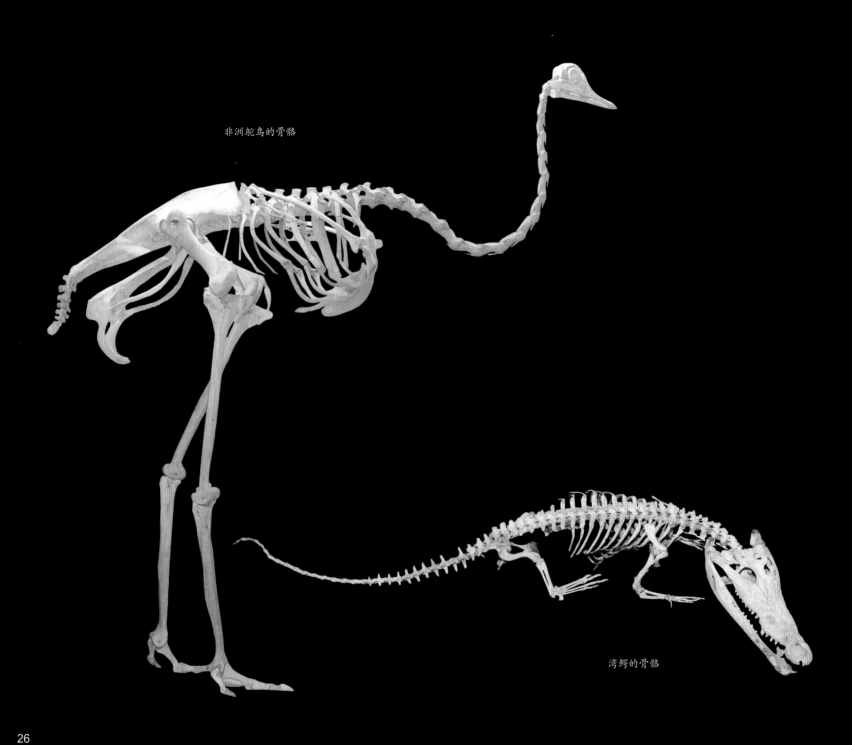

非洲鸵鸟的骨骼

湾鳄的骨骼

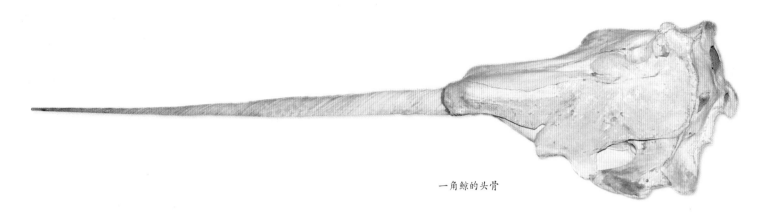

一角鲸的头骨

除了骨骼，许多坚硬的皮肤衍生物也拥有优美的螺线弯曲。人类的每颗牙齿都或多或少地拥有其各自的自然曲度，而在那些长长的牙齿（如海豚简单的近乎圆锥形的牙齿以及食肉动物的犬牙和切牙）上，这一点表现得更加明显。疣猪、鹿豚拥有螺线形的长獠牙。象牙的螺线状弯曲也保存得非常完好。

更为奇特的是，在独角鲸长得笔直的"角"上，产生的螺线也非常完美，起伏有致的凹凸螺纹均匀连贯地从长牙的一端绕卷到另一端，甚至延伸到牙根部，深入上颌的牙槽或牙臼中。

在哺乳动物中，有蹄类的角或因枝叉繁盛、或因竖直、或因弯曲，都极具观赏价值。角共有五种类型，都是头部表皮及真皮特化的产物。其中，犀角完全由表皮角质层的毛状角质纤维所组成。牛类、羊类和羚羊类的"洞角"不分叉，终生不更换，为头骨的骨角外面套以由表皮角质化形成的角质鞘构成。鹿类的"实角"是由真皮骨化后，穿出皮肤而成，新生角还没有骨化时外面蒙着一层密布血管的皮肤，称为茸角。长颈鹿的角终生包被皮毛，固定不替换，是另一种特殊结构的角。叉角羚的角更为特殊，分叉的角鞘上有融合的毛，在每年生殖期后脱换，而骨心不脱落，是介于"洞角"与"实角"之间的一种类型。

犀角螺线弯曲的角度很小，但是在白犀的长角上，可以清楚地看到这种对数螺线。在绝大多数野羊的角上，如塔尔羊、盘羊等，都不难发现连续的对数螺线。这些角的基底部有一个活动生长带，它使角鞘一圈复一圈地不断增长，这种环带特殊形态也可以视为角的"生成线"。在它们的角上有非常相似的螺线，当螺线角在70°～80°时，角度的一些微小变化都会令螺线的外观发生显著改变。总体而言，角愈厚，螺曲愈大，而角的实际长度对角的外观也有重要影响，因为如果角和壳长到可以显示几个螺层，或者至少是可以展示一个完整螺圈的相当一部分的地步时，螺线形态就会变得特别触目。

鹿类的头上长有实角，为分叉的骨质角，无角鞘，既是性的装饰品又是种内竞争和种间御敌的兵刃。大多数种类的鹿角是分叉的，有的很大，甚至非常复杂，不仅姿态十分优美，而且是它们在性选择方面举足轻重的装饰物。

在日常生活中，无论是亲朋好友还是陌生人，我们都需要根据对方的面孔来认识和区分，而且在现代社会中，"刷脸"已经日益成为对每一个人进行身份认证的生物特征识别技术，广泛地应用于很多重要行业及领域。

不过，相貌或脸面并非人类独有，而且人的脸面也与动物的脸面有着许多相似之处，在我们日常使用的獐头鼠目、尖嘴猴腮、马脸等词语中就可见一斑。事实上，从鲨鱼到松鼠等所有脊椎动物都有自己的脸面。自从脊椎动物进化出了

盘羊的头骨

欧洲野马的头骨

鹿角装饰墙

颌骨，动物的脸面就应运而生了。随后，与之相关的骨骼也为动物拥有美丽动人的外表做出了巨大的贡献，使许多动物"颜值爆表"。

在鸟类的"脸面"中最引人注目的无疑就是鸟喙，由头骨的前颌骨和下颌骨延伸并在外部包裹一层致密的角质鞘而成，上下两部分的形状可以相互吻合。它就像国人吃饭用筷子、西方人吃牛排使用刀叉一样，是鸟类取食的工具。不过，不同鸟喙的形态结构及功能千差万别，都因其所司的特殊"工作"而有不同的设计，其"花样"之多，功能之巧，的确为其他动物所"望尘莫及"。

鸟喙这种差别的形成主要是鸟类由于食性的差异而出现的适应性变化，每种鸟的取食习惯都与其喙的形状和大小有着直接的关系。不同形状的鸟喙可用于捕捉、叼住、啄取、撕咬、分割以及从水中过滤食物，还要充当锤子、凿子、钳子、剪子、夹子、钩子、锥子、菜篮子（如鹈鹕）等各种工具，有时也用于攀登、修饰、争斗、攻击、自卫、筑巢和育雏等。

动物的骨骼不仅有优美的姿态，而且还凭借其精巧的设计以及与大自然的高度和谐，使我们感叹生命竟如此神奇！

从功能形态学的角度来看，动物在取食、呼吸、感觉和运动等各个方面的适应性变化无一不在骨骼上打着深刻的烙印。

哺乳动物有完整的次生腭，其骨质部分称为硬腭，由前颌骨、上颌骨和腭骨构成，它和肌肉质的软腭一起使哺乳动物的内鼻孔后移到咽部，从而使咀嚼食物时不影响呼吸的进行。

在哺乳动物的耳朵里，隐藏着 3 块互为关节的听骨，每一块听骨都只有米粒大小，是哺乳动物身体中最小的一组骨骼。它们因各自的形状而得名——紧挨着鼓膜的是形如小铁锤的锤骨，之后是形如铁砧的砧骨，最后就是像小马镫一样的镫骨。有趣的是，砧骨和锤骨原来在爬行动物中是连接头骨和下颌的方骨和关节骨，在哺乳动物中进入了中耳，并与爬行动物唯一的一块听小骨——镫骨，一起组成了这套杠杆结构，用以传导从耳膜到内耳的声波震动。这是在脊椎动物进化史上解剖结构从一种功能转变到另一种功能的最好例证之一。

猛禽，如金雕的眼睛很大，眼球的最外壁为一层角膜，前面壁内生有一圈环形的骨片，称为巩膜骨，能够支撑眼球壁，在飞行时顶住气流的压力而不变形。

鹦鹉在构成鸣管的第一个气管环的底部、鸣管分叉处的中央，有一个从背面垂直伸向腹面的细骨棒，叫做鸣骨，起支撑鸣管和内鸣膜的作用，增强了它们学舌的本领。斗篷吼猴可能是世界上吼叫声最为响亮的动物，它不仅脖子粗、口腔大、下颌宽，特别是喉咙里特殊的舌骨十分膨大，形成一个可以振鸣的声囊，叫做骨质盒或舌骨器，仿佛一个"共振箱"，产生异常宏亮、巨大的吼声，震撼整个山林。

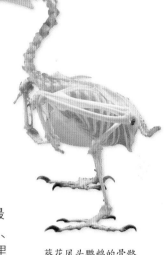

葵花凤头鹦鹉的骨骼

啄木鸟不仅舌细长而柔软，而且还有一对很长而带有弹性的舌角骨，由腭下伸展向上，围绕在头骨的外面，然后进入右鼻孔，起到特殊的弹簧作用。舌骨角的曲张可以使舌头伸缩自如，特别是能长长地滑出喙的外面很远，因此有极为高超的捕虫本领。堪与媲美的是指猴前肢疙疙瘩瘩的第三掌骨，构造极为特殊，又细又长，使中指成为它的一件万能工具，可以钻开树干挖昆虫，也可以在鸟卵上钻孔，把里面的汁液抽出来，还能从椰子里面吸水。

蛇类颅骨结构及其与下颚关联的方式因适应吞食大型食物而特化，颊部的上、下颞弓均缺失无迹，无泪骨、轭骨和上翼骨。方骨松懈地与颅骨连接，可以自由活动。它的腭骨、翼骨、方骨和鳞骨彼此形成能动的关节，齿骨也有一定的活动性，下颚的左、右两侧以韧带互连，可以左右展开，能造成蛇口极度张大，可达 130°左右，能吞食比自己头大几倍的

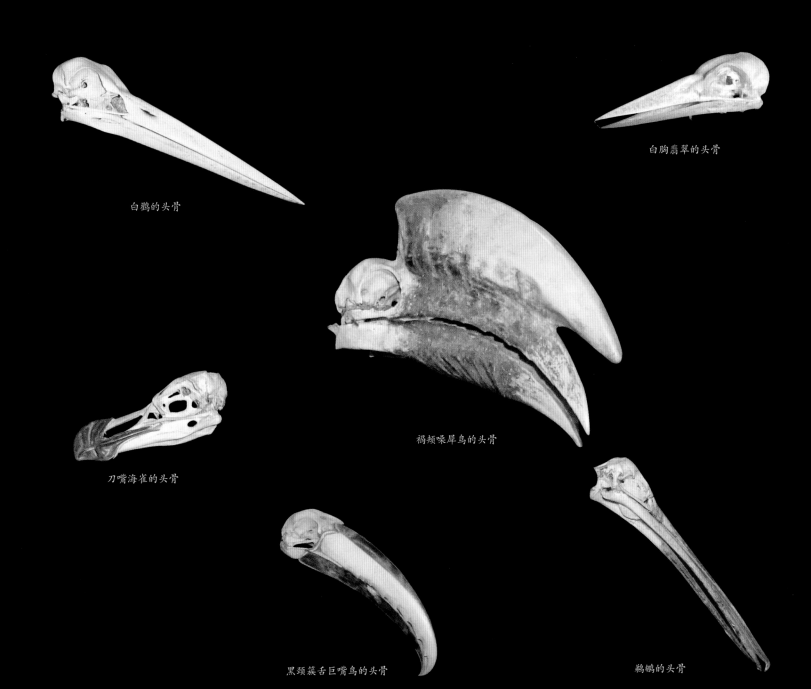

白鹳的头骨

白胸翡翠的头骨

褐颊噪犀鸟的头骨

刀嘴海雀的头骨

黑颈簇舌巨嘴鸟的头骨

鹈鹕的头骨

动物。

　　袋鼠以跳跃代步是动物中一种特殊的运动类型。它的前肢短小而瘦弱，后肢强大，腱筋很长，直通脚跟，有肌肉从脚跟与趾相连。脚踩在地面上时，与体重产生的反作用受到伸肌收缩的力量对抗，踝骨介于这两种力量之间，并且成为与它们方向相反的支点，所以袋鼠的跳跃是由踝骨形成的杠杆作用造成的。通过腱筋的弹性，袋鼠跳跃时可节省能量，还能连续跳跃前进。

　　在南美洲茂密的热带森林里，树懒用带钩的手脚头朝下悬吊在高高的树枝上。它的椎骨不仅数目奇多，而且完全一样。我们完全可以认为，这根悬垂的椎骨链非常近似悬链曲线。

　　鲸类的体型中部最粗，两端尖细，看上去呈纺锤形。实际上，它们在水中因受水压的作用，使其前端到胸部间的部分变得很尖细，更像是抛物线形。这对它们游泳很有利，可减少运动的阻力。

　　头颈部比例甚大的长颈鹿，由于存在一个通过倾斜的背一直到奇低的后部的向下和向后的推力，从而使得前腿的负重得到最大可能的化解。

　　大熊猫前掌上的 5 个带爪的趾是并生的，此外还有一个第六指，即从腕骨上长出一个强大的籽骨，起着"大拇指"的作用，这个著名的"熊猫的拇指"属于"假冒"的性质，既不是由指骨组成，上面也没有爪，但可以与其他五指配合，与手掌形成钳状，就能很好地握住竹子。同样，小熊猫前肢的手掌上也有由一块腕骨特化出来形成的"假拇指"。

　　由于适应飞行的生活，鸟的前肢变为翼，腕骨、掌骨和指骨愈合或消失，后肢的跗跖骨则可能与起飞和降落着地时增加缓冲力量有关。其他具有飞行或滑翔本领的动物，在骨骼方面也都有相应的适应。例如，飞鱼的胸鳍扩展为翅，使它们在跳出水面后能滑翔相当一段距离；飞蛙有加长的指和趾，末端膨大成吸盘，再加上发达的蹼膜，为其在空中滑翔提供了"降落伞"；飞蜥的肋骨延长并穿过体壁，可以像扇子一样打开或合拢，平时折叠起来贴于体侧，四肢可正常活动，而打开时就成为体侧皮膜的支撑者，使皮膜展开如翼，从而在树枝间滑翔；同样，有"飞蛇"之称的天堂金花蛇的肋骨也有较强的活动性，虽然没有翼膜，但把肋骨展开便可以使身体的宽度加倍，在空中滑翔时就像一条弯曲的丝带；齠

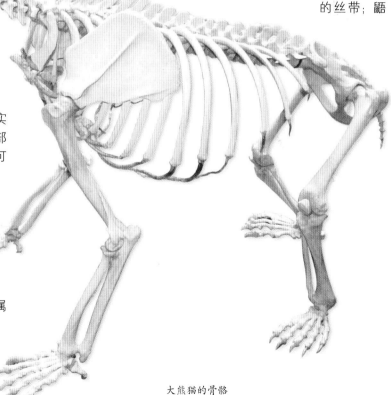

大熊猫的骨骼

猴可折叠的翼膜从颊部开始，经前、后肢一直延伸到指（趾）端和尾尖，能在树枝间滑翔，但它攀爬树木时也由于皮膜的阻碍而显得很笨拙；而鼯鼠的膜只延伸到腕部和踝部，攀爬树木更为灵活。

蝙蝠类是唯一能够真正飞翔的哺乳动物，有独特的飞行器官——翼手。它的上臂相对来说比较短，但是前臂非常长。它的翅膀是一块由臂骨和手骨支撑的薄膜，很多种类把后腿和尾巴也连在一起，特别是在脚踝里通常有一块起支撑作用的软骨伸出来，用来保持飞行薄膜的伸展。它的每一根指骨都比身体还要长，但大拇指非常短，从翅膀的前端突出来；第二个手指沿着翅膀的前端延伸，构成翅膀前端的边缘；第三个手指一直延伸到翅膀的末端；第四、第五个手指则往回沿着翅膀的宽度方向横穿过去，能控制前肢剖面的形状以及翅膀的弧度，从而使它们在低速飞行时具有难以置信的灵活程度。这样的结构堪称微工程学方面的一个奇迹。

六、生命的档案

自从出现了骨骼，大地开始增加了关于生命的记忆。很多早期的物种，因为没有可以长远保存的结构，所有的痕迹荡然无存。然而，像岩石一般缄默的一块块埋葬在不同地层里的骨骼，却怀抱着一个个生命的秘密入眠。

由于骨骼的坚硬和易于形成化石，亿万年前生活过的古动物通过化石得以保存下来。没有任何其他学科像古生物学那样对脊椎动物的进化提供更多的直接证据，而古生物学几乎完全是基于对动物的骨骼等硬体部分的研究。有经验的古生物学工作者通过对骨骼的研究可以窥视到几乎所有器官系统。大部分肌肉的起点和止点均在骨块上，通过骨块上的嵴、突和瘢痕可以看出肌肉的位置和发达程度；重要的脑神经可以通过头骨上的孔道显示出其粗细和行径；脑不同部分的发达程度可以由脑颅各部分的比例和骨骼的相对位置推测出来，不仅头骨上的鼻腔、眼窝和鼓室及岩乳部可以提供嗅觉、视

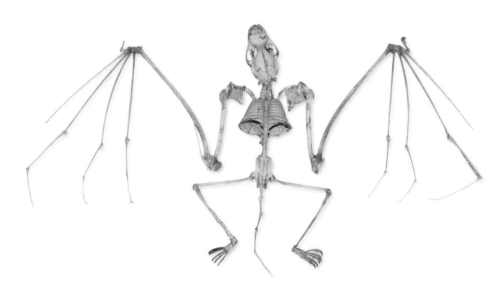

东方蝙蝠的骨骼

觉、听觉等器官方面的信息，甚至某些血管都在骨骼上留有印记。

人们通过对不同时期地层中化石的研究，了解了生物发生、发展的历史；又随着新的化石的发现，不断完善对生物进化历史的认识。

在不同地层中保存的化石，清楚地反映了整个生物界的历史发展规律。在不同地层中保存的某些化石种类数量的多少，则反映了不同种类生物的兴衰存亡历史。

有些化石还能反映生物大类群之间的亲缘关系，例如大家熟知的始祖鸟化石。始祖鸟一方面保留了爬行动物的许多特征：口中有牙齿，前肢指端有爪，胸骨不发达，没有龙骨突，尾部有许多尾椎骨等。另一方面，始祖鸟的前肢已经变成翅膀，而且翅膀、躯干和尾部已经有了羽毛等，这些又都是鸟类的特征。这些特征综合起来就说明鸟类是由古爬行动物进化而来的。这种化石又称为过渡类型的化石。

化石不仅能说明生物大类群的进化，而且还在生物种属的进化方面提供许多具体证据。如果在上下连续的地层中，发现许多相似而不完全相同的化石，就能清楚地反映出由一个物种演化为另一个物种的过程。在这方面研究得比较清楚的有马、象和骆驼等。拿马的进化来说，马的最早祖先出现于新生代第三纪的始新世，称为始马，它的身体只有狐那么大，生活在气候温湿的森林里，吃鲜嫩的青草和树叶，始马的背脊弯上拱，四肢细长，前肢有 4 个趾着地，后肢有 3 个趾着地，不善于奔跑。由于环境条件的变化，如气候变得干燥凉爽，森林越来越少，干燥的草原越来越多，"马"的食物由嫩草、树叶转为多纤维的野草，最后，到上新世末或第四纪初进化成真马，即现代马。从始新世的始马到第四纪初的现代马，经历了 5 000 多万年。从渐新世、中新世等地层中发现的"马"化石来看，它是向着体躯高大、头骨壮硕、背脊平直、中趾宽阔、更适于草原奔跑的方向发展的，这一系列的"马"化石生动地反映了马的进化过程。

由各个不同地质时期的地层和各种古生物形成的化石所构成的这本巨大的生物进化历史"书"，为人们提供了许许多多难得的生物进化发展信息，但这本"书"毕竟有点破损、残缺不全或有一定的局限性，要真正深入全面地掌握生命进化的历程，还需要其他学科的协助、配合。

对人类来说，骨骼能泄露其"主人"的许多情况，如年龄、性别，甚至生活环境。法医则可以利用这些线索来查明犯罪行为中受害者的身份。

骨骼也能提供其"主人"的躯体活动情况。因为躯体活动可在牙齿、脊柱和骨关节的损耗和磨损痕迹中反映出来。例如，与现代人的骨骼不同，尼安德特人的骨骼特别坚固，这是"干体力活"的一个标志，说明为了生存，尼安德特人必须每天都从事繁重的体力劳动。

从古老的骨骼里获取一些遗传物质，借助遗传指纹就可以查明与一个去世很久的人的亲缘关系。例如，1991 年，人们发现了 1918 年被谋杀的俄国沙皇一家的可能遗骸，引起了巨大的轰动。不久后，与活着的近亲进行的 DNA 对比证实了这些骨骼的身份。

骨骼的形态结构容易受到人体内外环境改变的影响，其中劳动、生活和体育锻炼及营养条件等是最主要的因素。例如，尼安德特人是惯用右手的人。因为骨骼受伤的部位通常位于左侧。这是惯用右手的人对打时才会出现这种情况。骨骼甚至还能显露其"主人"的社会行为。研究人员从一个古老的尼安德特人的骨骼上发现了受过重伤的痕迹。这个人受重伤后仍生存下来，但他自己不能养活自己。他的生存只能被解释为有人照料他并为他提供食物。

在死亡之后，骨骼就获得了永生。当生命消逝之后，骨骼是唯一的遗物，与大地共存。

当所有的事物化为灰烬，骨骼还会留下来，成为永不磨灭的记忆。

BU RU DONG WU

哺乳动物

　　哺乳动物头、颈、躯干和尾在外形上颇为明显，因适应于不同的生活方式，在形态上有较大改变。水生种类体呈鱼形，附肢退化呈桨状；飞翔种类前肢特化；穴居种类体躯粗短，前肢如铲状，适应掘土。

　　骨骼系统十分发达，脊柱分区明显，结构坚实而灵活。四肢下移至腹面，出现肘和膝，将躯体撑起，适宜在陆地上快速运动。

　　头骨因鼻腔的扩大而有明显的"脸部"。下颌由单一齿骨构成，具两个枕骨髁，发达的颧弓为眼球提供了保护，也是强大的咀嚼肌的起点。头骨骨块的减少和愈合，解决了坚固与轻便这一矛盾。

　　中耳腔内有 3 块互为关节的听骨（锤骨、砧骨及镫骨），可将声波的轻微震动加以放大并传送入内耳。硬腭与软腭一起使空气沿鼻通路向后输送至喉，从而使咀嚼时能完成正常呼吸。

　　哺乳动物的前颌骨、颌骨及下颌骨（齿骨）上大多着生有异型齿，分化为门齿、犬齿、前臼齿和臼齿，与食性的关系十分密切。须鲸类"丢失"了所有的牙齿，代之由表皮形成的、悬垂于口腔内的流苏状角质薄片，称为鲸须，可过滤食物。

　　在皮肤衍生物中，爪为陆栖步行时指（趾）端的保护器官，并有蹄、甲等变形；形态各异的角为有蹄类求偶争斗和自身防卫的一种利器。

鸭嘴兽
Ornithorhynchus anatinus

单孔目鸭嘴兽科

体长 90 ~ 100 厘米

分布于澳大利亚

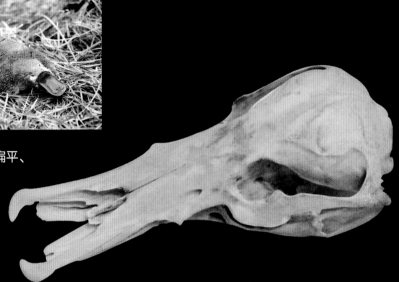

　　鸭嘴兽无疑是长相最古怪的哺乳动物。它不仅长着扁平、无牙（仅幼体有退化的牙）、像鸭子一样的角质喙，指、趾间具蹼，雄性后脚踝的后侧各有一个突起的中空毒距由单独的骨骼支撑，而且有泄殖腔（即"单孔"），并以产卵的方式来繁殖后代。不过，鸭嘴兽拥有体毛和以乳汁来哺育幼仔（虽然没乳头）的特征还是暴露了其哺乳动物的身份。鸭嘴兽善于用前肢划水游泳，以后肢和尾来控制方向；在陆地上会同时伸出位于身体两侧的前肢和后肢匍匐前行，但协调性较差。

　　鸭嘴兽在骨骼和骨骼之间的连接等方面还有很多地方类似爬行动物，耳道口开在颌骨的基部而不像其他哺乳动物那样开在颌骨的上方，但下颌骨每侧由一块齿骨所构成算是哺乳动物的典型特征。鸭嘴兽的内耳由锤骨、砧骨和镫骨所构成，这个看似不起眼的变化实际上也是决定其哺乳动物地位的重要环节。但它的这 3 块小骨头都和头骨有直接的连接，而不像其他哺乳动物那样"飘"在中耳当中只传导鼓膜的波动，则又表明了它原始的一面。

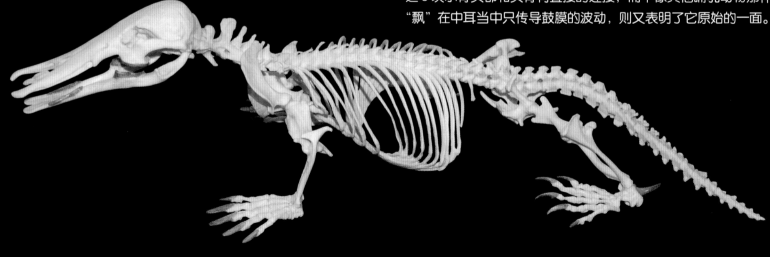

针鼹

Tachyglossus aculeatus

单孔目针鼹科

体长 40～60 厘米

分布于巴布亚新几内亚、澳大利亚

    针鼹个头不大，粗看好似一只刺猬，也用蜷缩成"刺毛团"的手段来躲避敌害，但它们在亲缘关系上相距甚远。针鼹是鸭嘴兽的"近亲"，也有"单孔"的泄殖腔。它的前肢骨骼粗壮，还有适合挖掘的爪子。雄性后足的踝部内侧还生有距，但无毒，是其防御的武器之一。

    针鼹的下颌缩小成一块薄薄的骨板，无牙的喙十分坚硬，可以用来吃蚁类和蠕虫等。在繁殖期雌性的腹部有一个像袋鼠那样的新月形临时育儿袋，而且还具有一个上耻骨，与骨盆相连接，用来支持袋内的卵或幼仔。幼仔可以在袋囊中舐食由母亲腹部的乳孔流出的乳汁。

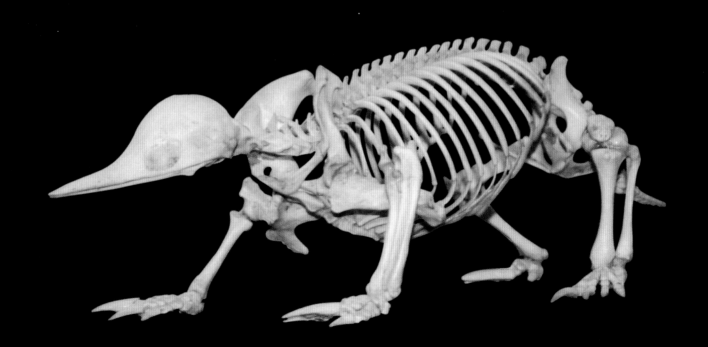

袋狼
Thylacinus cynocephalus

袋鼬目袋狼科

体长 100 ~ 130 厘米

曾分布于澳大利亚的玛斯塔尼亚岛，1948 年灭绝

袋狼不仅骨骼和外形像狼，而且也如狼一样凶猛。这两种猛兽在行为上也有很多相近的地方，这是由于类似的捕猎习性所形成的趋同现象。不过也有不同，袋狼的后腿强壮，可以像袋鼠一样跳跃，尾与背部连接的曲线也比较光滑，身体富有弹性，能伸缩自如，可以钻入比自己身子小得多的洞穴里追捕猎物。

袋狼与狼的区别还有很多，最大的一点是雌性的腹部有一个非常浅的、向后开口的半月形育儿袋，袋内有两对乳头（不过它也缺失了有袋类特有的上耻骨）。此外，袋狼身上有黑褐色的横斑（所以也叫塔斯马尼亚虎），尾毛很少。它的颚骨能像蛇一样分为两段，从而使嘴可以张开到不可思议的角度。袋狼总共有 46 枚牙齿，其中上门齿 8 枚，比狼多 2 枚。

袋獾
Sarcophilus harrisii

袋鼬目袋鼬科

体长 47 ~ 83 厘米

分布于澳大利亚的塔斯马尼亚岛

袋獾体型矮胖而壮硕，头大尾短，长有 42 枚牙齿，俗称"大嘴怪"。袋獾的尾巴无法向其他动物一样卷起，而且四条腿很短，跑起路来摇摇晃晃，但性情却十分凶猛和残忍，因而被称为"塔斯马尼亚恶魔"。除狩猎外，袋獾也进食腐肉。

袋獾多在晚上单独行动，听觉及嗅觉灵敏，也有比较好的夜视能力。此外，在脸上和头顶生长的触须也可以在黑暗中帮助它们寻找猎物或侦测同类的存在。袋獾的前足比后足稍长，能以最高时速 13 千米的速度奔跑，在被激怒时还会放出臭气，其刺鼻程度可与臭鼬相比拟。

树袋熊
Phascolarctos cinereus

袋鼠目树袋熊科
体长 50～60 厘米
分布于澳大利亚

　　树袋熊是最讨人喜欢的动物之一。树袋熊也叫"无尾熊"（其尾巴退化成一个"坐垫"，可以使自己舒适地坐在桉树上闭目养神），却与熊毫不相干，只是由于身体肥胖臃肿，长相似熊而已。最有趣的是它那厚而无毛、与众不同的鼻子，就好像在脸部中央贴了一块厚厚的灰黑色毛皮，显得滑稽可笑，非常惹人喜爱。

　　树袋熊的另一个名字"考拉"是"不饮水"的意思。它一般终年生活在桉树上，只以桉树叶为食，一天差不多要吃 0.5 千克树叶。树袋熊的臼齿只是用来剪切而不是碾压树叶。它的头骨宽而结实，齿骨深厚粗壮，并且角突不弯折，与其他有袋类不同。它的后肢比前肢短，并且第二、第三趾的前端愈合在一起；而前足的第一、第二指和其他三指是相对而生的，所以能够紧紧抓住树干、树枝，即使睡着了也不会掉下来。

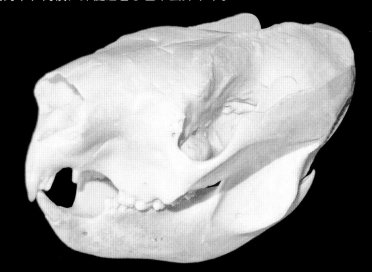

大灰袋鼠
Macropus giganteus

袋鼠目袋鼠科
体长 110～130 厘米
分布于澳大利亚

　　大灰袋鼠以善于跳跃而著称。它的后腿特别强壮，常成群结队跳跃式快速奔跑，不仅能连续跳跃前进，而且一蹦就可跃过 2 米高的篱笆或 7 米宽的壕沟；而前肢平时很少落地，所以变得短而细。

　　它们在搏斗时各自用后腿和尾巴支撑身子，再挥动较为短小的前肢来打击对方，动作简直就像人类的拳击。雌性的腹部有由袋骨支持的育儿袋，内有 4 个乳头。幼仔的足适于爬行，离开育儿袋到外面活动后，每次爬回去它都是头朝下掉进去的，然后在袋子里打个滚，翻转成放松、舒适的姿势，如同平躺在吊床上一样。

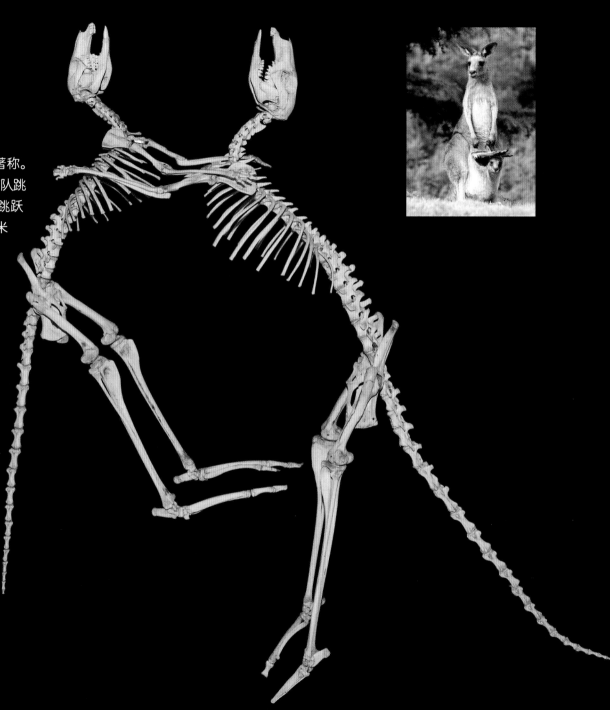

大赤袋鼠

Macropus rufus

袋鼠目袋鼠科

体长 130 ~ 150 厘米

分布于澳大利亚

　　大赤袋鼠也叫红大袋鼠，是体型最大的有袋类动物。大赤袋鼠骨架很大，曲线优美。除第三前臼齿外不换牙，以及下颌骨后部向内折曲，形成特殊的角状突起，是大赤袋鼠与其他有袋类的共同特点。大赤袋鼠的后肢强大，趾有合并现象，适合跳跃前进，一步能跳 9 米远。长而大的尾巴是栖息时的支撑器官和跳跃时的平衡器。

　　大赤袋鼠的尾巴粗而长，末端没有长毛，看上去好像棍棒一样，是一种多功能器官。休息时，尾巴与后肢一起支持着身体，像一只稳定的"三脚香炉"。奔跑时，尾巴翘起，就像"秤杆"一样保持身体平衡，起着舵的作用。尾巴是大赤袋鼠置对手于死地的武器之一，扫过去就相当于"一记闷棍"！

亚洲象

Elephas maximus

长鼻目象科
体长 500 ~ 700 厘米
分布于中国云南及南亚、东南亚

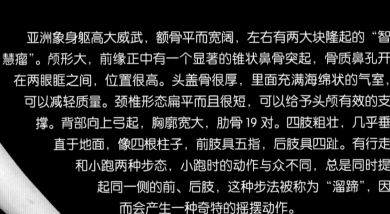

亚洲象身躯高大威武，额骨平而宽阔，左右有两大块隆起的"智慧瘤"。颅形大，前缘正中有一个显著的锥状鼻骨突起，骨质鼻孔开在两眼眶之间，位置很高。头盖骨很厚，里面充满海绵状的气室，可以减轻质量。颈椎形态扁平而且很短，可以给予头颅有效的支撑。背部向上弓起，胸廓宽大，肋骨 19 对。四肢粗壮，几乎垂直于地面，像四根柱子，前肢具五指，后肢具四趾。有行走和小跑两种步态，小跑时的动作与众不同，总是同时提起同一侧的前、后肢，这种步法被称为"溜蹄"，因而会产生一种奇特的摇摆动作。

雄性的长大门齿称为"象牙"，镶嵌在齿槽里，终生不断生长，永不脱换，长度可达 2 米左右。"象牙"既是掘食的工具，也是搏斗的武器。犬齿不发达，司咀嚼的颊齿藏在口中深处，像搓衣板一样有很多波浪形的横纹。

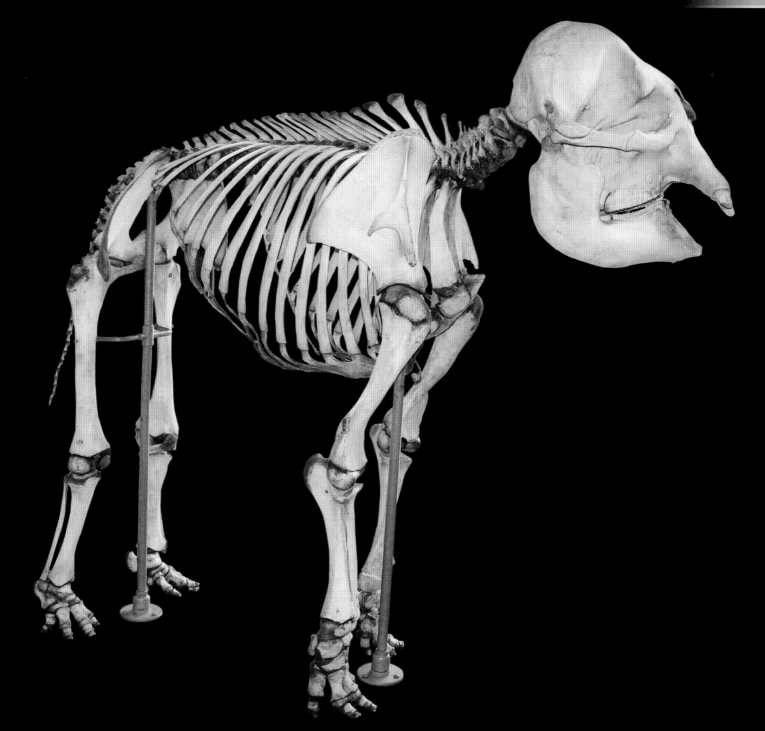

非洲象

Loxodonta africana

长鼻目象科
体长 500 ~ 750 厘米
分布于非洲

　　非洲象体躯庞大而笨重，是陆地上最大的动物。雌雄均有由第二上门齿形成的象牙，但雌性的象牙短而细。头顶扁平，脊背向下塌陷，肩部和臀部较高，肋骨 21 对。四肢粗壮如柱，前肢具四指，后肢具三趾，不能跑和跳，走路时步子迈得很大，很适于趟过泥地。在非洲象脚上的骨骼和脚垫之间有一层软骨，可以作为一个减震器，在脚垫中央落地之前先由外部撞击地面。

　　非洲象喜群居，每群由雌性统帅，一天中大约有 16 小时用来吃青草、树叶、嫩枝、野果等植物性食物。为了采食，一年要走 16 000 千米，迁徙的路线往往还要穿过溪流、湖泊、沼泽等，使它的一生就像一次极有耐性的漫长的寻食旅行。

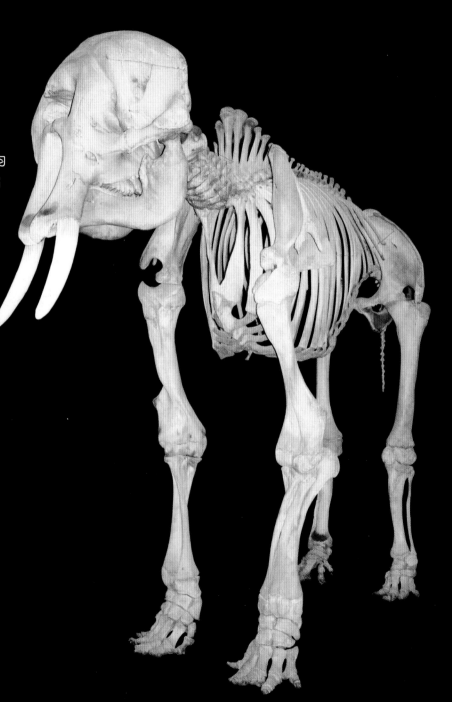

无齿海牛

Hydrodamalis gigas

海牛目儒艮科

体长 600 ~ 1000 厘米

曾分布于北太平洋冷水区的浅海地带，1767 年灭绝

　　无齿海牛也叫斯氏大海牛、白令海牛、巨儒艮等。身躯庞大，头部较小，前端平，吻部前伸，嘴向下张开，密生髭毛，没有牙齿。眼、耳都很小，没有耳壳，听小骨是哺乳动物中最大的。身体为棕灰色，皮肤厚硬而坚实，褶皱很多，被毛稀少。背部常有贝类寄生，因此常吸引一些海鸟前来帮助清理。后肢退化，与尾平行，前肢很短，呈鳍状，端部残留有马蹄状的指蹄，常用前肢来划水游泳和在水底行走，也能通过上下晃动尾部来快速前进。

　　无齿海牛喜欢成群活动，以海带类海草等为食，吃"草"的动作有些像陆地上的牛，一面咀嚼，一面还不停地摆动着头部。

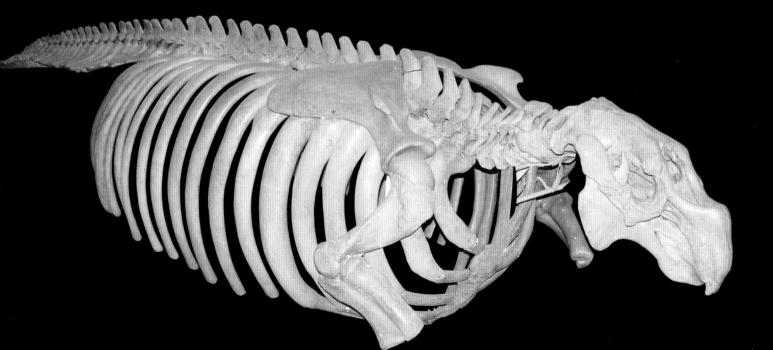

儒艮

Dugong dugon

海牛目儒艮科
体长 205～318 厘米
分布于中国南部沿海及太平洋、
印度洋浅海区域

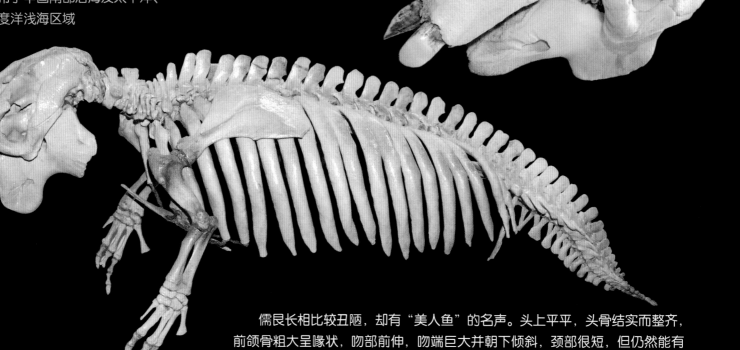

　　儒艮长相比较丑陋，却有"美人鱼"的名声。头上平平，头骨结实而整齐，前颌骨粗大呈喙状，吻部前伸，吻端巨大并朝下倾斜，颈部很短，但仍然能有限度地转动头部或点头。上唇较厚，形成一个圆筒状，吻端扁平，略呈马蹄形，后面露出上颌的两枚门齿。雄性的门齿突出口外，状如獠牙。

　　儒艮终生生活在海水中，身体呈肥圆的纺锤形。前肢变成胸鳍状，有关节，能抓东西或搔痒，特别是能拥抱幼仔授乳。后肢退化，仅存简单的肢带，与尾平行，形成两头尖、中尖凹的新月形尾鳍，游泳时可推进身体前进。儒艮的生活非常懒散，可以从容不迫地进行新陈代谢。其颊齿大，呈柱状，咀嚼面凹凸不平，一天可以花费 8 小时细嚼慢咽掉相当于 6 大捆麦秆的水生植物，而这些食物需要一周或更长的时间来消化。它厚重的骨骼可以缓冲肠道产生的气体所增加的浮力。

九带犰狳

Dasypus novemcinctus

带甲目犰狳科

体长 32 ~ 43 厘米

分布于北美洲至南美洲

　　九带犰狳是身披"甲胄"的动物。体外有一层由小骨片组成的、如瓷砖般排列的骨质鳞片（如同硬甲一般）保护着身体。与穿山甲不同，九带犰狳的身体分为前、中、后三段。前段和后段的骨质鳞片连成像乌龟壳一样的整块结构，不能伸缩。中段的鳞片呈条带状环绕而形成"绊"，有筋肉相连，可以自由伸缩，从而增加身体的灵活性。

　　九带犰狳有多达 100 枚圆筒形同型牙齿，数量比其他哺乳动物多很多，能不断生长，但这些牙齿均弱小而无力，没有珐琅质，并且缺少门齿和犬齿。四肢十分粗壮，指（趾）上的爪尖锐而强硬，十分有力，适于挖掘。

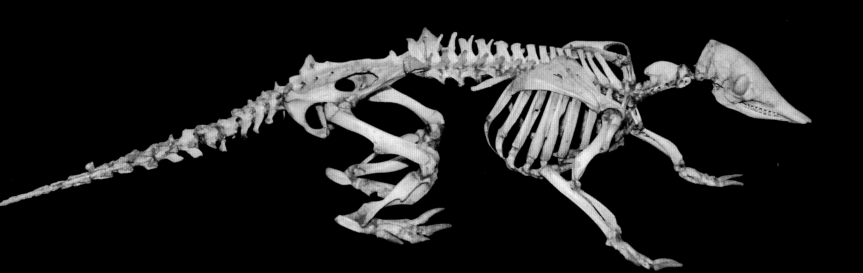

二趾树懒
Choloepus didactylus

披毛目二趾树懒科

体长 60 ~ 70 厘米

分布于南美洲

　　二趾树懒的骨骼与它的习性一样古怪。头小而圆，头骨奇特——没有真正的鼓泡室，取而代之的是位于那看起来发育不完全的颧弓下面的被称为外鼓骨室的结构。二趾树懒没有门齿和犬齿，上颌 5 枚、下颌 4 枚极小的平顶圆锥形颊齿来碾磨植物性食物，而且终生不脱换，也没有明确的分工，但前端的 1 枚呈犬齿化。它是胸椎最多的哺乳动物，有 24 ~ 25 块；颈椎一般只有 6 块，比大多数哺乳动物少 1 块。

　　二趾树懒的上肢较下肢为长，几乎没有尾巴，前肢有 2 个、后肢有 3 个连在一起的指（趾），每个指（趾）上都有钩状的长爪，可用来自悬其身。跟其他树懒一样，二趾树懒是除了某些倒挂着休息的蝙蝠以外，另一类喜欢倒挂着生活的动物。

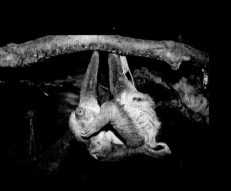

三趾树懒

Bradypus tridactylus

披毛目树懒科
体长 50 ~ 60 厘米
分布于南美洲

　　三趾树懒最多有 9 块颈椎！而绝大多数哺乳动物（包括颈部相对较短的鲸和颈部最长的长颈鹿）都只具有 7 块颈椎，个别（如二趾树懒及海牛）为 6 块。因此，三趾树懒颈部的弯曲程度和灵活性极大地增强了，头部转动的最大角度可达 270°，这就使它更为懒惰了——在寻找食物的时候根本不必移动身体。三趾树懒终生在树上过着慢节奏的生活，无论进食、睡眠、交配和生育，几乎从不下到地面上。

　　三趾树懒头骨为方形，吻部较钝，长着一副表情生动的面孔。头小而圆，眼睛圆而朝向前方。耳朵极小，隐藏于毛的下面。前、后足上均有 3 个连在一起的指（趾），每个指（趾）上都具有长钩状的、像镰刀般尖锐的长爪，可用来捞取食物，打击敌人，并借以自悬其身。

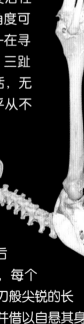

大食蚁兽

Myrmecophaga tridactyla

披毛目食蚁兽科

体长 100 ~ 130 厘米

分布于中美洲、南美洲

大食蚁兽又细又长的头骨极具特色，给人以深刻的印象。额部扁平，脑容量非常小，用于支撑颌部肌肉的颧弓也已消失。耳朵、眼睛和鼻子都很小。嘴更小，只是头部前端的一个小孔。牙齿退化，只剩下一些细小的臼齿，下颌骨细长。舌肌不是起于舌骨，而是起于胸骨后端，长长的舌头可以以每分钟 160 次的速度像传送带一样在口中自由进出，并将各种蚁类囫囵吞下。

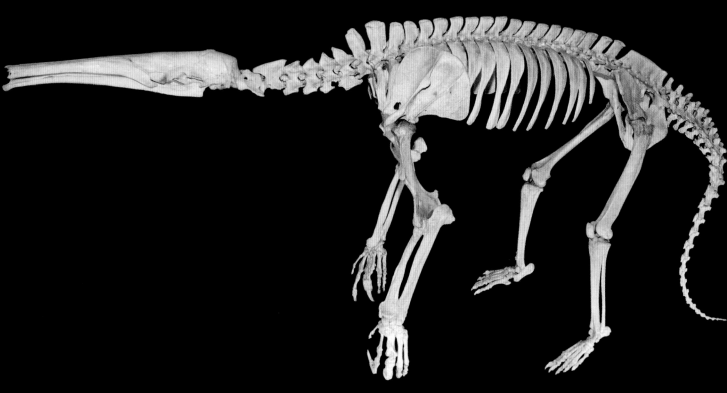

大食蚁兽体型较大，脊部隆起，弯曲呈拱形，尾巴特别发达。前、后肢上都具五指（趾），前肢粗壮而有力，除第五指外，均具有长而弯曲的钩爪，特别是中指的爪十分强大，是自卫和挖掘蚁穴的主要武器。但这也使它行走时前脚掌无法着地，只能把长爪向后屈曲，以趾背着地，形成一瘸一拐、笨拙可笑的古怪步法。

墨西哥食蚁兽

Tamandua mexicana

披毛目食蚁兽科
体长 50～60 厘米
分布于中美洲、南美洲

　　墨西哥食蚁兽的体型比较小，只有大食蚁兽的一半左右。头骨细长而脆弱，脊部隆起，弯曲呈拱形。头部细而长。吻部尖长，为圆锥管状，前端有很小的口。无齿，舌可伸缩，并富有黏液，适于舔食昆虫。体毛主要为棕褐色，杂有黑灰色。前肢力强，第三指具特别发达并呈镰刀状的钩爪，后肢第四、第五趾亦具爪。尾长，具缠绕性，末端无毛。

　　墨西哥食蚁兽栖息于热带森林中，是树栖动物，夜行性，主要以白蚁等为食。

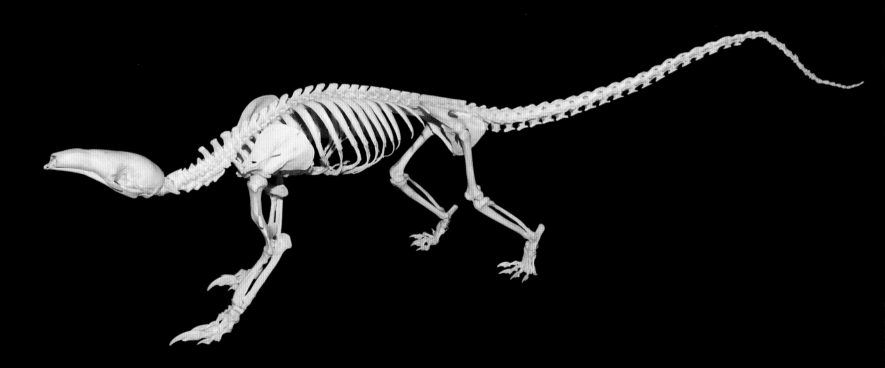

环尾狐猴

Lemur catta

灵长目狐猴科

体长 40 ~ 50 厘米

分布于非洲马达加斯加岛

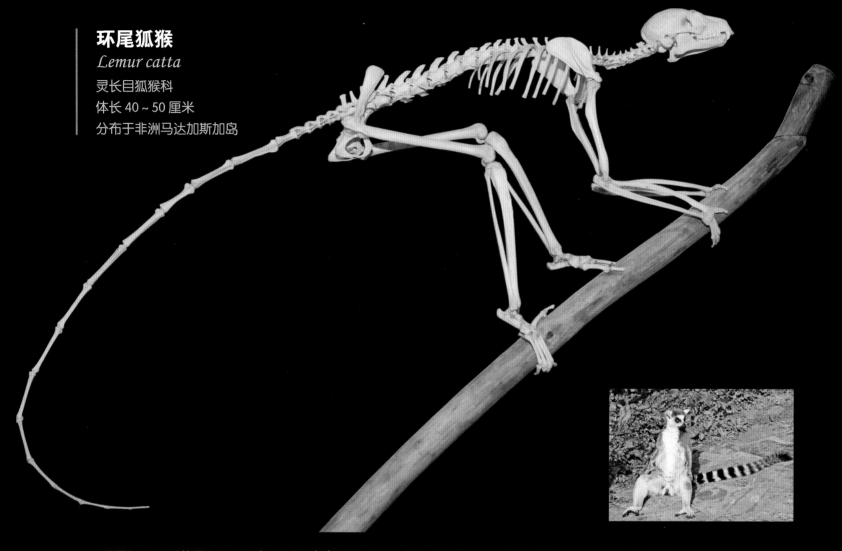

环尾狐猴又叫节尾狐猴，因颜面看上去宛如狐狸，又有一条具有 11 ~ 12 个黑白相间圆环的长尾而得名。眼眶突出，边缘向外展开，显示了出色的夜视能力。牙齿共有 36 枚，下门齿和下犬齿呈很有特点的梳状。除后肢第二趾外，都具适合抓握的指（趾）甲，而第二趾上的钩爪则可用来整毛搔耳。

环尾狐猴的后肢比前肢长，直立行走时与人类走路的姿态很相似，而且能在大树横生的枝干上直立行走，在大树之间跳跃时总是用后足先抓握树干。活动的时候，尾巴经常高高地翘起，作为群体彼此保持联系的信号。每当太阳升到一定高度的时候，它就朝着太阳，摊开四肢，以驱赶夜里的寒气，因此又被叫做"太阳崇拜者"。

领狐猴

Varecia variegata

灵长目狐猴科

体长 60 ~ 75 厘米

分布于非洲马达加斯加岛

领狐猴也叫毛狐猴、斑狐猴，是体型最大的狐猴之一。体毛主要为黑白两色，面部黑色并围绕着一圈白毛，特别是白色的耳簇毛惹人喜爱。大大的眼眶和突出的犬齿都很有特点，尾也很长。领狐猴拥有长长的指节和可以对握的拇指，对于攀附树木枝杈十分有用。领狐猴喜欢在林中高声鸣叫，甚至引发"齐唱"，此起彼伏，遥相呼应。有时领狐猴还将前臂张开，用后足交叉直立，跳出一种姿态怪异的"摇摆舞"。

领狐猴的下门齿和门齿状的下犬齿形成与众不同的"梳齿"，呈 45° 倾角向外突出，能在聚集一起互相理毛时当作"梳子"用。另外，在其后足的第二趾上还具有"梳爪"。

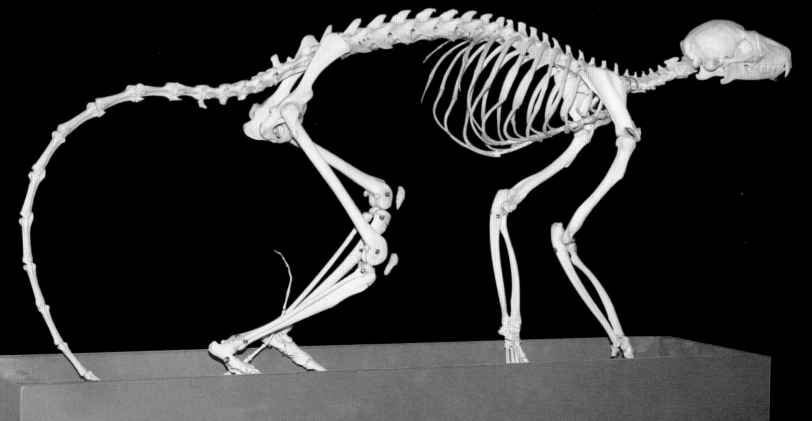

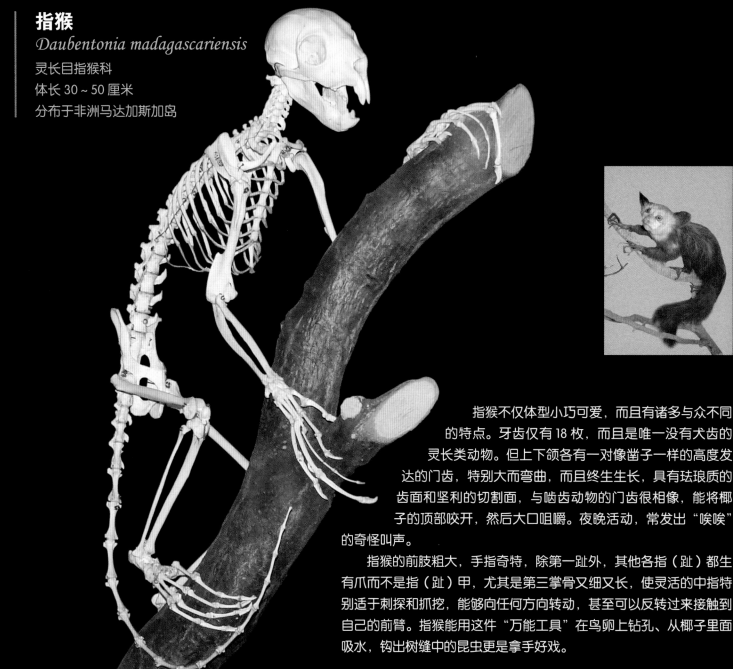

指猴

Daubentonia madagascariensis

灵长目指猴科

体长 30 ~ 50 厘米

分布于非洲马达加斯加岛

指猴不仅体型小巧可爱，而且有诸多与众不同的特点。牙齿仅有 18 枚，而且是唯一没有犬齿的灵长类动物。但上下颌各有一对像凿子一样的高度发达的门齿，特别大而弯曲，而且终生生长，具有珐琅质的齿面和坚利的切割面，与啮齿动物的门齿很相像，能将椰子的顶部咬开，然后大口咀嚼。夜晚活动，常发出"唉唉"的奇怪叫声。

指猴的前肢粗大，手指奇特，除第一趾外，其他各指（趾）都生有爪而不是指（趾）甲，尤其是第三掌骨又细又长，使灵活的中指特别适于刺探和抓挖，能够向任何方向转动，甚至可以反转过来接触到自己的前臂。指猴能用这件"万能工具"在鸟卵上钻孔、从椰子里面吸水，钩出树缝中的昆虫更是拿手好戏。

毛狨

Callithrix jacchus

灵长目狨科

体长 20～27 厘米

分布于巴西

毛狨又叫绢毛猴。夹杂着斑纹的黑褐色体毛十分柔软，尤其是耳上有一撮惹眼的白色长毛，看上去很像儿童喜爱的毛绒玩具，因此得名。其实，"狨"在原文中是"矮小"或"侏儒"的意思。毛狨的上、下第一门齿宽而且呈凿状，第二门齿较小，主要以果实、树叶、嫩芽和昆虫为食。

毛狨的尾上有黑灰色与黄灰色相间的轮状环纹，很长，但不能卷曲和抓握东西。毛狨性情活泼，行动敏捷，主要生活在树上，善于在树干上行走和跳跃。除了脚上的大拇趾外，其他指（趾）上均有长而尖锐的钩爪，可以钩住树枝。

黑蜘蛛猴
Ateles paniscus

灵长目蛛猴科
体长 38 ~ 57 厘米
分布于巴西、圭亚那、玻利维亚

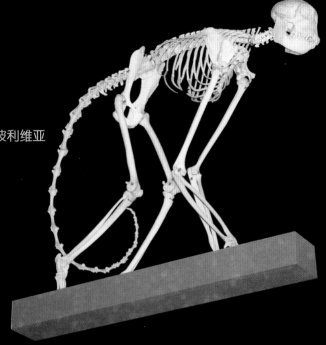

黑蜘蛛猴全身体毛乌黑油亮，却有一个红色的脸，所以又叫朱颜蜘蛛猴、赤面蛛猴、红脸蛛猴等。其躯体、四肢又细又长，指、趾修长而弯曲，再加上一条长长的尾巴，当它高高地凌空吊悬在树梢上的时候，远远望去宛如一只巨大的黑蜘蛛在拉丝做网，因此得名。

黑蜘蛛猴的拇指退化，仅有骨节的痕迹，常用具指甲的呈钩状的手来抓握树枝，在大的树枝上行动时则手足并用，采用独特的"臂行法"，动作十分敏捷。尾巴末端腹面光秃无毛，上面有一道道皱褶，能够增加摩擦力，而且非常灵敏，实际上起了"手"的作用。

赤吼猴可能是世界上吼叫声最为响亮的动物，叫它"嚎猴"似乎更为恰当。赤吼猴身体粗壮，有突出口外的长牙，脖子粗，口腔大，下颌宽，特别是喉咙里特殊的舌骨十分膨大，形成一个可以振鸣的声囊，称为骨质盒或舌骨器。声囊位于被胡须掩盖的皮肤之下，仿佛一个"共振箱"，能将声音放大很多倍，震撼整个山林。

赤吼猴
Alouatta seniculus

灵长目蛛猴科
体长 46 ~ 72 厘米
分布于南美洲

赤吼猴面部黑色，体毛主要为红铜色，在热带雨林中成群活动，以果实、树叶等为食。赤吼猴善于在树枝间攀缘、跳跃，手上的拇指和食指可以合并，与另外 3 个手指对握，长长的尾巴也善于缠卷。

山魈

Mandrillus sphinx

灵长目猴科

体长 95 ~ 115 厘米

分布于非洲

山魈有一个十分夸张的"大花脸"，既像带着一副假面具的"妖魔鬼怪"，又似乎是在模仿自己彩色的屁股。山魈身躯魁梧，是世界上最大的猴类，这在它的骨骼上也有所体现。

山魈的头部很大，脸型较长。眉骨高突，裸露部分明显地鼓起。眼窝深陷。雄性还拥有尺寸不逊于食肉动物的犬齿，特别锐利，足以让对手不寒而栗，是其用来御敌作战的有力武器，也是用于性炫耀的利器。

与之相比，雌性的头骨要轻薄一些，犬齿也更小。山魈营群栖生活，杂食性，大部分时间在地面上活动。四条腿粗壮，几乎一样长，但尾巴极短。

阿拉伯狒狒

Papio hamadryas

灵长目猴科

体长 70 ~ 100 厘米

分布于非洲东部、亚洲西部

    阿拉伯狒狒也叫埃及狒狒，有一个"大头"。眉骨高高突起，吻部很长，鼻梁直抵前额，这个长长的口鼻部让它的头部看起来略似狗头，所以又被称为"狗头猴"。在古埃及，阿拉伯狒狒是一种神圣的动物，其头骨常出现在墓葬中。

    阿拉伯狒狒尾巴细长，四肢十分粗壮，前、后肢长度相似，属于四足地栖活动类型。阿拉伯狒狒营社会性群居生活。雄性高大而威武，上颚的犬齿长而突出，敢于与凶猛的狮子进行搏斗。而犬齿的大小与尖利程度也是其能否担任群体首领的重要标准。

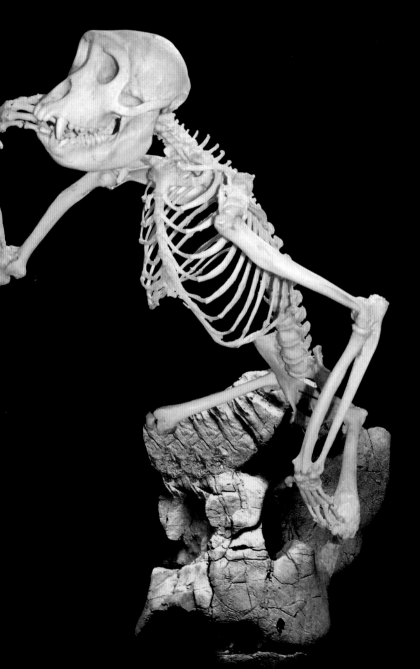

东黑白疣猴
Colobus guereza

灵长目猴科
体长 50 ~ 70 厘米
分布于非洲东部

东黑白疣猴体毛主要由黑白两色组成，因大拇指退化成为一个疣状小节而得名。有大而朝前、间距宽阔的眼眶，大号的犬齿，后肢比前肢长。头顶的黑色冠毛浓密整齐，仿佛剃了一个平顶头，宛如庵堂中尼姑戴的布帽子。

东黑白疣猴的身体两侧长着斗篷一样的白色长毛，从肩膀向下延伸到整个背部，美丽飘逸的尾巴比身体还长，有时超过1米。轻盈的体态和长长的四肢使其动作灵敏，能在树枝之间做长距离的跳跃。东黑白疣猴在热带丛林中或接近草原的树林中集群生活，主要吃植物的嫩芽和叶，同时也吃野果和谷物。胃很大且复杂，内分成数瓣，以适应从营养不丰富的树叶里吸取养分。

59

红面猴
Macaca arctoides

灵长目猴科

体长 50 ~ 82 厘米

分布于中国西南、华南地区及东南亚

　　红面猴的面部有鲜红色的斑块，有些老年个体还转为紫红色或者黑红色，所以得名。颜面部较猕猴长，颧弓向外展得很开，下颌很窄，眼眶四周非常突出。雄性的人字嵴发达，并善于用硕大的犬齿维护其在群体中的统治地位，并且有一个略呈"S"形的阴茎骨。前额部分裸露无毛，几乎全部秃顶，胼胝的周围也裸露无毛。尾巴短得出奇，而且被毛稀少，因此又有"短尾猴""断尾猴"之称。

　　红面猴栖息在多岩石的亚热带山地常绿阔叶林带，喜欢群居，昼行性，树栖，杂食性，以植物的果实、花、叶、根、茎等为食，也捕捉螃蟹、青蛙等小动物。

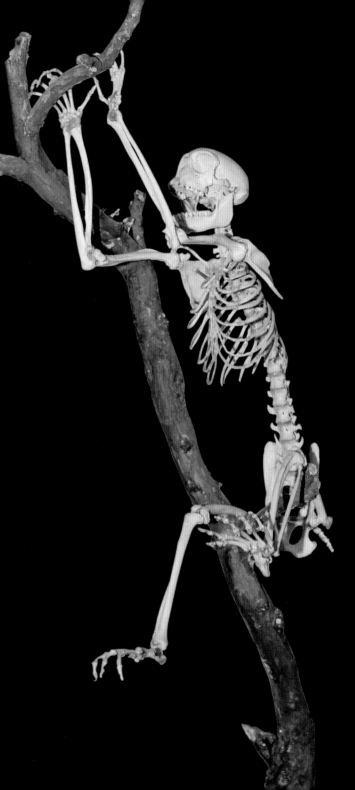

藏酋猴
Macaca thibetana

灵长目猴科
体长 51～71 厘米
分布于中国南方

　　藏酋猴体型较为粗大，有一对较大的犬齿。头顶常有旋状毛，面颊、下巴都生有浓密的须毛，就像络腮胡须一般，是其独有的特征。全身披着疏而长的毛发，尾巴比猕猴的要短得多，呈残结状，但覆毛良好。

　　藏酋猴的分布区较大，栖息于崖岩较多的稀树山坡地带，分布可达海拔 3 000 多米，但并不产于西藏。各地的俗称有很多，例如"毛面猕猴""大青猴""青皮猴"等。因为它经常在黄山、峨眉山等著名风景区出没，又被叫做"黄山猴""四川猴"。藏酋猴的四肢比猕猴相对较短，因此更适应地栖生活，攀缘岩壁也不在话下。

灵长目猴科
体长 51~63 厘米
分布于亚洲

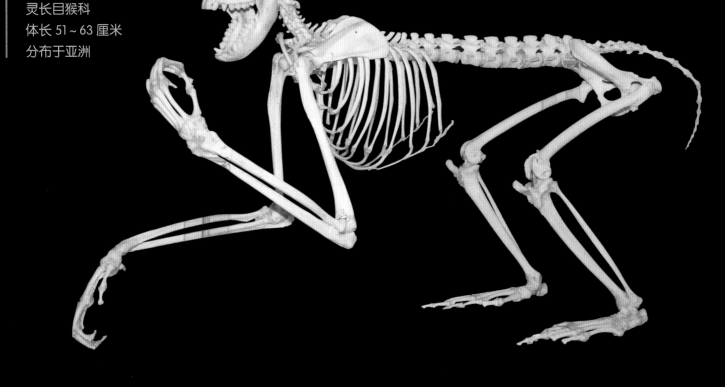

　　猕猴额骨大，有突出的眉骨，颜面部比其他猴类短，是我国各种与猴相关的艺术中的一张"标准像"。猕猴的形态匀称适中，尾巴和四肢均细长，手、足上均具五指（趾），指（趾）端具有短而平的甲，拇指（趾）与其他指（趾）可以完美地对握。臀部坐骨处具有鲜红色的角质坐垫，叫做胼胝或臀疣，雌性的红色更为显著，尤其在繁殖季节。

　　猕猴以植物为食，有两对门齿，中间一对比较大，犬齿也相当发达，还有发达的颊囊——也就是当下人们俗称的"猴赛雷"。颊囊位于下颚部的皮肤之下并与口腔相通，是暂时贮存食物的囊袋，特别是当它需要很快地夺取食物或者逃避危险的时候非常有用。

日本猴

Macaca fuscata

灵长目猴科
体长 47 ~ 65 厘米
分布于日本

日本猴脸长而裸露，呈红色，身体结实，四肢粗壮，尾巴较短。它是世界上分布最北的猴类，喜欢群居，较耐寒，常泡温泉，善于游泳和爬树。杂食性，有冲洗食物的怪癖，更以善于取食陷入沙中的麦粒而著称。

日本猴的聪明还表现在善于学习很多技巧，甚至会"钓"鱼——把面包丢进水里作为鱼饵，然后耐心地等待，只要鱼儿吃鱼饵，它就以迅雷不及掩耳之势，下手凌空捉鱼，成功率极高。

黑叶猴

Trachypithecus francoisi

灵长目猴科

体长 48 ~ 64 厘米

分布于中国广西、贵州、四川地区及越南、老挝

　　黑叶猴是一种看上去纤细而瘦弱的猴类。头部较小，双眼朝前，拥有双眼视觉。两颊从耳尖至嘴角处各有一道白毛，形状好似两撇白色的胡须，其余体毛均为黑色，所以又叫乌猿。尾巴和四肢细长，上肢尤其是肘关节的灵活性有利于手的抓握、悬吊和臂的摆荡等树栖运动。

　　黑叶猴栖息在热带、亚热带森林繁茂、山势险峻、岩洞较多的石灰岩地区，喜爱群居，夜间居于悬崖峭壁间的天然岩洞内，仅以嫩叶等植物性食物为食。雄性的犬齿比门齿大一些，雌性则正好相反。但总的说来，其犬齿并不算大，门齿、前臼齿和臼齿也都比较弱小，说明它的咀嚼力不太强。

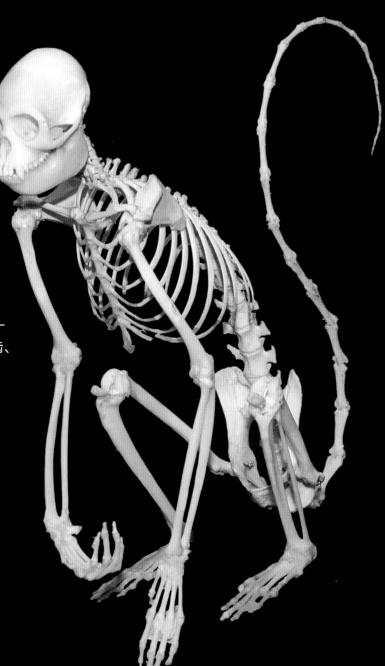

长尾叶猴是叶猴中体型最大的一种，头部圆，吻部短，四肢修长，尾巴更长，达1米以上。体毛主要为黄褐色，额部有一些灰白色的毛，呈旋状辐射，面颊上有一圈白色的毛，嘴边长着须毛，脸、耳、手、足等都是黑色的。臼齿尖利，第三下臼齿具5个尖。

长尾叶猴主要栖息在海拔2 000～3 000米的山地针叶林，喜欢成群在一起。平均每天要花5小时互相理毛，觅食大多在早晨和黄昏，主要吃各种树叶、枝芽，旱季可以好几个月不饮水。长尾叶猴是印度猴王"哈奴曼"的原型，因而在当地被奉为"圣猴""神猴"而任其往来于庙宇、街市之间。

长尾叶猴
Trachypithecus schistaceus

灵长目猴科
体长 43～79 厘米
分布于中国西藏及南亚

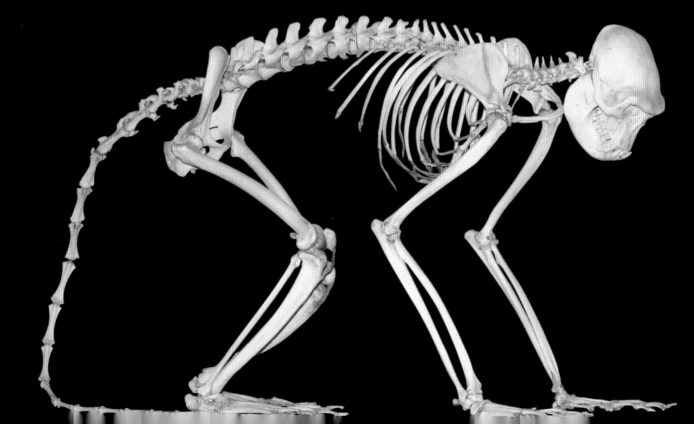

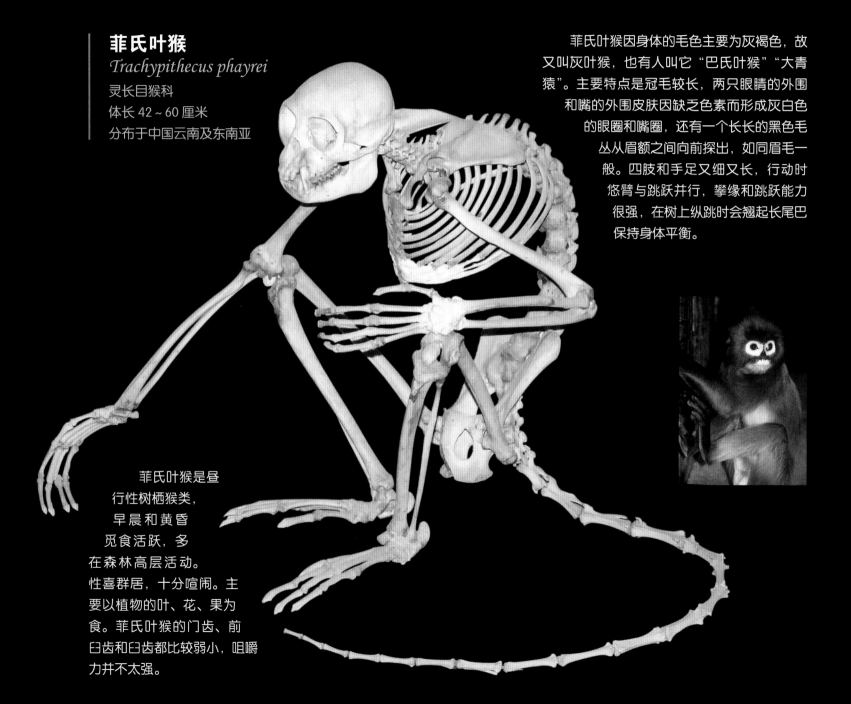

菲氏叶猴
Trachypithecus phayrei

灵长目猴科
体长 42 ~ 60 厘米
分布于中国云南及东南亚

菲氏叶猴因身体的毛色主要为灰褐色，故又叫灰叶猴，也有人叫它"巴氏叶猴""大青猿"。主要特点是冠毛较长，两只眼睛的外围和嘴的外围皮肤因缺乏色素而形成灰白色的眼圈和嘴圈，还有一个长长的黑色毛丛从眉额之间向前探出，如同眉毛一般。四肢和手足又细又长，行动时悠臂与跳跃并行，攀缘和跳跃能力很强，在树上纵跳时会翘起长尾巴保持身体平衡。

菲氏叶猴是昼行性树栖猴类，早晨和黄昏觅食活跃，多在森林高层活动。性喜群居，十分喧闹。主要以植物的叶、花、果为食。菲氏叶猴的门齿、前臼齿和臼齿都比较弱小，咀嚼力并不太强。

金丝猴

Rhinopithecus roxellana

灵长目猴科

体长 48 ~ 64 厘米

分布于中国四川、甘肃、陕西和湖北

金丝猴也叫川金丝猴，身披金丝线一样的美丽长毛，脸上有两个凹陷的天蓝色眼圈和一个突出的天蓝色吻圈。鼻骨短小，略上翘，鼻骨腔不像猕猴那样呈上宽下窄的带长形而是呈两端窄中间宽的卵圆形，再加上没有鼻梁，于是就形成了一个鼻孔上翘的朝天鼻子，显得格外有趣，所以也叫仰鼻猴。

金丝猴的头骨相当坚实，两个眼眶非常明显，略呈扁圆形，雄性的犬齿发达。尾巴很长，四肢粗壮，后肢略长于前肢，四肢骨骼的形态显示其属于半臂摆荡型的灵长类动物，既适应树栖生活也能适应地栖生活。金丝猴采用一雄多雌"后宫式"的婚配方式组成最基本的"家庭群"，以植物为食。

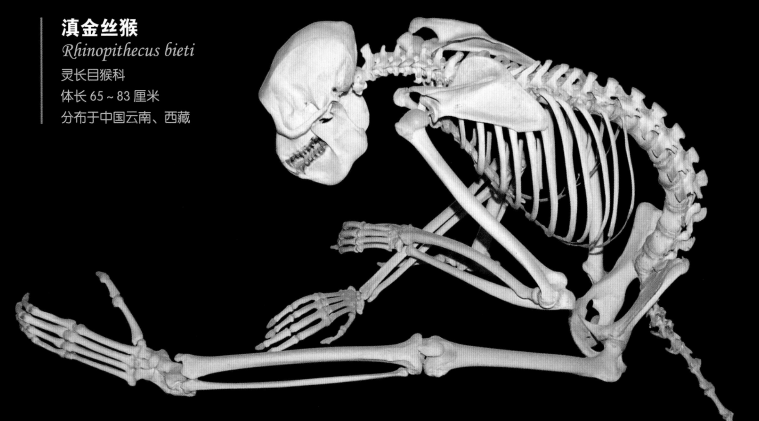

滇金丝猴
Rhinopithecus bieti

灵长目猴科
体长 65 ~ 83 厘米
分布于中国云南、西藏

　　滇金丝猴的体毛主要是具有光泽的灰黑色，手、足也呈黑色。雄性的头顶中央有长长的黑色毛冠，特别引人注目的则是它那美丽的红嘴唇。当地人也叫它雪猴，这可能是因为它主要生活在高山积雪地带的缘故。

　　滇金丝猴主要以针叶树的嫩叶、松果等为食，也吃箭竹的嫩叶和竹笋，特别嗜食一种叫做"松萝"的地衣。锁骨偏长，有利于手臂的摆荡和上举，适合以树栖为主的生活。喜欢栖息于高寒地区的针叶林环境，也具有沿着山坡进行垂直迁移的习性，平时营群居生活，等级严格，社群稳定。

西黑冠长臂猿

Nomascus concolor

灵长目长臂猿科

体长 45～64 厘米

分布于中国云南及老挝、越南

西黑冠长臂猿似乎就是为了在树上生活而生的物种。它体型纤小，但前肢特别长，具有小的胼胝，两臂伸开时可达 1.5 米左右，真是名不虚传。西黑冠长臂猿没有尾巴，头骨为卵圆形，具有刀状的长犬齿，上颚有适合下犬齿的牙床虚位。西黑冠长臂猿还是森林中的"歌唱家"，喉部长有喉囊，喊叫的时候可以胀得很大，使喊声变得极其嘹亮。

西黑冠长臂猿几乎常年都栖息在树上，两条灵活的长臂和钩形的长手使其穿林越树如履平地，像荡秋千一样荡越前进。但在地上行走时，身体呈半直立，或双臂弯在身体两侧，东摇西晃像个醉鬼，或双手举过头顶，摆出一副"投降"的姿势，头重脚轻、蹒跚而行，显得非常笨拙、滑稽可笑。

东白眉长臂猿

Hoolock leuconedys

灵长目长臂猿科

体长 45 ~ 64 厘米

分布于中国云南及缅甸

东白眉长臂猿眼大，眼眶四周突出，雄性犬齿发达。前肢比后肢长，上臂比下臂长，手和手指比脚和脚趾长，大拇指（趾）与其他四指的开裂幅度大，能完全对握。肩关节灵活，腕关节被可以向任何方向移动的软垫所分离，因而在荡越和改变方向时不需要转动身体，既能节省能量又具有惊人的灵活性。觅食、睡觉、休息都在树上进行，很少下地活动，在森林中轻舒猿臂，手脚并用，疾如飞鸟。

东白眉长臂猿喜食野果和嫩芽、嫩叶，也吃昆虫和鸟卵等，过着"一夫一妻"制的家庭式生活。鸣叫是其同类之间的主要联络方式，每天清晨，雌雄一起合唱般地啼鸣，声音好像"呼——克，呼——克"，所以又被叫做呼猿、呼洛克猿。

白掌长臂猿因手、脚的毛近似白色而得名。它是为荡越而生的，常在树上用两臂攀抓树枝摆动、腾跃，前、后肢并用，身体就像钟摆一样在树与树之间荡越，快速如飞。由于这种运动需要不断转换方向，它的肩部两侧变平而不像猴类那样较为宽阔，肘部较长，臂肘可以全方位旋转360°，既可以左右前进，又能够急进急退，双足只起到辅助蹬踏的作用。

白掌长臂猿
Hylobates lar
灵长目长臂猿科
体长 50 ~ 64 厘米
分布于中国云南及东南亚

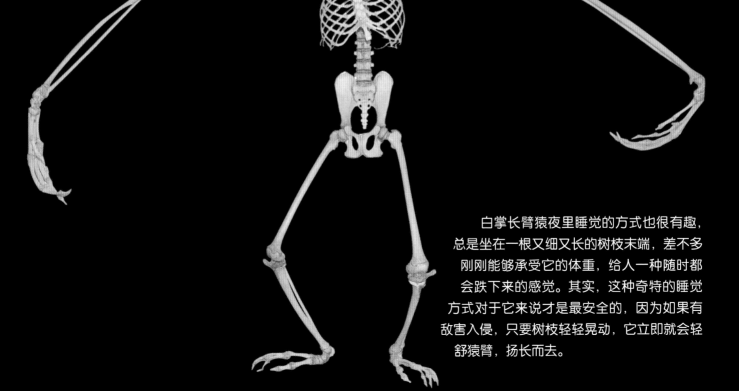

白掌长臂猿夜里睡觉的方式也很有趣，总是坐在一根又细又长的树枝末端，差不多刚刚能够承受它的体重，给人一种随时都会跌下来的感觉。其实，这种奇特的睡觉方式对于它来说才是最安全的，因为如果有敌害入侵，只要树枝轻轻晃动，它立即就会轻舒猿臂，扬长而去。

71

西部大猩猩

Gorilla gorilla

灵长目人科

体长 140 ~ 200 厘米

分布于非洲西部

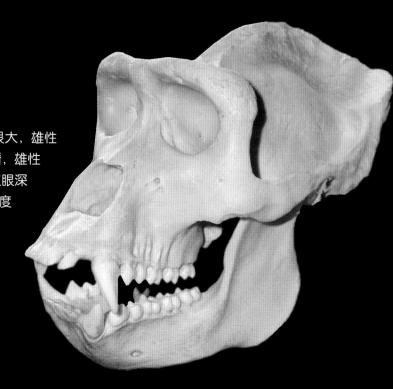

　　西部大猩猩是体型最大的类人猿，但两性大小差异很大，雄性身体极为粗壮、剽悍和鲁莽。头大，头顶有发达的矢状嵴，雄性还有较厚的冠垫，所以显得高大隆起如塔。眉脊高耸，双眼深深凹陷，距离较宽，鼻梁塌陷，吻部突出，发达的犬齿长度堪比猛兽，使人望而生畏。四肢都异常粗壮，前肢长于后肢，垂立时过膝。手掌宽阔，拇指短粗，足大趾粗厚，较大限度地外展。西部大猩猩没有尾巴，也没有胼胝和颊囊。

　　西部大猩猩以树叶等植物为食，但在树上活动的时间却有限。长在有力的颌骨之上的 32 枚非常粗壮的牙齿使其拥有磨碎粗硬食物的能力。在地上直立行走时前肢为"指撑型运动"的形式，后肢为跖行性，但它的手仍有灵活抓握的能力，上树的时候主要靠手攀缘而上，脚的抓握能力则比较差。当它从树上下来时，首先是脚下降，紧接着是手臂下落，徐徐滑下，用脚在树干上制动。

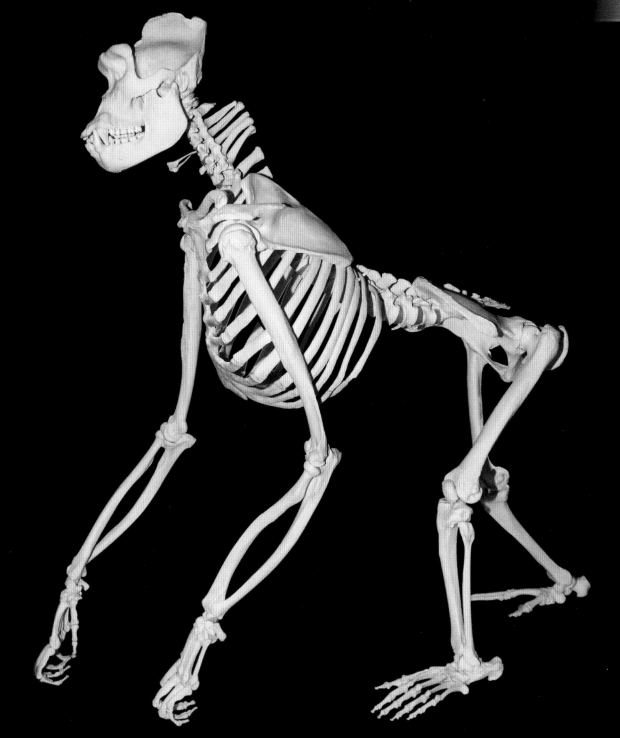

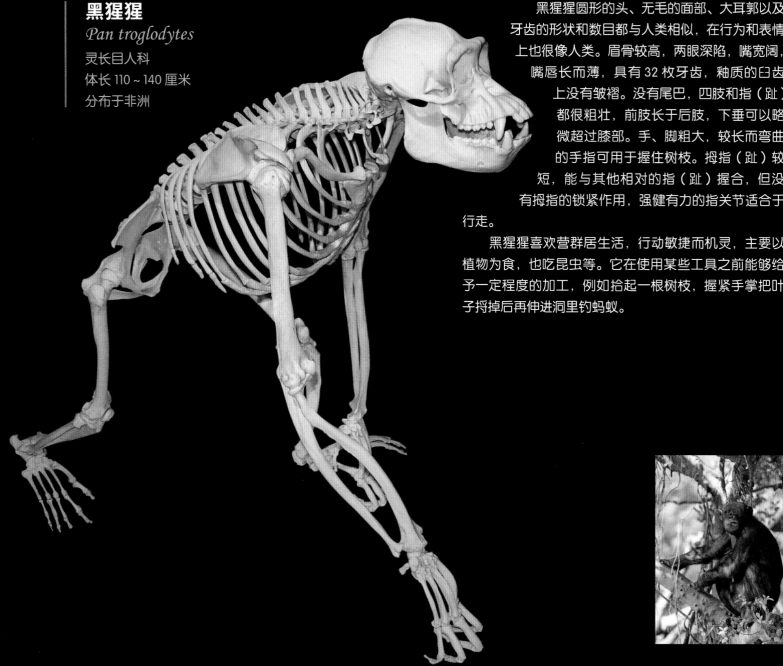

黑猩猩

Pan troglodytes

灵长目人科

体长 110～140 厘米

分布于非洲

黑猩猩圆形的头、无毛的面部、大耳郭以及牙齿的形状和数目都与人类相似，在行为和表情上也很像人类。眉骨较高，两眼深陷，嘴宽阔，嘴唇长而薄，具有 32 枚牙齿，釉质的臼齿上没有皱褶。没有尾巴，四肢和指（趾）都很粗壮，前肢长于后肢，下垂可以略微超过膝部。手、脚粗大，较长而弯曲的手指可用于握住树枝。拇指（趾）较短，能与其他相对的指（趾）握合，但没有拇指的锁紧作用，强健有力的指关节适合于行走。

黑猩猩喜欢营群居生活，行动敏捷而机灵，主要以植物为食，也吃昆虫等。它在使用某些工具之前能够给予一定程度的加工，例如拾起一根树枝，握紧手掌把叶子捋掉后再伸进洞里钓蚂蚁。

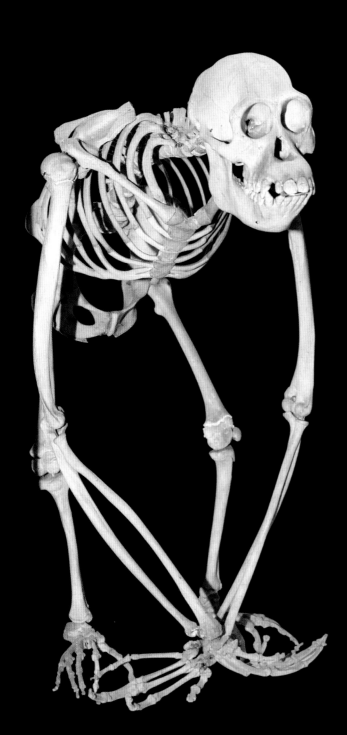

猩猩

Pongo pygmaeus

灵长目人科

体长 115 ～ 150 厘米

分布于印度尼西亚苏门答腊岛北部和加里曼丹岛

（包括马来西亚的沙捞越）

　　猩猩又称"褐猿"，是大型的类人猿之一。其体型威武，骨骼粗壮，头大而尖，吻部突出，两眼间相距较窄，眉骨小而且两相分开。牙齿共有32 枚，下颚肥大而有力。雄性头骨上有更大的矢状嵴、更宽的颧弓以及更大的犬齿。

　　猩猩的前肢明显长于后肢，直立时下垂到跗骨，几乎可以触地。在树上移动时采用臂行法，即用两臂交替攀枝，向前悠荡。两腿短而弯，没有尾巴。手、脚狭长，但拇指短，能与其他长而弯的手指对握，抓取食物；脚上除大趾外，其他各趾都像手指一样长，末趾有些粘连，适于抓握树枝，但在地上时往往靠双脚外侧行走，不是脚底放平，有时还需要前肢的帮助，手掌也不摊平，而是用指关节着地，一瘸一拐的姿势显得十分笨拙。

人

Homo sapiens

灵长目人科

身高 140～210 厘米

分布于世界各地

  人共有 206 块骨骼，即头骨 23 块、躯干骨 51 块、上肢骨 64 块、下肢骨 62 块以及听小骨 6 块。与其他类人猿相比，人类的颅型偏向短颅化，面骨缩小并且弱化，颅骨上枕髁的位置靠近前方，下颌有下巴，齿列不呈"U"形而是半圆形，前臼齿和臼齿不排列在一条直线上，也失去了用犬齿来战斗的能力，因为它们已变小并列于齿列之内。

  人后肢比前肢长，拇趾无法与其他脚趾相对，丢失了其原有的活动性，却换来了相当稳定、优雅而富有节奏的两足直立行走能力。股骨干的长轴则与垂直轴线以一定的角度相交，这就使得重心主要落在股骨的外侧髁上，身体克服重力向前时，足部与地面有相对较宽的接触区，以足底部的脚跟部以及脚趾与地面摩擦获得前行所需的摩擦力，尤其有利于奔跑。同时，手也变得更加自由，其他四指都可以与拇指一起捏取物品，较短的手掌则可以使长而有力的拇指锁紧拳头。灵巧的双手的确称得起是人的骄傲！

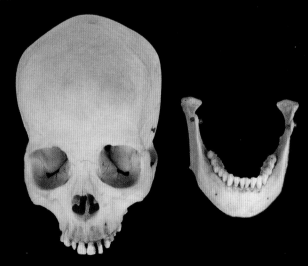

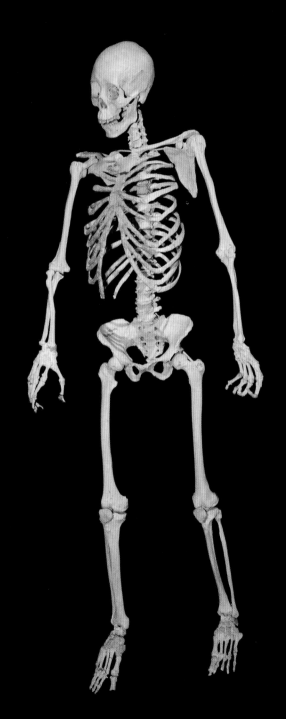

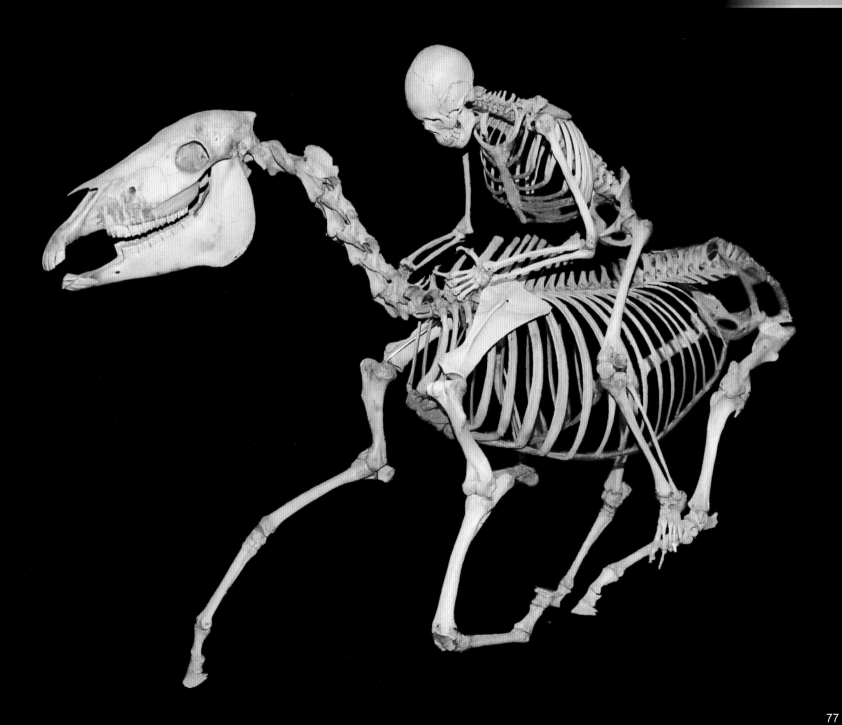

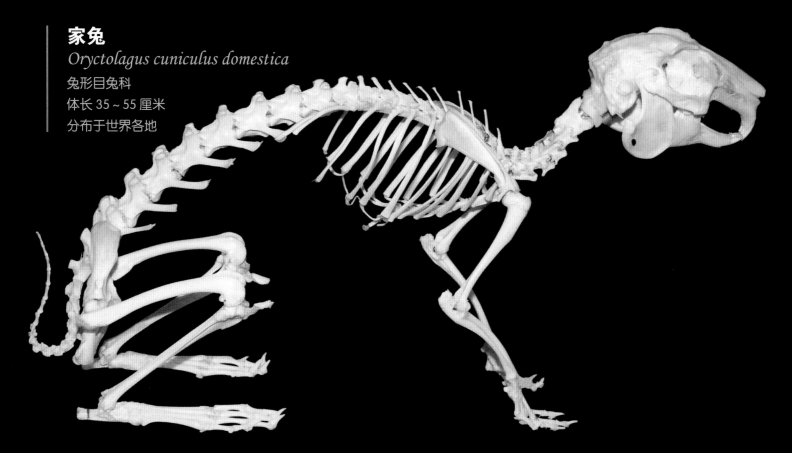

家兔
Oryctolagus cuniculus domestica

兔形目兔科
体长 35 ~ 55 厘米
分布于世界各地

　　家兔头骨和穴兔头骨很相似，而与其他的野兔明显有别，说明它是穴兔的后裔。头骨上有海绵状的孔洞，能为血液降温。嘴宽大，额骨两侧有发达的眶后突，颧弓粗大，听泡显著隆起，有很好的听力。上颌具有两对前后重叠的门齿，下颌也有一对门齿，无犬齿，在门齿与前臼齿之间有大的齿隙。前臼齿与臼齿的咀嚼面分为前后两部，左右上齿列间的宽度比下齿列间的宽度要大得多，在咀嚼时同时只能有一侧的上下齿列相对，因此它的上下颌是经常左右移动的。

　　家兔的后腿较长，适于一蹿一跳地前进，疾跑时矫健神速，还能突然止步，急转弯或跑回头路以摆脱追击。遇到危险时，它也会用后腿蹬对方，如"兔子蹬鹰"。前腿较短，具五指，可以用来挖洞穴居。尾短——"兔子的尾巴长不了"。

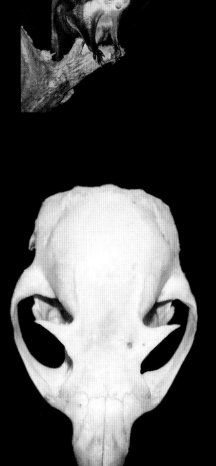

红白鼯鼠

Petaurista alborufus

啮齿目松鼠科

体长 35 ~ 60 厘米

分布于中国南方及东南亚

红白鼯鼠是一种大型鼯鼠，在树丛中滑翔是它的绝技。红白鼯鼠头骨短而圆，吻短，鼻骨短，听泡较大而明显，眶上突大而细尖，前足具四指，后足具五趾。身躯两侧前、后肢之间有独特的皮膜，分为自颈侧沿肱臂直至腕部的肱臂翅膜，沿股和腿部延至脚踝并后延至尾部的股翅膜，而最大的间翅膜自体侧延伸连接后足，并且向前延伸及腕部，向后延伸止于踝部，其前缘有腕附骨支撑，借此调节方向，能够帮助它从高处向低处滑翔 20 ~ 50 米的距离。起飞时要先跳一下，然后通过肢体的抬升、垂下，或伸直等方法来改变滑行路线。红白鼯鼠的长尾巴可以起到"舵"的作用，并且在到达目的地时垂下来当刹车。

红白鼯鼠白天蜷伏在树洞里睡觉，夜晚觅食，常单独活动。它的臼齿咀嚼面有丘状齿突，适合吃树木的果实、种子、嫩芽、嫩叶以及昆虫等食物，冬季在树洞或岩洞里冬眠。

仓鼠
Cricetulus sp.

啮齿目仓鼠科
体长 5 ~ 12 厘米
分布于亚洲、欧洲

　　仓鼠的头骨没有明显的棱角，吻部相对粗长，眼眶之间有一个沙漏型的结构。身躯短胖，尾短，因善于在冬眠之前用口中的颊囊将食物搬运到洞内的储藏室而得名。夜行性动物，前足具四指，后足具五趾，善于挖掘洞穴。

　　仓鼠的长相奇特，小巧玲珑，活泼灵敏，毛皮丰厚致密，明亮光滑，好像丝绒一般，独具特色。仓鼠以杂草种子以及昆虫等为食。其臼齿的咀嚼面上有两纵列齿尖，磨损后左右相连成嵴；上下颌各有一对锐利的门齿，甚细长，能不停地生长，所以它必须不断地啃些硬的东西来磨牙，既避免门齿长得太长，又能保持锐利。

褐家鼠
Rattus norvegicus

啮齿目鼠科
体长 13 ~ 21 厘米
分布于世界各地

　　褐家鼠是世界上最有名也是最常见的老鼠。它体型粗壮，头骨粗大而细长，吻长而大，鼻骨较长，颧弓粗壮。长尾巴上面有清楚的鳞环，鳞环间有较短的刚毛。门齿锋利如凿，咬肌发达，啃咬能力极强，可咬坏铅板、铝板、塑料、橡胶、质量差的混凝土、沥青等建筑材料，对木质门窗、家具及电线、电缆等具有极大的破坏力，甚至损毁房屋，造成巨大的经济损失。

　　褐家鼠的后足较粗大，行动敏捷，可在水平或垂直的电线、绳索、暖气管、电缆线上行走，也可在表面粗糙的砖墙上笔直向上爬行。它会潜水捕鱼，也可轻易潜越厕所的反水弯。凡是有人类居住的场所几乎都有褐家鼠的踪迹。

中华竹鼠

Rhizomys sinensis

啮齿目鼹形鼠科

体长 25 ~ 29 厘米

分布于中国中部以南至缅甸北部

中华竹鼠俗称"竹溜子",有两大技能:一是挖洞穴,二是吃竹子。颅骨粗大,呈三角形,上面微呈弧形。矢状嵴和人字嵴均甚发达,颧弧甚为宽展,吻也甚宽。甚为粗大的门齿是它的典型特征。上门齿呈深橙色,垂直,不为唇所遮盖;下门齿也很长,埋在骨下的部分一直伸展到下颌骨的后端。左右上颊齿列前端相距略较后端的窄,左右下颊齿列则相反。另外上颊齿列从第一臼齿到第三臼齿咀嚼面呈凸弧形,而下颊齿列咀嚼面从前至后即呈凹弧形,上下相配合,这显然与用下门齿啃咬竹子的茎枝及地下根茎有密切关系。中华竹鼠善于啃咬洞道周围的竹根、未出土的竹笋,并将这些东西拖入洞内咬成小段啃食。

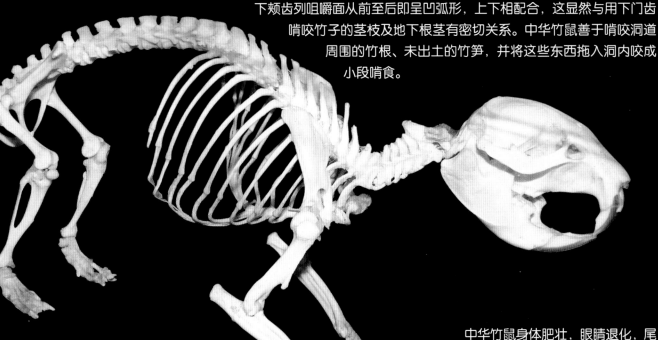

中华竹鼠身体肥壮,眼睛退化,尾短无毛,四肢短小,爪短而略扁,十分坚硬而锐利,特别适合在竹林下挖掘洞道穴居。

中国豪猪

Hystrix hodgsoni

啮齿目豪猪科

体长 55 ~ 77 厘米

分布于中国南方及南亚、东南亚

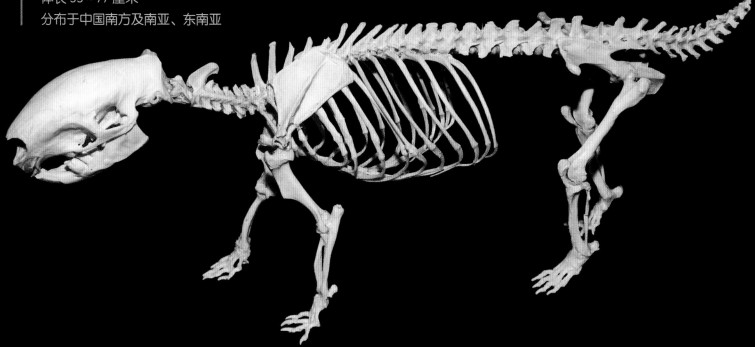

中国豪猪外形的确似猪，但满身长着如箭头一样的刺，所以又叫箭猪、刺猪。它身体强壮，颅骨大，鼻腔膨胀，鼻骨宽大并向上凸。嚼肌外层附着于颊骨弓，下眼窝孔极为大型，嚼肌内层透过下眼窝孔达到唇端，因此将下颌向前推出的力量很大。上门齿略微弯曲，而且垂直向下，下门齿露出的部分极长，具有一对前臼齿。

中国豪猪是夜行性动物，主要以植物为食，善于挖掘构造复杂的洞穴居住。四肢略等长，前足和后足上都具五指（趾），脚底下较为平滑。尾极短，隐藏在棘刺的下面，尾端的数十个棘刺演化成硬毛，顶端膨大，形状好像一组"小铃铛"。

水豚是最大的啮齿动物，身体矮胖，像一头小肥猪，又因喜水而得名。头大，吻部钝圆，尾退化，四肢短小，前肢具四指，后肢具三趾，指（趾）间均生有蹼，胫骨、腓骨和趾骨都有一部分愈合，站立时只有脚趾着地。

水豚以水生植物为主食，一生多在水里生活，能潜入水下数分钟之久，并可在河床底下行走。同其他啮齿动物一样，水豚拥有发育良好的门齿，而且颌关节不是垂直的，因此在咀嚼的时候，牙齿不是左右碾磨，而是跟其他的草食动物一样前后运动。

水豚
Hydrochoerus hydrochaeris

啮齿目豚鼠科
体长 100 ~ 120 厘米
分布于南美洲

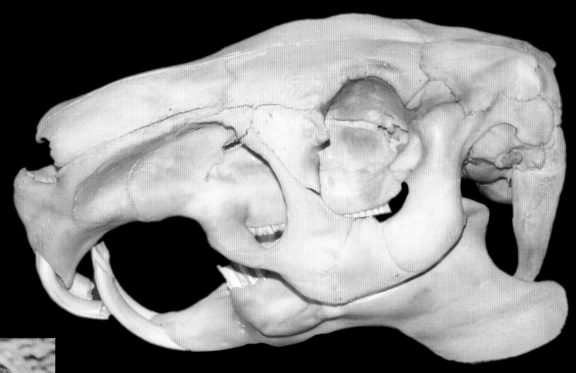

海狸鼠

Myocastor coypus

啮齿目海狸鼠科

体长 50 ~ 60 厘米

分布于南美洲，后引入世界各地

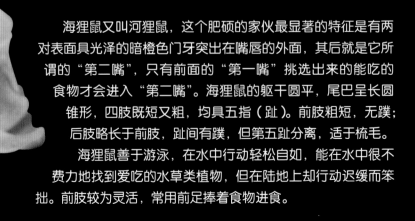

　　海狸鼠又叫河狸鼠，这个肥硕的家伙最显著的特征是有两对表面具光泽的暗橙色门牙突出在嘴唇的外面，其后就是它所谓的"第二嘴"，只有前面的"第一嘴"挑选出来的能吃的食物才会进入"第二嘴"。海狸鼠的躯干圆平，尾巴呈长圆锥形，四肢既短又粗，均具五指（趾）。前肢粗短，无蹼；后肢略长于前肢，趾间有蹼，但第五趾分离，适于梳毛。

　　海狸鼠善于游泳，在水中行动轻松自如，能在水中很不费力地找到爱吃的水草类植物，但在陆地上却行动迟缓而笨拙。前肢较为灵活，常用前足捧着食物进食。

刺猬

Erinaceus europaeus

劳亚食虫目猬科
体长 22 ~ 26 厘米
分布于欧洲至亚洲东部

　　刺猬是人们熟悉的小动物，虽然长着突出的长脸和小眼睛，与那些圆脸、大眼睛、短鼻子、浑身毛茸茸的宠物相去甚远，却一直是国内外童话故事中富有趣味的主角之一。这可能要归功于刺猬身上密布的超过 5 000 根的尖刺——它们也是其最有效的防卫武器。刺猬的四肢比较短，均具五指（趾），并具钩爪，走路为跖行性。

　　刺猬的吻相对其他食虫类较短而圆钝，头颅扁平，显得很结实的头骨中容纳着一个相对较小的大脑，大脑半球无沟回，但嗅叶较大，其嗅觉非常灵敏。眶后突不发达，不形成眼眶环。上颌的最前端有 2 枚突出但不那么锋利的牙齿，中间有不小的缝隙。牙齿共有 36 枚，虽然是异型齿，但分化程度较弱，显示出原始的特点。

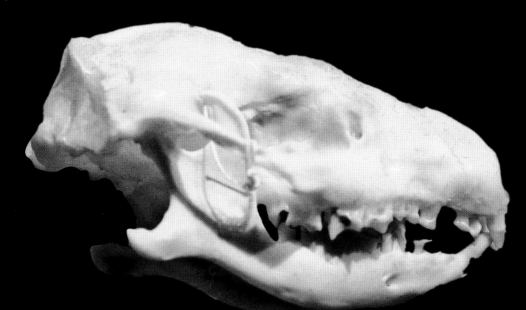

褐山蝠
Nyctalus noctula

翼手目蝙蝠科

体长 7～8 厘米

分布于欧洲至亚洲东南部

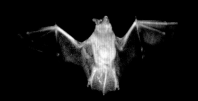

　　褐山蝠是一种体型中等的蝙蝠。前肢和肩带都发生了适应性的变化，有非常强壮的肱骨，伸长的尺骨和桡骨。只有第一指还呈游离状，保留独立的活动性，其他的掌骨和相应的指骨都极度延长，支撑起一层薄而多毛的、从指骨末端至肱骨、体侧、后肢及尾巴之间的柔软而坚韧的皮膜，形成独特的飞行器官——翼手。指的末端有钩状的爪，仍然能行使其抓握、攀爬等功能。

　　褐山蝠头骨的愈合程度很高，轻而坚固。胸骨具有龙骨突起，锁骨也很发达，呈弧形向前，肩胛骨脊椎缘远离躯干，这些均与其特殊的运动方式有关。拥有五趾的后肢扭转，膝向背侧，比前肢短得多，也很纤弱，一旦跌落地面，膝部像蚱蜢一样向后竖立，不仅难以再飞起来，而且行走也很困难。因此，它常以头向下的特殊姿势在高处用脚倒挂着栖息，这不需要花费多大力气，因为其自身的体重正好可以自动把带爪的趾锁住，并利用从高处掉下来的方法起飞。

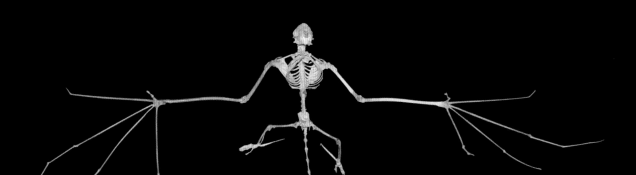

穿山甲体表覆瓦状排列的硬角质厚甲片，很像古代士兵的铠甲，因而得名。头圆锥状，头骨光如卵石，吻细长，眶小，颧弓小而不完整，听泡小而不封闭，鼻骨后端较宽，后端中点向两侧倾斜。没有牙齿。四肢粗壮，前、后肢上各具五指（趾），指（趾）端上的爪子粗大而锐利，尤其是前肢的中指和第二、第四指，非常适于挖洞。尾巴呈扁平状。

穿山甲
Manis pentadactyla

鳞甲目穿山甲科
体长 40 ~ 55 厘米
分布于中国南方及东南亚

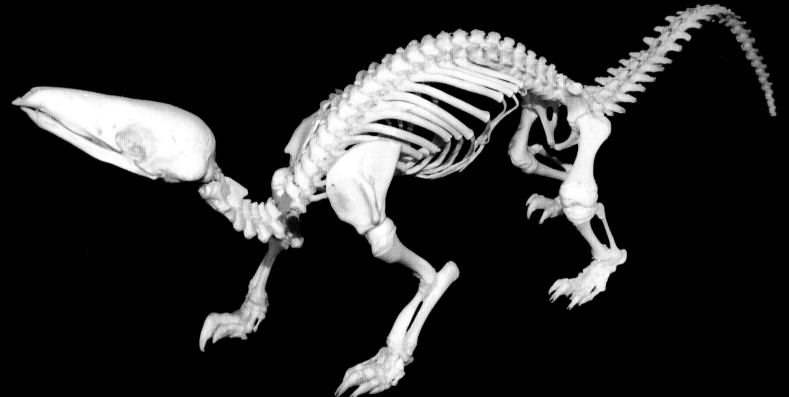

穿山甲是夜行性动物，白天蜷缩于地洞里，夜晚出外觅食。遇到危险总是先将身体缩成一团，形成球状，使捕食它的动物无从下手。走路的姿态很独特，将前肢的指反背向后，用指背关节着地行走，很像是跪着行进，后肢则是跖行。长长的舌头柔软而能灵活地伸缩，非常适合舔食蚂蚁，这是由于它最后面的一对肋软骨的上端由背骨分离，成为胸骨的延长，并通过腹面后方到达腹部的后端附近，活动舌头的肌肉就附着在其后端。

家犬
Canislupus familiaris

食肉目犬科
体长 20～100 厘米
分布于世界各地

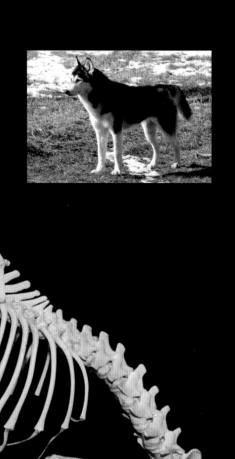

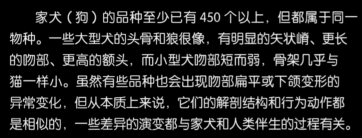

家犬（狗）的品种至少已有 450 个以上，但都属于同一物种。一些大型犬的头骨和狼很像，有明显的矢状嵴、更长的吻部、更高的额头，而小型犬吻部短而弱，骨架几乎与猫一样小。虽然有些品种也会出现吻部扁平或下颌变形的异常变化，但从本质上来说，它们的解剖结构和行为动作都是相似的，一些差异的演变都与家犬和人类伴生的过程有关。

家犬的上下颌力量很强，可依靠下颌的运动来叼东西、吃食物等。牙齿共有 42 枚：上颌 20 枚，下颌 22 枚，切齿具有切割食物的功能；尖锐的犬齿具有撕咬的功能，也是攻击与防卫的武器；特化的裂齿呈剪刀状，用以撕裂韧带、切碎软骨等。尾巴在骨盆上部连接尾椎骨，尾部筋肉跟第一尾椎骨一齐摆动，能够表达它丰富的情感。

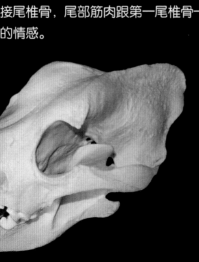

狼

Canis lupus

食肉目犬科

体长 100 ~ 230 厘米

分布于欧洲、亚洲、北美洲

狼又叫灰狼、青狼，是最大的犬科动物，生性机警，凶残而狡猾。头骨狭长呈楔形，吻部长而尖，额骨高耸，颧弓粗大并向外侧扩张，有一张大而宽阔的嘴，犬齿尖锐，裂齿很大。四肢长而强健，脚掌上具有膨大的肉垫，前肢具五指，后肢具四趾，指（趾）端均具有短爪，脚印呈圆形或长圆形，图案好似梅花一般。尾巴短而粗，毛较为蓬松，可用于在同伴间作为体语表达情感，进行交流。

狼的行为十分复杂，群体之中有着严格的等级关系。狼行动敏捷，奔跑的速度很快，耐力也很强，狩猎的方式有伏击、跟随、围攻、追逐等。狼拥有结实的矢状嵴，其上附着的肌肉能够赋予它强健的下颌力量，可以咬碎猎物的骨头。

赤狐

Vulpes vulpes

食肉目犬科

体长 45 ~ 90 厘米

分布于欧洲、亚洲、非洲北部

　　赤狐生就一张疑惑的脸。这可不并能怪它，而是人类丰富的想象力而引起的误会，于是就产生了跟"狐仙"有关的种种荒诞传说。赤狐有细长的身体，尖尖的嘴，短小的四肢，身后还拖着一条长长的大尾巴。头骨较窄，吻部狭长，颧宽较大。上门齿排成一个弧形，第一、第二上门齿内缘有一个小叶，犬齿细长，从侧面看略似镰刀状。前、后肢都只有四指（趾）着地于走，第三、第四指（趾）同长，且比较大，而不常使用的第一指（趾）变得很小。

　　赤狐性情机敏、狡猾，行动快捷且有耐久力，擅长以计谋来捕捉猎物。它不仅是捕食者，也是随机杂食者，甚至还是"杀过者"，如果食物一时吃不完，就会精心地选择一个隐蔽的地方，小心地埋藏起来。

豺

Cuon alpinus

食肉目犬科

体长 95 ~ 103 厘米

分布于中国、俄罗斯及南亚、东南亚

　　豺体型较小，头宽，额扁平而低，吻部较短，耳短而圆，额骨的中部隆起，所以从侧面看上去整个面部显得鼓起来，不像其他犬类那样较为平直或凹陷。豺只有 40 枚牙齿，比其他犬类少 2 枚臼齿，反映出它的食性更偏于肉食。豺多采取接力式穷追不舍和集体围攻、以多取胜的办法捕食，行动敏捷而灵活，善于跳跃。

　　豺的四肢较短。尾较粗，蓬松而下垂。与其他犬类类似的是雄性都有发育很好的阴茎骨，像一根直

貉

Nyctereutes procyonoides

食肉目犬科

体长 50 ~ 68 厘米

分布于中国大部分地区及东亚其他地区

　　貉看上去与其他犬科动物不太一样，体躯粗胖，吻鼻部较短，跟浣熊却有些相像。性情较温和，活动范围狭窄，行为也较笨拙。四肢短，前肢能稍向外扭，腰部弯曲，与那些朝适应跑步方向前进的犬科动物相比较，属于较为原始的类型。

　　貉的头骨比较厚重，稍显狭长，拥有较为狭窄的颧弓和较高的头盖骨，矢状嵴也很明显。貉是夜行性动物，对洞穴的依赖性不强，即使在冬季寒冷的北方也只是在洞中"冬睡"，而不是冬眠。也就是说，貉只是处于非持续性的昏睡状态，遇天气温暖时或受到干扰时，就会出来活动或觅食。臼齿扁平，犬齿和裂齿相对孱弱，暴露了其杂食的习性。

棕熊

Ursus arctos

食肉目熊科

体长 150 ~ 200 厘米

分布于欧洲、亚洲、北美洲、非洲北部

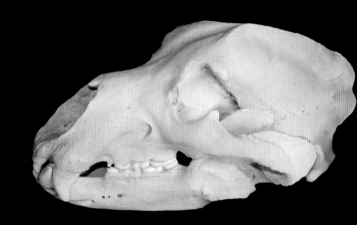

　　棕熊分布越靠北体型就越大，甚至是陆地上最大的食肉动物！棕熊体型浑圆，头圆而宽，巨大的头骨狭长，矢状嵴发达，吻部较长而向前突出，拥有咬碎一切食物的蛮力。上颌第三门齿呈尖形，大于中间两对门齿。臼齿宽而平，显示了它更适合于杂食，不仅能取食各种质地较硬的植物，也吃昆虫和蜂蜜，有的还对驼鹿、驯鹿、野牛、野猪等大型动物发动攻击。

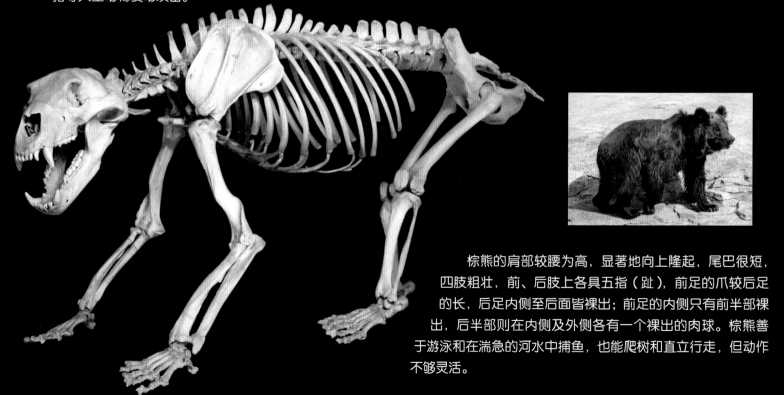

　　棕熊的肩部较腰为高，显著地向上隆起，尾巴很短，四肢粗壮，前、后肢上各具五指（趾），前足的爪较后足的长，后足内侧至后面皆裸出；前足的内侧只有前半部裸出，后半部则在内侧及外侧各有一个裸出的肉球。棕熊善于游泳和在湍急的河水中捕鱼，也能爬树和直立行走，但动作不够灵活。

黑熊

Ursus thibetanus

食肉目熊科
体长 120 ~ 170 厘米
分布于东亚、南亚、东南亚

　　黑熊体型中等，不像棕熊那样雄伟，而是肥胖而敦实。头部较宽，吻部较短，貌相似狗，故有狗熊之称，又因视力较差，被叫做"黑瞎子"。头骨长圆形，与棕熊相比，前短后长，额部平缓，有更宽阔厚重的下颌骨、比较狭窄的颧弓以及相对较小的矢状嵴。门齿的齿缘平坦，犬齿较大。肩部较平，臀部较高，尾巴很短。四肢粗壮，前、后肢均具五指（趾），指（趾）端具尖锐的爪，前爪更长一些。前足腕垫宽大，与掌垫相连，掌垫与趾垫间被有棕黑色短毛。后足跖垫宽大而肥厚，趾垫间也被有棕黑色短毛。

　　黑熊能像人一样坐着或用后肢直立行走，样子看起来很笨拙，似乎有点步履蹒跚，其实行动还是很灵活的，走路时为全脚掌着地，即"跖行性"。

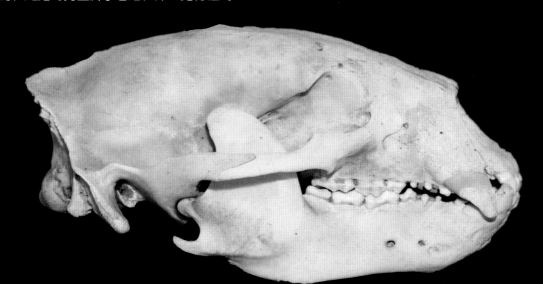

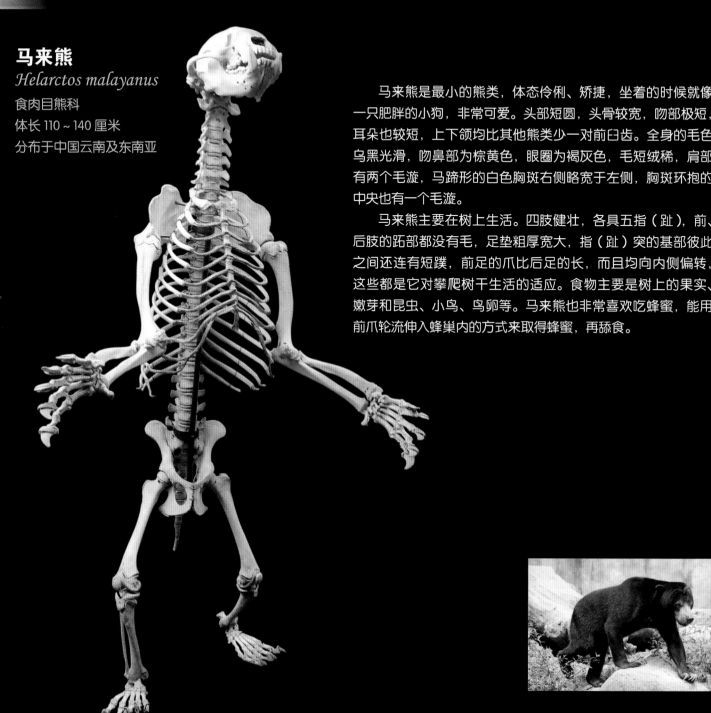

马来熊
Helarctos malayanus

食肉目熊科
体长 110～140 厘米
分布于中国云南及东南亚

马来熊是最小的熊类，体态伶俐、矫捷，坐着的时候就像一只肥胖的小狗，非常可爱。头部短圆，头骨较宽，吻部极短，耳朵也较短，上下颌均比其他熊类少一对前臼齿。全身的毛色乌黑光滑，吻鼻部为棕黄色，眼圈为褐灰色，毛短绒稀，肩部有两个毛漩，马蹄形的白色胸斑右侧略宽于左侧，胸斑环抱的中央也有一个毛漩。

马来熊主要在树上生活。四肢健壮，各具五指（趾），前后肢的跗部都没有毛，足垫粗厚宽大，指（趾）突的基部彼此之间还连有短蹼，前足的爪比后足的长，而且均向内侧偏转，这些都是它对攀爬树干生活的适应。食物主要是树上的果实、嫩芽和昆虫、小鸟、鸟卵等。马来熊也非常喜欢吃蜂蜜，能用前爪轮流伸入蜂巢内的方式来取得蜂蜜，再舔食。

北极熊
Ursus maritimus

食肉目熊科
体长 220 ~ 300 厘米
分布于北极附近地区

　　北极熊体型高大，堪称最大的食肉动物之一。头小而扁，躯干肥胖，尾巴很短。上颌有两对比较大的臼齿，牙齿十分锋利，犬齿和裂齿之间间距很宽，属于典型的肉食动物牙齿。性情机警而凶猛，力量很大，是寒冷的北方冰雪世界的"霸王"，主要捕食海鸟及鸟卵、旅鼠、北极狐、海豹及幼仔、海象幼仔、海洋鱼类等。

　　北极熊四肢粗壮，均具五指（趾）。指（趾）端具黑爪，足掌肥大具蹼，前半部侧面有长带状的裸出部，后半部有两个圆球状裸出部。掌下生有多而密的毛，能够防止脚爪冻在冰上，在冰雪上行走时不至于滑倒，并且可以悄无声息地蹑行。北极熊也很喜欢游泳和潜水，前肢划水，后肢起着舵的作用。

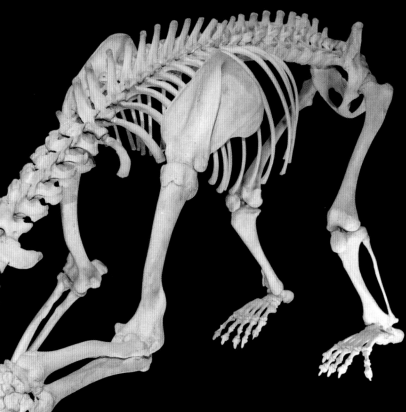

大熊猫

Ailuropoda melanoleuca

食肉目大熊猫科

体长 120 ~ 180 厘米

分布于中国四川、陕西、甘肃

　　大熊猫不仅是我们的"国宝"，也受到全世界人民的喜爱！它身体肥胖，头圆，四肢粗壮，尾巴很短。大熊猫几乎完全靠吃竹子为生，这种食性是其最为奇特和有趣的习性之一。前掌上的 5 个带爪的指并生，此外还有一个第六指，即从桡侧腕骨上长出一个强大的籽骨，起着"大拇指"的作用，可以与其他五指配合，很好地握住竹子，甚至抓东西、爬树等。

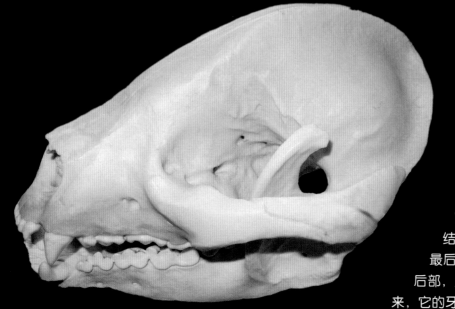

大熊猫头骨大，颧弓宽大，吻短。矢状嵴高，无裂齿，犬齿短而钝，臼齿却非常发达。咀嚼面特宽大，大致呈长方形，具大小不同的结节形齿尖。上臼齿有 4 个较大的齿尖，最后一枚上臼齿特大，向后延伸于颧骨的后部，冠面具有复杂的小棱形齿突。总的看来，它的牙齿与其他食肉类动物不同，却同草食

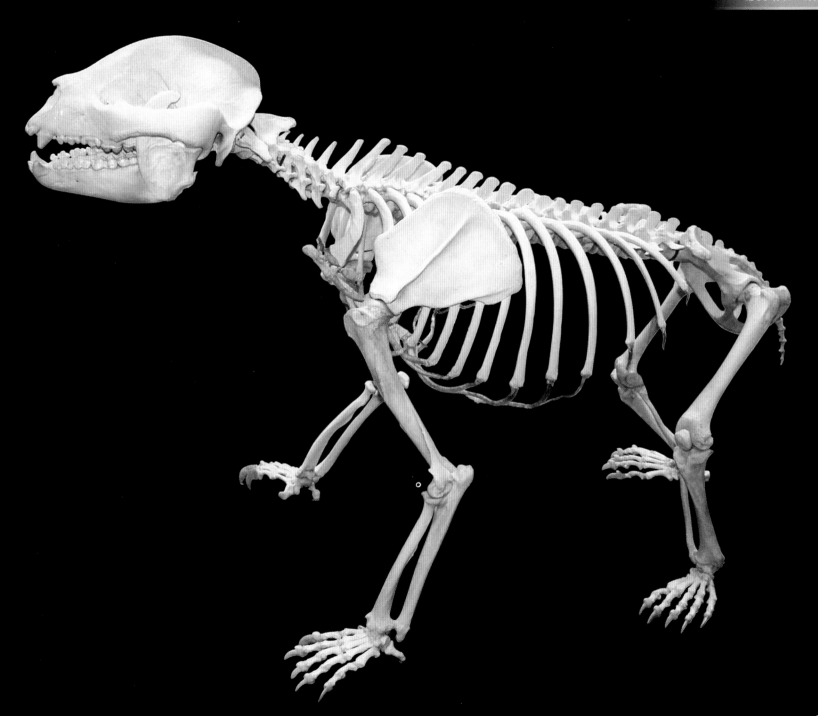

小熊猫
Ailurus fulgens

食肉目小熊猫科
体长 50 ~ 64 厘米
分布于中国西南部

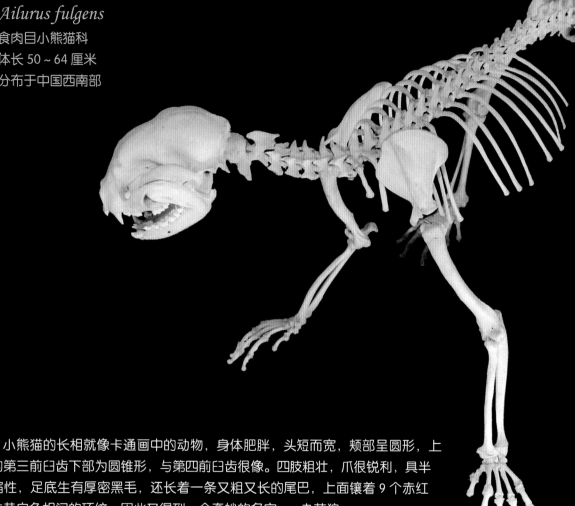

　　小熊猫的长相就像卡通画中的动物，身体肥胖，头短而宽，颊部呈圆形，上颌的第三前臼齿下部为圆锥形，与第四前臼齿很像。四肢粗壮，爪很锐利，具半收缩性，足底生有厚密黑毛，还长着一条又粗又长的尾巴，上面镶着 9 个赤红色与黄白色相间的环纹，因此又得到一个奇妙的名字——九节狼。

　　小熊猫行动非常灵敏，善于攀树。主要食物是竹叶、竹笋等，也吃其他食物，因此牙齿上具有亮而粗糙的磨面，以适应磨碎坚硬的竹纤维，另外还具有强大的咀嚼肌和与之相应的骨骼结构。前肢的手掌有一块腕骨特化，形成一个附加的"假拇指"，能与其他五指对握，灵巧地拉扯竹枝，采摘竹叶，并可以拿着吃，显得很斯文。

黄鼬身体细长而柔软，四肢较短，全身的毛色均为棕黄色，身后拖着一条毛被蓬松的大尾巴。头骨狭长形，顶部较平。鼻骨、上颌骨、额骨和顶骨完全愈合，不见骨缝。上门齿成一横列，犬齿长而直。颌关节接合紧密，所以下颌只能朝上下方向活动，适于用裂齿来切肉。

黄鼬
Mustela sibirica

食肉目鼬科
体长 28 ~ 40 厘米
分布于东亚、南亚

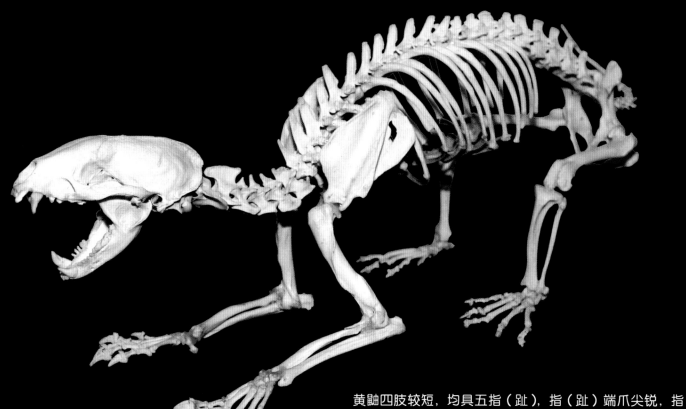

黄鼬四肢较短，均具五指（趾），指（趾）端爪尖锐，指（趾）间有很小的皮膜，适合游泳。黄鼬是夜行性动物，行动机智而敏捷，又被称作黄鼠狼，但"偷鸡"却并非它的"专长"，各种鼠类才是它的主要食物。肛门附近的一对臭腺是其特有的"化学武器库"。雄性还拥有一个基部膨大成结节状、端部呈钩状的阴茎骨。

鼬獾

Melogale moschata

食肉目鼬科
体长 31 ~ 43 厘米
分布于中国南方

鼬獾的名字很恰当，它的身体既像鼬，又似獾，体型细长而短小。头骨狭长，眶后突显著。颞嵴低平，左右对称，几乎平行，并终生保留，而不愈合成矢状嵴。颧弓细弱，略向外扩张，鼻骨中缝稍凹陷，鼻吻部发达，鼻垫与上唇间被毛，上门齿稍呈弧形排列，最外侧的略大，犬齿圆锥状，裂齿外缘短于内缘。颈部粗短，体毛主要为棕灰色，两眼之间有一个方形白斑，眼下和耳下白色，头后部也有一个白斑，并有一条白纹沿背脊向下延伸。

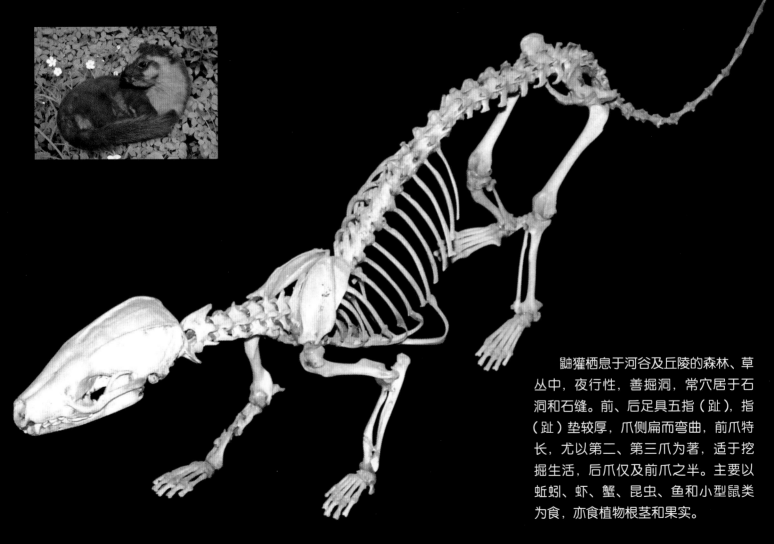

鼬獾栖息于河谷及丘陵的森林、草丛中，夜行性，善掘洞，常穴居于石洞和石缝。前、后足具五指（趾），指（趾）垫较厚，爪侧扁而弯曲，前爪特长，尤以第二、第三爪为著，适于挖掘生活，后爪仅及前爪之半。主要以蚯蚓、虾、蟹、昆虫、鱼和小型鼠类为食，亦食植物根茎和果实。

100

猪獾吻鼻部狭长而圆，吻端与猪鼻酷似，可谓名不虚传。鼻垫与上唇间裸露，不似狗獾被毛，找寻食物时常抬头以鼻嗅闻，或以鼻翻掘泥土。头骨粗厚坚实，骨缝愈合紧密。颅形较狭长，略平直，鼻骨狭长，眶前孔特大，听泡扁平而内陷。上门齿排成马蹄状，外侧一对宽大，咀嚼面长而侧扁，犬齿粗大锋利，外侧后缘略向内收缩，与门齿间隔较大，裂齿呈三角形，臼齿近似菱形。猪獾通体黑褐色，从前额到额顶中央，有一条短宽的白色条纹。尾较长，基部粗壮，向末端逐渐变细。

猪獾夜行性，有冬眠习性，四肢短粗有力，爪长而弯曲，前足爪强大锐利，能在荒丘、路旁、田埂等处挖掘洞穴。猪獾性情凶猛，当受到攻击时，它常将前脚低俯，发出凶猛的吼声，同时能挺立前半身以牙和利爪作猛烈的回击。

猪獾
Arctonyx collaris
食肉目鼬科
体长 31 ~ 43 厘米
分布于中国及东南亚

狗獾
Meles meles
食肉目鼬科
体长 50 ~ 60 厘米
分布于欧洲、亚洲

狗獾体型肥壮，尾短。头骨颅形窄长，前尖后宽，略似梨形。矢状嵴发达，前端在额骨接缝处分叉向两侧延伸。人字嵴也显著，与矢状嵴的汇合处超出枕大孔的位置。眼眶相对来说比较小，吻鼻部较为狭长，鼻端粗钝，具软骨质的鼻垫，鼻垫与上唇之间被毛，说明它很依赖嗅觉。上门齿略呈弧状排列，犬齿为圆锥状，裂齿呈三角形。

头部 3 条白色纵纹是它的"标志"，而体毛主要是暗褐色与白色混杂。四肢短小而强健，跖部裸出，为半跖行性，是典型的步行者，也是典型的挖掘者。狗獾前、后足的趾上均具粗而长的爪，前足的爪比后足的爪长而弯曲，适于挖土。狗獾有冬眠习性，一生中有近一半的时间在洞穴中沉睡，因此它在土木工程方面极具天赋，挖掘是其经久不衰的欲望。狗獾的食谱广泛，是一个采用机会主义捕食策略的广食者。

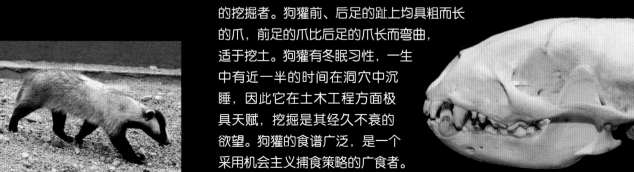

水獭

Lutra lutra

食肉目鼬科

体长 55 ~ 82 厘米

分布于亚欧大陆北部、非洲北部

　　水獭圆圆的脸、潇洒的胡须，以及贪玩好耍的姿态，都非常惹人喜爱。身体细长而柔软，呈圆筒状，头较小，平滑而狭长，呈流线型。头骨宽扁，眼眶比较小，吻部短而不突出，上颌裂齿的内侧具大型的突起。

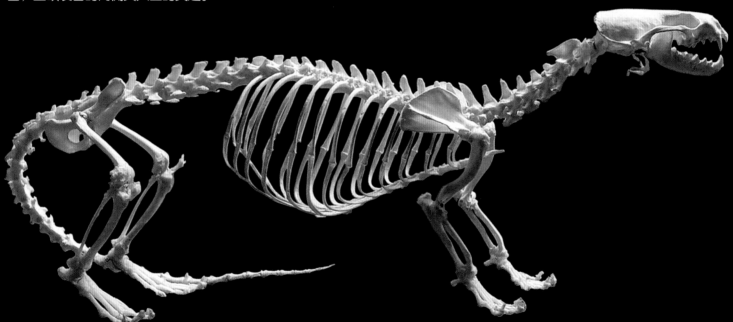

　　水獭四肢粗短，前、后足的第二、第三指（趾）较第一、第五指（趾）长得多，跖底无毛，指（趾）爪长而稍锐利，爪较大而明显，伸出指（趾）端，后足趾间具蹼，尾长而扁平。水獭水性娴熟，游近水面时习惯于把头、背和尾巴露出来，因此常被人们误认为是水怪。水獭的食物主要是鱼类，并且很贪食，发现鱼群后就一条接一条地捉住放在崖边，排列整齐，很像人祭祀时摆放的贡品。

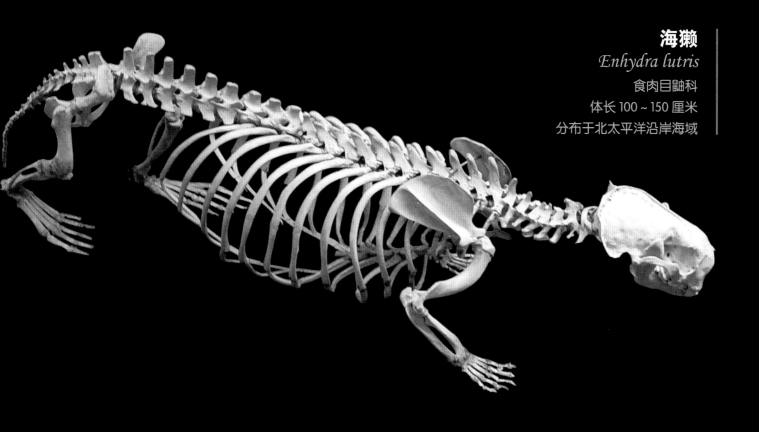

海獭
Enhydra lutris

食肉目鼬科
体长 100 ~ 150 厘米
分布于北太平洋沿岸海域

海獭是真正在海洋中生活的食肉类动物。它的身体粗厚似圆筒形，头骨和裂齿与水獭相似，但下颌门齿为两对，比水獭少一对。臼齿转变为适于压碎食物的齿型。四肢短粗，爪小而弯曲，前、后足的第五指（趾）均特别长，前足小而裸，五指连在一起，掌上具毛，适于把握食物和梳理皮毛；后足特别发达，又短又宽，趾间有蹼，外侧长成鳍状，很像海豹的后鳍足，再加上灵活的脊柱和短而扁平的尾巴，使它拥有十分出色的游泳能力。

海獭很少上陆，一年中有 95 % 的时间都在海水中活动，通常结成小群。海獭有一种奇特的技艺，以仰卧的姿势呆在水面上不动，把石块放在腹部作砧，然后用前足拿着海蛤不停地用力敲打石块，直到敲破蛤壳再吃掉，令人忍俊不禁。

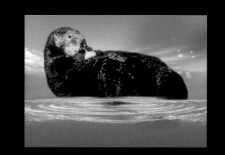

北海狮

Eumetopias jubatus

食肉目海狮科

体长 250 ~ 350 厘米

分布于北太平洋寒温带海域

北海狮是体型最大的海狮，因为在雄性颈部生有鬃状的长毛，叫声也很像狮吼，所以得名。但雌雄的体型差异很大。头部略圆，头顶微凹陷，吻部较为细长。耳朵虽小却很明显，里面还有软骨支撑。犬齿巨大而强健，但其他牙齿数量稀少，而且很平坦，主要是用来压碎食物的硬壳。

北海狮性情温和，喜欢集群。白天在海中捕食，游泳和潜水主要依靠较长的前肢，喜偶尔也会爬到岸上晒晒太阳，夜里则在岸上睡觉。食性很广，主要食物包括乌贼、蚌、海蛰和鱼类等，多为整吞，不加咀嚼。

加州海狮身体为细长的纺锤形。头骨上有矢状嵴，吻短而圆，外耳壳很小，颈部较长，雄性的颈部有长毛，尾短而扁平。全身为深褐色，皮下脂肪厚。加州海狮以鱼、乌贼、海蜇等为食，白天大部时间在海水中度过，偶尔到岸上晒太阳，夜间上岸睡觉。

加州海狮四肢呈鳍状，前肢大，变成了桨状肢，而颈椎、胸椎和肩胛骨扩大以支持主要的肌肉群，为前肢的推进提供动力，使其实现水下"飞行"；而细弱的后肢则变成了蹼足，可用于改变方向，而且当加州海狮上岸时能自脚踝处朝前弯，用以在陆地上前行，摇身一变成为能跑能跳的四足动物。

加州海狮
Zalophus californianus
食肉目海狮科
体长 170 ~ 340 厘米
分布于北美洲西部沿岸海域

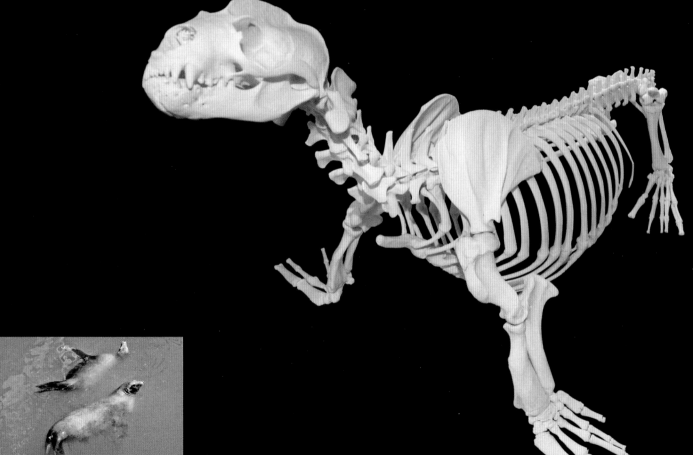

南美海狮

Otaria byronia

食肉目海狮科

体长 190 ~ 270 厘米

分布于南美洲附近海域

南美海狮雌雄体型相差悬殊，雄性的体型比雌性大得多，用强壮的身体保卫着自己的"妻妾"群。吻部宽而略上翘，有一对小巧的外耳壳。身体主要为褐色至棕褐色。枕部、胸部的毛略长。四肢裸露，前肢长于后肢，呈桨状。第一指最长，其他指递次变短，各指（趾）均具有退化的爪。

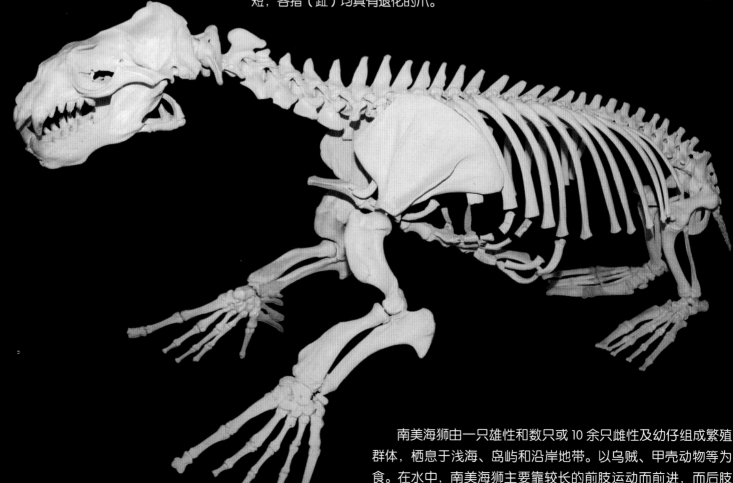

南美海狮由一只雄性和数只或 10 余只雌性及幼仔组成繁殖群体，栖息于浅海、岛屿和沿岸地带。以乌贼、甲壳动物等为食。在水中，南美海狮主要靠较长的前肢运动而前进，而后肢能自脚踝处朝前弯曲，可用以支持体重和在陆地上行走。

海象

Odobenus rosmarus

食肉目海象科

体长 290～450 厘米

分布于北冰洋及附近海域

　　海象身体呈圆筒形，粗壮而肥胖。头部扁平，吻端较钝。前肢较长，五指分得很开，能用来扫掉蛤蜊上的泥沙，而且是个"右撇子"。后肢能向前方折曲，可以借以在陆地上爬行，游泳时左右摆动。尾巴很短，隐藏在臀后的皮肤中。雄性还有一块几乎和它的长牙一样长的阴茎骨，这可以保证它即使在寒冷的海水里也能顺利地进行交配。

　　海象的下门齿消失，前臼齿和臼齿的顶部平坦，适于敲开贝壳。雄性奇特的白色上犬齿终生都在不停地生长。其根部着生于上颌，和头骨之间的连接非常结实，尖部伸出嘴外形成大象一样的獠牙，并因此得名。獠牙能用于自卫、争斗以及在泥沙中掘取食物、凿开冰洞呼吸，或在爬上冰块时把自己沉重的躯体拖上来，所以又有"象牙拐杖"之称。其实，海象牙更重要的作用是炫耀：长牙越突出的雄性就越容易得到更多雌性的青睐。

环斑海豹

Phoca hispida

食肉目海豹科

体长 100 ~ 150 厘米

分布于北冰洋及附近海域

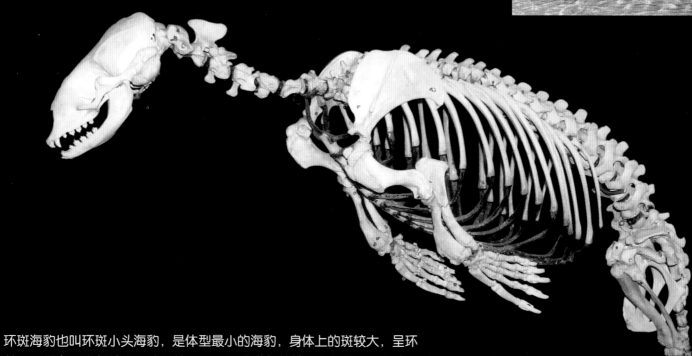

　　环斑海豹也叫环斑小头海豹，是体型最小的海豹，身体上的斑较大，呈环状，并因而得名。吻部较尖，头骨较小，而且没有矢状嵴。上颌第二枚颊齿比较小，下颌第一枚颊齿上具有 3 个尖头，而不像斑海豹那样具有 4 个尖头。总的来说，牙齿比较弱，适于吃大型浮游生物，而不具斑海豹那样适于摄食鱼和甲壳类的强大牙齿。前肢的第一至第五指递次渐短，后肢的蹼上有毛，爪的横切面呈三角形，背侧的角清晰可见，而不像斑海豹的爪的横切面更近似圆形。

　　环斑海豹一生的大部分时间是在海水中度过的，仅在生殖、哺乳、休息和换毛时才爬到岸上或者冰块上。登陆后只能依靠前肢和上体的蠕动，像一条大蠕虫一样匍匐爬行，步履艰难，跌跌撞撞，十分笨拙可笑。

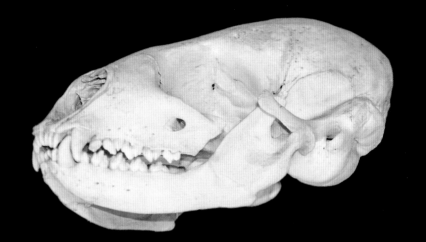

斑海豹
Phoca largha

食肉目海豹科
体长 120 ~ 200 厘米
分布于北太平洋

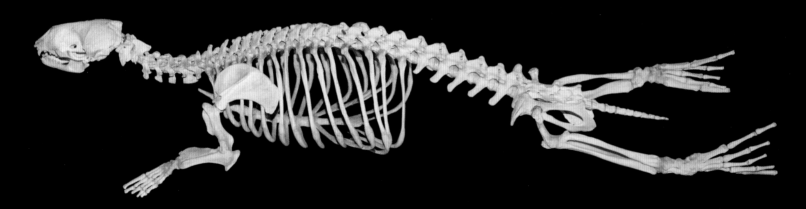

　　斑海豹身体肥壮而浑圆，呈纺锤形，头圆而平滑，吻短而宽，颅骨宽扁，骨质薄而轻。第三对上门齿比较大，犬齿粗而尖，尖端向后曲，上颌颊齿很大，下颌第一颊齿通常有 4 个尖，食性较广，多以鱼类为食。

　　斑海豹四肢短，前、后肢都具五指（趾）。趾间有皮膜相连，似蹼状，形成鳍足，指（趾）端部具有尖锐的爪。前肢狭小，后肢较大而呈扇形，其指（趾）外侧长而内侧短。尾短小，夹于后肢之间，联成扇形，在游泳时主要依靠后肢和身体的后部左右摆动前进。潜水的本领更为高强，但由于前肢朝前，后肢朝后，不能弯曲，在陆地上只能拖着后肢，以跳跃或滚动的形式移动。

髯海豹

Erignathns barbatus

食肉目海豹科

体长 200 ~ 280 厘米

分布于北冰洋、北大西洋、北太平洋

髯海豹又叫髭海豹、须海豹、胡子海豹等。全身均为棕灰色或灰褐色，体表没有斑纹，额部高而呈圆突状，没有矢状嵴，吻部较宽，口的周围密生 200 多根笔直粗硬的感觉毛，最长的可达 14 厘米以上，堪称动物中最长的胡须。髯海豹以海洋中的底栖动物为食，不进行较长距离的洄游，大多集小群活动，在同一地点一般仅居留数天或数周。

髯海豹前肢的第三指最长，显得与众不同。在陆地上向前移动时后肢不参与活动。腰带几乎与脊柱平行，股骨宽而扁，第一、第五趾较其他三趾粗长，指（趾）间具蹼。由于椎骨关节突退化及锁骨缺失，脊柱和前肢在水下的运动相当灵活。腰椎强大以便肌肉附着，为后肢推进提供动力。

韦德尔海豹身体呈纺锤形，头骨上有低的矢状嵴，上颌左右各有两枚门齿，外侧的一枚比内侧的大3倍，颊齿也很强大，主要捕食鱼类、头足类等海洋动物。韦德尔海豹栖息于浅海、沿岸、岛屿等地，善于游泳和潜水，尤其是长潜和深潜，并能在海冰下度过漫长黑暗的寒冬，但在陆地上行动笨拙。

韦德尔海豹几乎整个冬天都生活在南极，靠锋利的牙齿啃冰钻洞，伸出头来进行呼吸，或钻出冰洞，但这样也意味着它的牙齿会磨损得很厉害。雌性在冰上繁殖，每胎产一仔，乳汁脂肪含量高，幼仔显得格外肥胖可爱。当雌性冰上哺育时，雄性会留守在海面冰层下守卫领海和气孔，同时也就顺理成章地独占了冰面上的雌性。

韦德尔海豹
Leptonychotes weddelli
食肉目海豹科
体长 300 ~ 330 厘米
分布于南半球海域

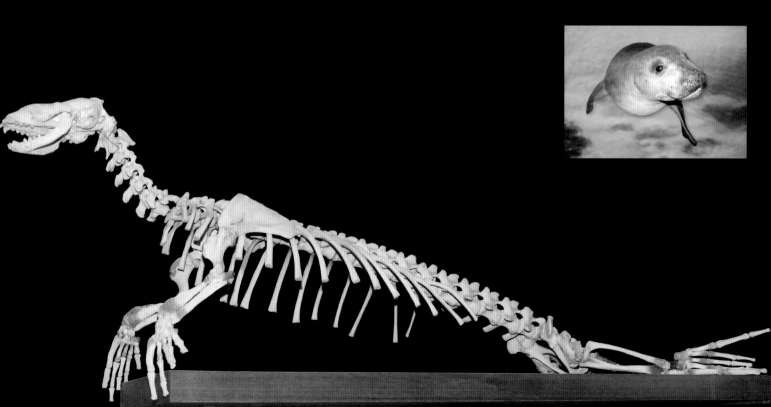

小灵猫
Viverricula indica

食肉目灵猫科
体长 55 ~ 61 厘米
分布于中国南方及南亚、东南亚

　　小灵猫以能分泌油液状灵猫香而著称。身体细瘦而健壮，四肢短，外形似鼬，习性却像猫。头骨比大灵猫的狭小，吻部甚窄，眶上突也相当发达。体毛呈灰棕色、乳黄色或赭黄色等，并分布着黑色斑点和纵纹，随季节的不同而有所变化。长尾巴上有 6 ~ 8 个较窄的黑白相间的环状斑纹。雌雄在会阴部均有香腺，雄性的比雌性的略大，但不如大灵猫的发达。

　　小灵猫喜欢独自在夜晚觅食，善于攀缘树木，但主要在地面上或小溪边活动。杂食性，牙齿比大灵猫的细小，其齿尖发达而锐利，以伏击小动物为主。

大灵猫
Viverra zibetha

食肉目灵猫科
体长 65 ~ 85 厘米
分布于中国南方及南亚、东南亚

　　大灵猫因在长长的尾巴上有 9 个黑色与黄白色的狭环相间排列，所以也叫九节狸。体型较大，身体细长，头骨狭长，额部相对较宽，颧弓相当发达，吻部略尖，嘴上的触须较为发达。裂齿不大，第一对下门齿高于其他门齿，犬齿与前臼齿小，臼齿较大。

　　大灵猫四肢较短，足上有发达的指（趾）垫，表面光滑，间隙处生有短毛，适于在灌丛或草丛中行走和伏击捕猎。活动时，凡遇到栖息地内的树干、木桩、石棱等沿途突出的物体，大灵猫都会用香腺的分泌物经常涂抹，俗称"擦桩"。这种擦香行为起着领域标记的作用，也对同类起着联络的作用。

果子狸
Paguma larvata

食肉目灵猫科
体长 51～76 厘米
分布于中国华北以南至东南亚

果子狸因 2003 年 SARS 的流行而广为人知。由于果子狸脸部有白色的花纹，所以又叫花面狸。体毛主要为灰棕色。四肢短，具五指（趾），指（趾）端有爪，爪稍有伸缩性。尾长，约为体长的 2/3，末端黑色。

果子狸栖息于山地森林、灌木丛、岩洞、树洞或土穴中，但主要在林缘活动。穴居的夜行性动物，在黄昏、夜间和日出前活动，善于攀缘。成对或结小群活动。杂食性，除了鼠类、昆虫、蛙、蛇、鸟、蜗牛外，颇喜食多汁的野果。肛门附近具臭腺，遭遇敌害时会释出异味驱之。

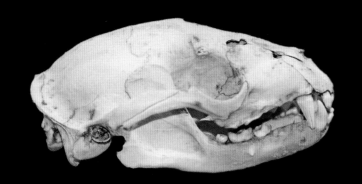

斑鬣狗

Crocuta crocuta

食肉目鬣狗科
体长 125 ~ 150 厘米
分布于非洲

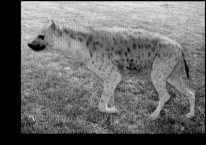

　　斑鬣狗是体型最大的鬣狗。头骨十分粗壮有力，拥有高高的矢状嵴，其上附着赋予它咬合力的肌肉。粗看起来，斑鬣狗很像一条大狗，而且名字中也有一个"狗"字。其实，斑鬣狗并不属于狗类，与狗没有直接的亲缘关系。头比狗短，也比狗圆；尾巴比狗短；颈部较长，并有长长的鬃毛；后腿短，臀部明显向下倾斜。

　　斑鬣狗的体力是鬣狗类中最为强大的。四肢很长，且前肢比后肢长，均有左右对称的四指（趾），并以四指（趾）着地而行。传统观点认为斑鬣狗是吃其他食肉动物猎获的腐肉和骨头。其实，它不仅能够自行猎食，甚至能捕猎斑马、羚羊，有时连幼狮和幼象都敢于奋起发动攻击。斑鬣狗那强有力的颌骨和较为平整的臼齿能咬碎大型猎物的骨头，吸取骨髓中的营养。

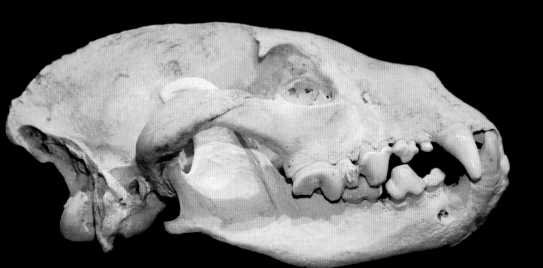

家猫有坚固的骨骼、强健的肌肉，因此身体轻盈，动作敏捷。它有一对大眼眶，牙齿锐利，特别是剪刀似的裂齿和长且尖的犬齿，以此来撕扯猎物。

家猫
Felis catus domestica

食肉目猫科
体长 50～60 厘米
分布于世界各地

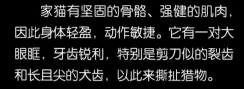

家猫前肢短，后肢长且比前肢粗壮，不仅适合跳跃，也适合翻腾、攀缘。指（趾）上有肉垫，平时把爪隐藏其中，行走轻巧无声，悄悄地靠近老鼠，当出其不意地扑到老鼠面前突然伸开爪子时，其脚掌的长度会增加1倍，从而使老鼠俯首就擒。尾巴可以起平衡作用，从高处跃下时，会张开四肢增加骨骼的横截面以减慢坠落的速度，特别是脚下柔软又有弹性的肉垫能减小和分散落地时的冲击力。

115

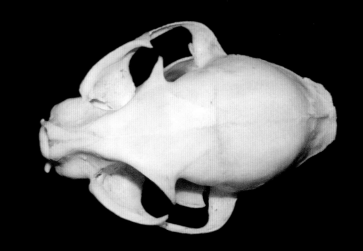

豹猫

Prionailurus bengalensis

食肉目猫科

体长 36～90 厘米

分布于东亚、南亚

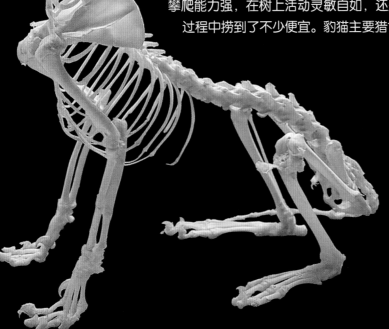

豹猫身体略比家猫大，十分匀称。头圆吻短，眼睛大而圆，瞳孔直立。耳朵小，呈圆形或尖形。牙齿只有 28～30 枚，但很强大。上下颌骨也短而粗壮，控制颌骨的肌肉及附着的颧弓更是坚强有力。门齿较小而弱，上下颌各有三对，主要作用是啃食骨头上的碎肉和咬断细筋。

豹猫是轻功高手，能够在地面上堆积着厚厚一层落叶的林中悄无声息地行走。每到夜晚，它便在旷野中出没，在全身斑纹的掩映下，尽情地释放着野性的魅力。豹猫主要为地栖，但攀爬能力强，在树上活动灵敏自如，还是"游泳健将"，这些特技使其在对付天敌和捕猎的过程中捞到了不少便宜。豹猫主要猎食各种小型动物，也吃浆果、嫩叶、嫩草等。

猞猁
Lynx lynx
食肉目猫科
体长 80 ~ 130 厘米
分布于欧洲至东亚

猞猁是典型的中型猛兽。头小而圆，吻部短宽，两耳的尖端都生长着耸立的黑色笔毛，看起来就像能捕捉信号的天然手机天线，成为其独特的"脸谱"，也为它增添了几分神秘的气势。猞猁的额骨平而高耸，颧弓宽而强大，门齿排成一横列，第一、第二枚比较小，第三枚粗大而尖，犬齿也非常强大。四肢粗壮矫健，脚掌宽大，前肢具五指，后肢具四趾。尾短钝而粗，尾端呈钝圆状，看上去就像被砍去了半截，只留下一个尾巴根似的。

猞猁身体矫健，行动敏捷，由于腿长、足掌长而宽大，所以更适宜于在雪地上行走，尤其擅长用后腿站立跳高，捕捉那些喜欢蹦跳的野兔，还能捕食栖息在树上的鸟。

美洲豹

Panthera onca

食肉目猫科
体长 112 ~ 185 厘米
分布于北美洲至南美洲

美洲豹又叫美洲虎，是美洲大陆上最大的猫科动物。虽然它的外表和金钱豹长得很像，但身上的花纹有所不同。头的比例也较大，脸较宽，眼窝内侧的瘤状突起是其独有的特征。前胸较粗，身体肥厚，肌肉丰满，四肢粗短，尾巴比金钱豹的短。

美洲豹性情猛烈，力气很大，是美洲大陆的"兽中之王"。喜欢单独生活，夜间或傍晚出来活动、觅食。美洲豹善于攀缘、爬树，能捕捉树上的猴类和鸟类，也善于游泳，而且特别喜欢在水中活动，能疾快地奔跑和跳跃，几乎所有的食草动物都是它潜在的猎捕目标。

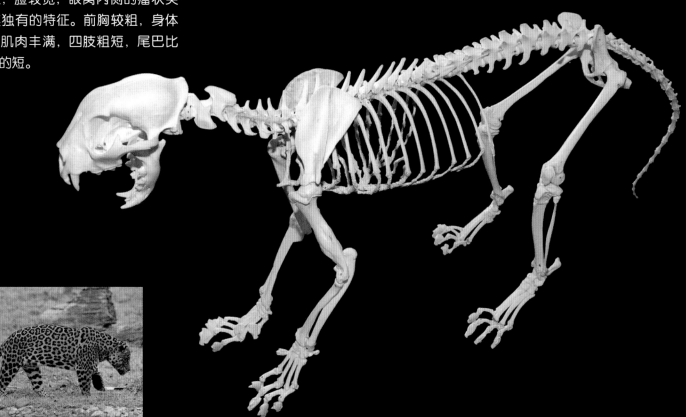

云豹
Neofelis nebulosa

食肉目猫科
体长 95 ~ 106 厘米
分布于中国秦岭以南至东南亚

云豹因皮毛上有云雾状的黑色斑纹而得名。外形很像豹，但体型较小，四肢更短，尾巴更长，所以显得更为低矮和细长。头骨相当小，颅骨狭长，鼻骨较宽，颧宽较大。矢状嵴明显，人字嵴发达，斜向后伸，上颌长大而锋利的犬齿让人印象深刻，在靠近下颌前端的部分特别厚。

云豹堪称最喜欢在树上活动的猫科动物，也是熟练的攀爬能手。能够利用粗长的尾巴帮助身体在树枝上保持平衡，甚至可以背部向下、腹面朝上地在水平的树枝上移动。云豹常在树上守候，当猎物临近时，从树上直接跳到猎物的头顶上捕杀。

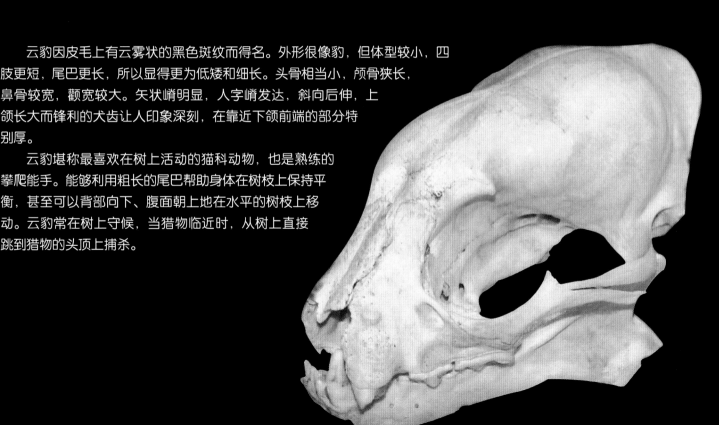

豹

Panthera pardus

食肉目猫科
体长 100 ~ 190 厘米
分布于亚洲、非洲

豹动作敏捷，善于爬树，也善于跳跃，说它是个杀戮机器毫不过分。豹是机会主义猎手，能捕猎比自己身体大数倍的猎物，并把猎物拖到树上保存。门齿排成一横列，犬齿大而锋利，裂齿也特别发达，有利于擒获和撕扯猎物。由于它的喉头连在左右一对舌骨上，悬挂着好像秋千般的耳骨，由牙咬断的肉片可经此骨转入食道，而舌骨的一部分像橡皮一样变成伸缩的韧带，所以大块的肉也能轻松吞咽。

豹也叫金钱豹，是仅次于狮、虎的猛兽。头小而圆，颅骨略显狭长，额部平，眶后突粗长。矢状嵴低而细，人字嵴斜向后伸但程度不如虎。上下颌强壮有力，脊柱柔软而灵活，四肢粗短而十分强健，前肢比后肢略微宽大。前足具五指，后足具四趾，灰白色的爪锐利而有伸缩性，趾间和掌垫之间生有浓密的短毛。

狮

Panthera leo

食肉目猫科
体长 140～270 厘米
分布于非洲、印度

狮被尊为"兽中之王"。头部宽大而浑圆，体躯轻捷而矫健，四肢粗壮而结实，而且前肢比后肢更加强壮，爪子也很宽，使敏捷与凶猛完美地结合起来。它是唯一喜欢群居的猫科动物，捕猎活动主要在夜间，奔跑的速度极快，主要以大型食草动物为食。

狮的牙齿表现了对捕猎性生活方式的适应：犬齿又长又尖，雄性的可达 6 厘米左右，既能捕猎，又能搏斗；上颌裂齿呈剃刀状，适于撕咬和切割猎物的身体；臼齿则用来嚼碎肉块。狮的喉骨不是固定的，而是连在一条弹性韧带上，这使得它的喉部可以扩张和振动，更方便地吞咽食物。

虎

Panthera tigris

食肉目猫科

体长 130～350 厘米

分布于亚洲

　　虎作为猛兽的代表，也是力量、勇猛、威严的象征，被誉为"山中之王"或"兽中之王"。颅骨较狭长，颧弓显得很宽大。矢状嵴明显，人字嵴斜向后伸出甚远。体态雄伟，毛色绮丽，头圆，吻宽，颈部粗而短，几乎与肩部同宽。肩部、胸部、腹部和臀部均较窄，呈侧扁状。四肢强健，尾巴很长。其中，东北虎是体型最大的虎，毛色最淡，体毛特别长，以适应严寒的气候。

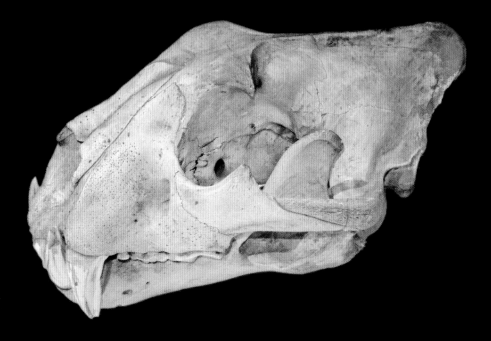

　　虎行动敏捷矫健，善于跳跃和游泳，多采用突然猛扑的袭击方式，利用自身的体重和强大的冲击力扑倒猎物。犬齿互相交错，就像锋利的匕首，能够咬断猎物的颈部。前肢具五指，后肢具四趾，前足较后足宽大，指（趾）前具有镰刀形的角质硬爪，为灰白色的半透明状，极为坚强，平时收缩在爪鞘之内，捕猎时伸出，用于打击和撕扯猎物。不论是坚韧厚密的牛皮或野猪皮，都能被虎爪撕开。

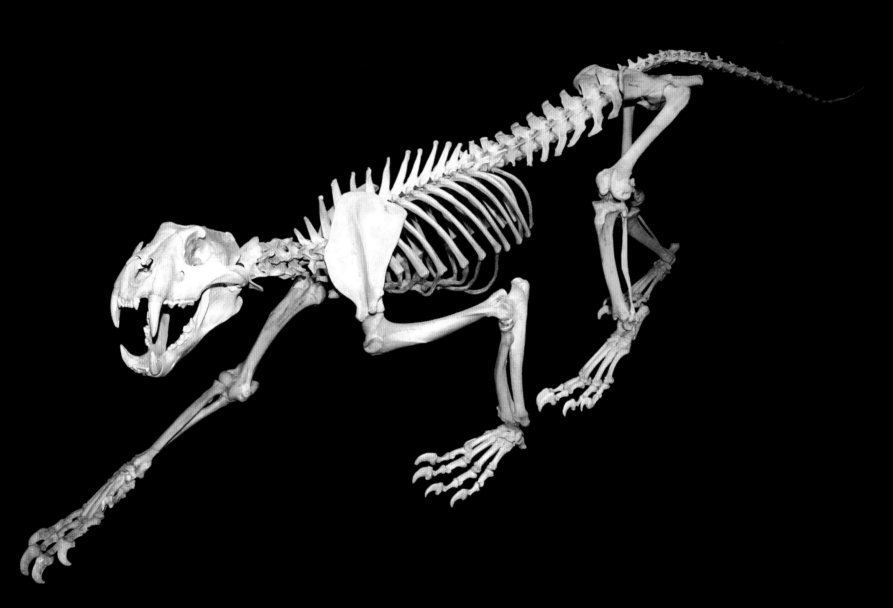

雪豹

Panthera uncia

食肉目猫科

体长 100 ~ 150 厘米

分布于中国西部及中亚、南亚

　　雪豹是高原上的王者。颅形较宽而近圆形，脑室较大，额骨较高耸，颜面部却颇倾斜，鼻骨短而粗，有显著的矢状嵴和人字嵴。上门齿排成一横列，裂齿尖锐，犬齿非常发达。四肢比较粗短，在指（趾）间和足掌下还覆有较密的长毛，能使它在冰天雪地上活动时不会滑倒。尾巴很长，而且尾巴上的毛也长，显得特别蓬松肥大，行动时很显眼。

　　雪豹是栖居于高山雪地上的动物，颇有"天马行空，独来独往"的气势。性情凶猛异常，行动敏捷机警，四肢矫健，动作非常灵活，善于跳跃，数米高的崖壁可以纵身而上。

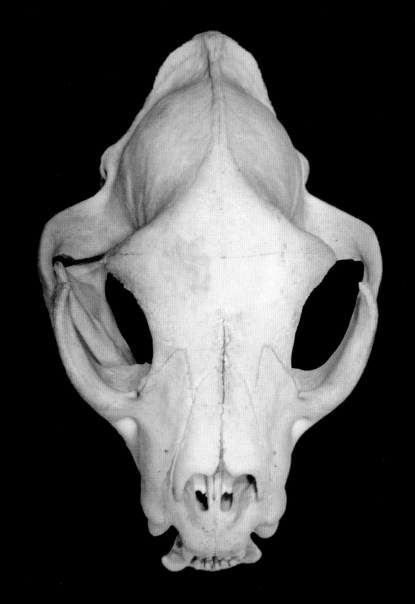

猎豹
Acinonyx jubatus

食肉目猫科
体长 100 ~ 150 厘米
分布于非洲、西亚、南亚

　　猎豹是动物界的"短跑冠军"！身体和四肢瘦高、细长，尾巴也很长，但圆形的头骨却格外地小而轻，不够强健，上下颌比其他大型猫科动物纤细很多，牙齿也更少更小，咀嚼力不甚强。猎豹很难像金钱豹那样直接咬穿猎物的喉管，一般会将猎物压在地上，咬住其气管使其慢慢憋死。猎豹缺少门齿与犬齿之间的缝隙，但这些牺牲换来了其无与伦比的速度。

　　猎豹发达的胸肌、修长而能充分伸展的四肢、苗条而毫无赘肉的身段，都为它超强的奔跑能力提供了必要条件。脊柱的弹性增加了步幅的跨度，半缩进的爪像跑鞋底下的尖钉一样，在奔跑时增加了扒地的力量。这些结构使它成为陆地上跑得最快的动物，从而通过全速奔跑来追捕猎物。

家马

Equus caballus

奇蹄目马科

体长 150～280 厘米

分布于世界各地

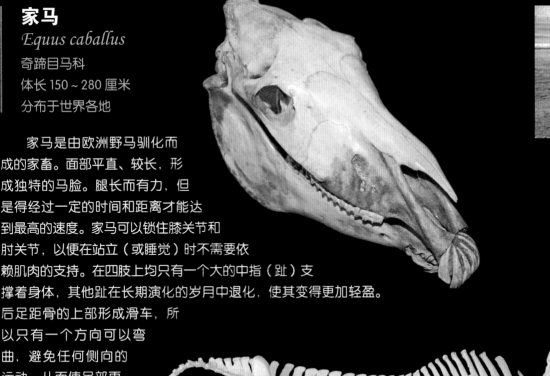

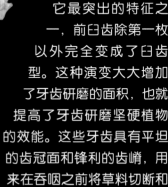

家马是由欧洲野马驯化而成的家畜。面部平直、较长，形成独特的马脸。腿长而有力，但是得经过一定的时间和距离才能达到最高的速度。家马可以锁住膝关节和肘关节，以便在站立（或睡觉）时不需要依赖肌肉的支持。在四肢上均只有一个大的中指（趾）支撑着身体，其他趾在长期演化的岁月中退化，使其变得更加轻盈。后足距骨的上部形成滑车，所以只有一个方向可以弯曲，避免任何侧向的运动，从而使足部更加稳定。在这个唯一的指（趾）上有类似指（趾）甲的蹄，不但可以获得保护和支持，而且增加了与地面接触的表面积。

家马的上下颌骨上各有6 枚切齿。这些切齿有着锋利而能剪切的边缘，上下彼此相对，可以切断草料。两侧还各有 3 枚前臼齿和 3 枚臼齿，而前臼齿的臼齿化是

它最突出的特征之一，前臼齿除第一枚以外完全变成了臼齿型。这种演变大大增加了牙齿研磨的面积，也就提高了牙齿研磨坚硬植物的效能。这些牙齿具有平坦的齿冠面和锋利的齿嵴，用来在吞咽之前将草料切断和磨碎。为了补偿磨损，所有的牙齿在它的一生中都在不断地生长。

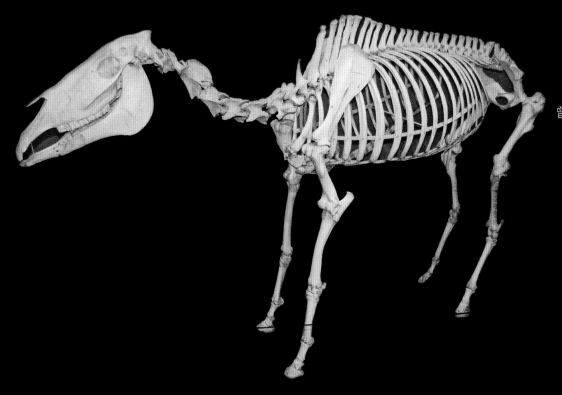

欧洲野马
Equus ferus

奇蹄目马科

体长 200～230 厘米

曾分布于欧洲东部，1887 年灭绝

　　欧洲野马是家马的祖先。它的造型在远古时代的欧洲岩画中就有记录，并且很早就被人类驯化并引进到世界各地。它和家马很相像，但身躯不大，体型轻巧，四肢纤细，腿部颜色较深，总体线条匀称和谐。欧洲野马也有一个长而平直的马脸，尾毛厚密，毛端为黑色，足上仅有一个指（趾），有坚硬的蹄，即一层角质外套包裹在这个唯一指（趾）的最末端的指（趾）节骨上，呈特殊的扁平状。

　　欧洲野马性情乖戾，桀骜不驯，善于争斗，行动敏捷，擅长奔跑，在草原上驰骋就像闪电一般。牙齿和蹄子是它的防身法宝，虽不锋利，却极有力道。因此，就连凶猛的狼也不敢轻易侵犯它。

普通斑马

Equus quagga

奇蹄目马科

体长 200 ~ 260 厘米

分布于非洲

普通斑马的头骨与家马有许多相似之处，但头部所占的比例比其他马类的大。脸部显得很长，四肢上通过延展而加长的掌骨形成细长的蹄子。尾巴也很发达，末端丛生长毛，可以用来驱赶身上的蚊、蝇等，奔跑时高高竖起，起到平衡身体的作用。为了抵御草这种粗糙食物对牙齿的磨损，它的牙拥有高冠。

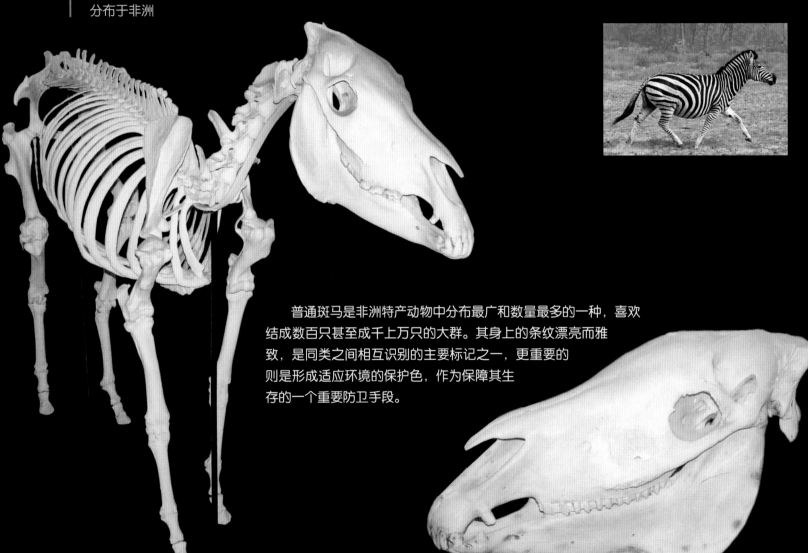

普通斑马是非洲特产动物中分布最广和数量最多的一种，喜欢结成数百只甚至成千上万只的大群。其身上的条纹漂亮而雅致，是同类之间相互识别的主要标记之一，更重要的则是形成适应环境的保护色，作为保障其生存的一个重要防卫手段。

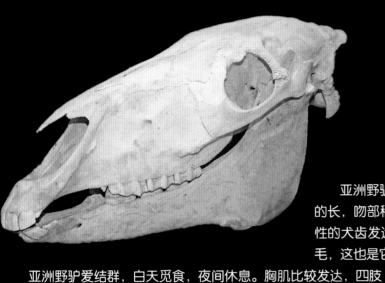

亚洲野驴

Equus hemionus

奇蹄目马科

体长 190 ~ 220 厘米

分布于中国西北地区及俄罗斯、蒙古、西亚、南亚

亚洲野驴也叫蒙古野驴，强健剽悍。头部在身体比例上长而大，耳比马的长，吻部稍圆钝。头骨较短，颊部明显突出，前颌骨短，面嵴呈直线。雄性的犬齿发达，雌性的犬齿退化。尾巴细长，只有下半截 1/3 着生较长的尾毛，这也是它与马的主要区别之一。

亚洲野驴爱结群，白天觅食，夜间休息。胸肌比较发达，四肢粗壮，略显细长，刚劲有力。前肢上部内侧具有鸡蛋大小的黑色胼胝体，俗称"夜眼"。前蹄较圆，后蹄窄而长，因此很善于奔跑。奔跑迅速而持久，是荒漠草原上的"长跑健将"。

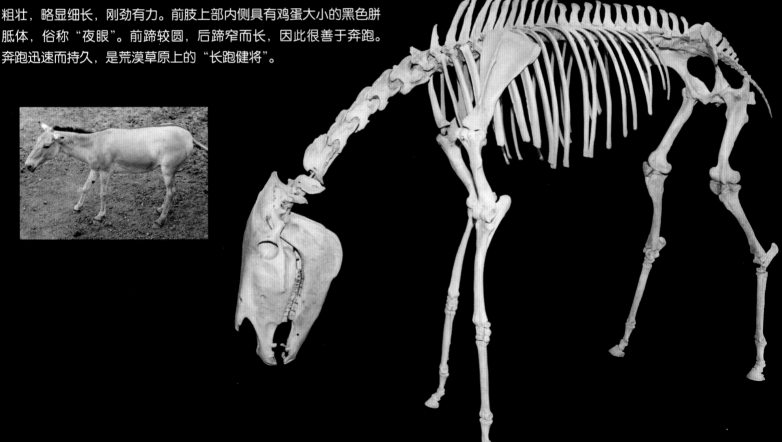

中美貘
Tapirus bairdii

奇蹄目貘科
体长 120 ~ 160 厘米
分布于中美洲

　　中美貘是较为原始的奇蹄类动物。前、后肢的胫骨部分各有两根相离的骨，指（趾）爪坚硬，形成蹄状。前足具四指，后足具三趾，指（趾）的数目和奇蹄类的祖先相同。眼眶和颞窝愈合，鼻骨退化变短，鼻部变成吻状，鼻和上唇很长，没有骨骼支撑，可以自由活动。鼻孔横位，在鼻端开孔，上唇较短。牙齿共有 44 枚，前臼齿为臼齿型，颊齿为低冠齿，没有石灰质层。全身为棕黑色，头部和颈部有短鬃毛，头部和颊部的颜色较浅，唇边、耳尖、喉和胸部有白色斑块，十分明显，尾巴很短。

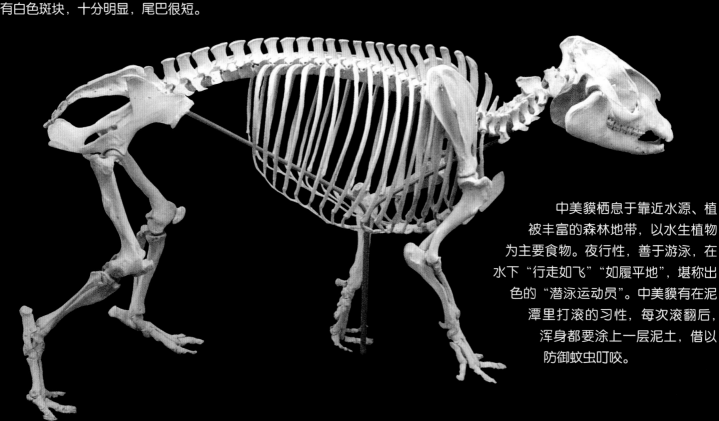

中美貘栖息于靠近水源、植被丰富的森林地带，以水生植物为主要食物。夜行性，善于游泳，在水下"行走如飞""如履平地"，堪称出色的"潜泳运动员"。中美貘有在泥潭里打滚的习性，每次滚翻后，浑身都要涂上一层泥土，借以防御蚊虫叮咬。

　　南美貘又叫巴西貘，体型稍小。尾很短，身上的毛较多而平滑，体色几乎都是深棕色，颈部和头顶上生有短、硬而直的鬃毛。头骨很有特色，眼窝上方有骨嵴，而且头盖骨的前方非常狭窄。南美貘的后肢具三趾，前肢具四指，但最粗壮的第三指位于前肢的中轴位置。

　　南美貘栖息于靠近水源、植被丰富的森林地带，夜行性，善于游泳和攀登，每天都会在水中待很长时间，会动的长鼻子能够伸出水面透气。南美貘以水生植物为主要食物，能用连在鼻子上的"手指"捡起食物并喂到自己的嘴里。

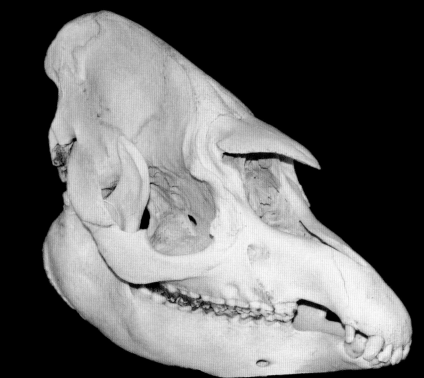

白犀
Ceratotherium simum

奇蹄目犀科

体长 300 ~ 450 厘米

分布于非洲

白犀体型十分威武，形态奇特，堪称"犀牛之王"，仅次于大象和河马。体躯浑圆粗壮，皮肤厚而光滑，头部特长，门齿和犬齿退化，发达的 7 对颊齿有非常厚的石灰质层。上唇平而宽，呈方形，故有宽吻犀及方吻犀之称。由于接触面积大，吃起草来就像割草机一样。

白犀有两只角，一大一小，一前一后，显得十分有趣。角不是骨质的，而是上皮组织的衍生物，由角质纤维堆积而成，所以并没有长在骨头上，而是长在皮肤上，但却格外坚硬和锋利，是其自卫和进攻的武器。肩部由发达的髓棘形成隆起的肩峰，髓棘连接着韧带以支持头部。四肢粗壮有力，前、后肢均具三指（趾）。与它的名字不太相符的是，体表仅仅是近似灰色而已。

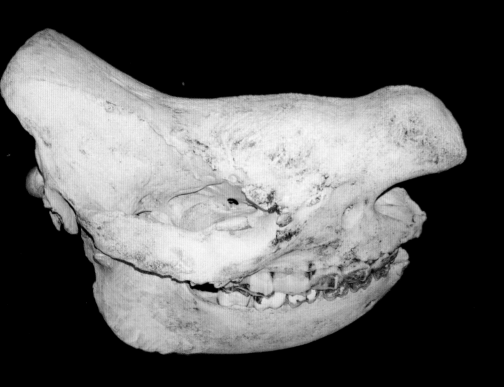

黑犀
Diceros bicornis

奇蹄目犀科
体长 250 ~ 375 厘米
分布于非洲

　　黑犀的皮肤厚而光滑，如同白犀不白一样，它的皮肤也不呈黑色，而是灰色，与白犀并无明显的差别。头部较大，上唇呈三角形，有长而突出的钩状唇尖，稍有伸缩性，适于摘取树上的鲜嫩枝叶。鼻前方有两支角，与白犀一样，前一只角长度可达 1.6 米，长在颅骨前端、鼻骨上方的位置，称为"鼻角"；后一只仅 50 厘米左右，长在额骨上，称为"额角"。胸部有 19 ~ 20 对肋骨，腰椎只有 3 个。四肢粗壮有力，每肢具三指（趾）。

　　黑犀是夜行性动物，性情粗暴，连狮等猛兽都怕它三分。平时喜欢用"泥浴"的方式来防治体外的寄生虫，也接受停栖在自己背上的"犀牛鸟"的帮助。

大独角犀

Rhinoceros unicornis

奇蹄目犀科
体长 320 ~ 350 厘米
分布于南亚、东南亚

　　大独角犀也叫印度犀，是亚洲最大的犀类。全身皮肤黑灰色。肩部、颈部、臀部及四肢关节处的皮肤有大型的褶皱，形成甲胄状。肩部的两条大褶不平行，上边也不接连。皮肤上分布着突起的圆粒，鼻的前方有一只粗而长的角，长度可达 50 厘米。

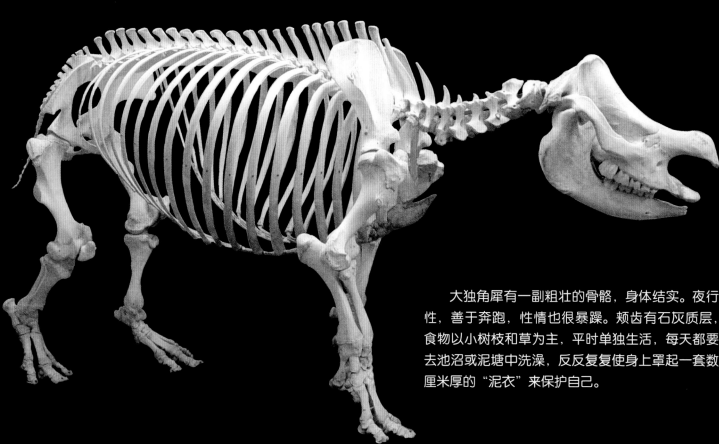

　　大独角犀有一副粗壮的骨骼，身体结实。夜行性，善于奔跑，性情也很暴躁。颊齿有石灰质层，食物以小树枝和草为主，平时单独生活，每天都要去池沼或泥塘中洗澡，反反复复使身上罩起一套数厘米厚的"泥衣"来保护自己。

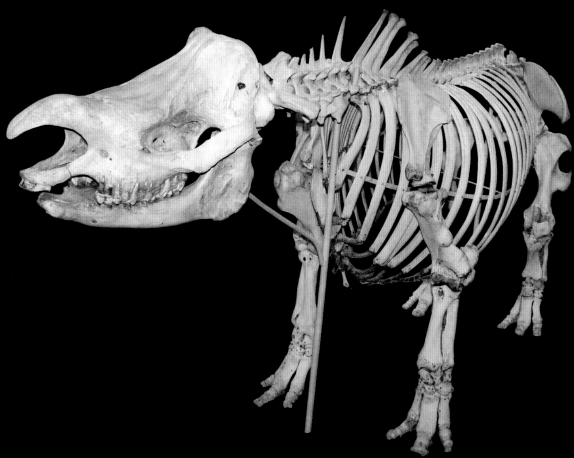

小独角犀
Rhinoceros sondaicus

奇蹄目犀科
体长 250 ~ 300 厘米
分布于印度尼西亚的爪哇岛

小独角犀也叫爪哇犀，体型较其他犀类小而瘦，只有雄性有一般不超过 20 厘米的较为短小的角，因此得名。全身无毛，皮较薄，身上没有疣粒而有许多多边形的鳞片状的小片，在肩部的前后有两条大致平行的大褶，并且越过肩头在背部接连。

小独角犀栖息在茂密的森林中，特别是野草密布、有大片芦苇的低地雨林环境。小独角犀的视力不佳，但有敏锐的嗅觉和听觉。胆小谨慎，喜欢独来独往。以树枝、嫩叶、果子、竹类等为食，早晚进食。

野猪

Sus scrofa

鲸偶蹄目猪科
体长 90 ~ 180 厘米
分布于欧洲、亚洲、非洲北部

野猪虽然不是食肉动物，性情却十分凶猛，民间有"一猪二熊三老虎"之说。头部狭长，头骨从侧面看略似直角三角形。吻部长而突出，鼻尖呈圆盘形，人字嵴是头颅的最高点。门齿有齿根，雄性的上犬齿特别发达而成为獠牙，呈弧形，外弯向上；下犬齿小呈侧扁三角形，偏向后弯。

野猪喜集群活动，杂食性，觅食多在黎明及黄昏以后。嗅觉特别灵敏，可以用鼻子分辨食物的成熟程度。尾巴比较细，被毛稀少，尾尖处呈扁平状。四肢较短，前、后足上均具四指（趾），第三、第四跖骨分开，善于连续奔跑，练就了一身好体力，也喜欢在泥水中洗浴。

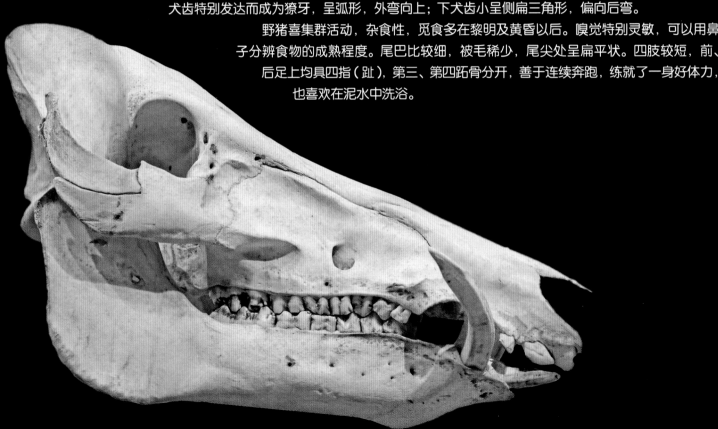

家猪是由野猪驯化而成的家畜。身体丰满，鼻面平直，体毛较粗，体色有黑色、白色、棕色、红色、黑白花色等。四肢短小，中间的两指（趾）长而粗壮，外侧的两指（趾）较为短小，勉强能碰到地面。

家猪属杂食性动物，特别爱吃生长在地下的植物块根和块茎，于是形成了突出而灵活的吻鼻部和坚强的鼻骨。把土拱开后，在吃到泥土里的食物的同时也吃了一些泥土，由于泥土中有家猪所需要的各种矿物质，所以它也保留了这个从野生时代遗留下来的习惯。

家猪

Sus scrofa domestica

鲸偶蹄目猪科

体长 50~200 厘米

分布于世界各地

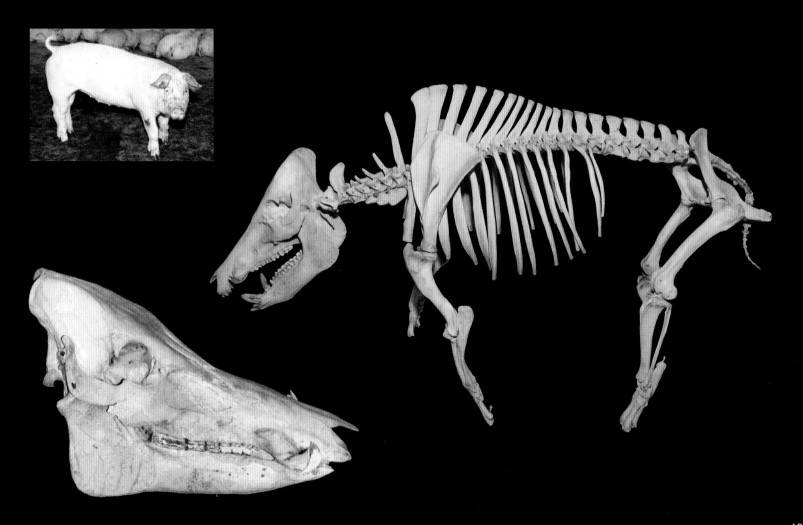

鹿豚

Babyrousa babyrussa

鲸偶蹄目猪科

体长 85 ~ 110 厘米

分布于印度尼西亚

　　雄性鹿豚长有 4 支令人惊叹的长牙，因此成为拥有最离奇"性装饰"的动物之一。上颌犬齿穿出脸部，向两眼之间弯曲，往往可达额部，长度可达 30 厘米。下颌犬齿也突出唇外，向上弯曲，从而形成 4 枚向上的獠牙，挡在眼睛前方。有趣的是，尽管上獠牙看上去更加威武，却仅仅作为防御武器使用，在遭到对手冲撞时保护自己的眼睛；相反，下犬齿才被用于打斗，能给对手造成严重的创伤。雌性的獠牙要短小得多，甚至完全没有。

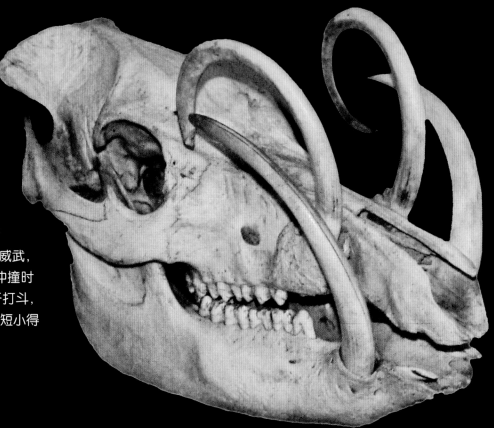

　　鹿豚很胆小。善于游泳，能跨海游到较近的岛屿上。在林间奔跑的速度也很快，听觉、嗅觉十分发达，但视力很差。

　　鹿豚的皮肤厚而粗糙，体毛稀疏。主要以植物的根、叶以及果实等为食，偶尔也吃昆虫等小型动物，最钟爱的是有毒的马来亚大风子（也叫足球果），常借着灵敏的嗅觉寻找这种美味，连果实带种子都吞进肚里，其体内的某些矿物质或许能够对抗其中的毒素。

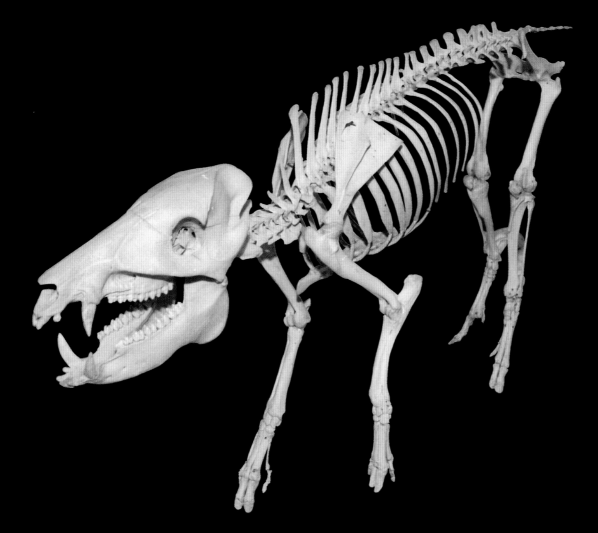

领西猯

Pecari tajacu

鲸偶蹄目西猯科

体长 82 ~ 97 厘米

分布于北美洲至南美洲

　　领西猯貌似野猪，但体型较小，后肢仅具三趾，第三、第四趾的跖骨连成一根，尾巴退化。领西猯有一个很大的头，头骨高隆，颧弓特粗，具长长的口鼻部，上犬齿的前面和下犬齿的后面如刀面状相互切合，是其强有力的攻击性武器。脖子上有一圈白毛，长而僵硬的鬃毛从头部一直沿背部到臀部。

　　领西猯喜欢群居，白天活动。四肢细长，足较小，前足具四指，侧指为悬蹄，后足具三趾，奔跑的速度很快。以草食性为主，也吃蜥蜴、昆虫、蠕虫等小动物。遇到敌害或受惊时，由背腺中分泌出一种恶臭味的液体，把丛林中的空气弄得臭气冲天，使捕食它的猛兽退避三舍。

双峰驼

Camelus bactrianus

鲸偶蹄目骆驼科

体长 120～200 厘米

分布于中国北方及蒙古、中亚

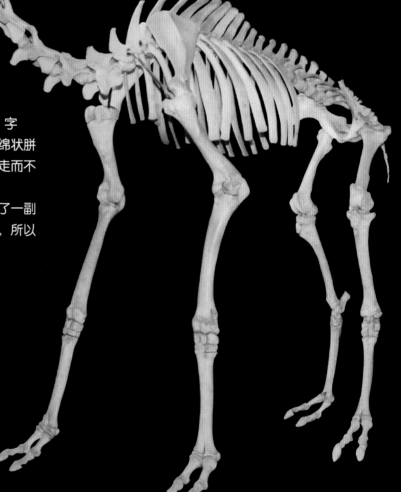

双峰驼特点鲜明，因背部有两个驼峰而得名。其吻部细狭，鼻骨短，鼻孔大，听泡中充满网状骨质组织，仅有一对上门齿并与左右第一上前臼齿形成相继间隔的獠牙。四肢细长，股骨不与躯体相连，能自由活动。第三、第四指（趾）特别发达，指（趾）端有蹄甲，中间一节指（趾）骨较大。两指（趾）之间有很大的开叉，是由两根中掌骨所连成的一根管骨在下端分叉成为"丫"字形，并与指（趾）骨连在一起，形成宽大的脚掌。外面还有海绵状胼胝垫，增大了接触地面部分的面积，因而能在松软的流沙中行走而不下陷，还可以防止足在夏季灼热、冬季冰冷的沙地上受伤。

双峰驼能在大片的沙漠和戈壁等"不毛之地"生活，练就了一副非凡的适应能力，能够耐饥、耐渴，也能耐热、耐寒、耐风沙，所以有"沙漠之舟"的赞誉。

单峰驼

Camelus dromedarius

鲸偶蹄目骆驼科

体长 120 ~ 200 厘米

分布于西亚、南亚、非洲北部

　　单峰驼同样是"沙漠之舟"，但背部只有一个驼峰。它的口鼻部比双峰驼长一些。单峰驼是公元前 1000 年左右在阿拉伯一带被人类驯化的动物，没有野生种，但后来也出现了一些重新回到野外生活的种群。单峰驼性情温和，以草类等植物为食，修长的四肢和两指（趾）的蹄子适合在荒漠地带行走，但跑得不是很快。

　　家骆驼的骨骼比起野骆驼来还是有一定的差异。家骆驼的头骨较短而宽，而野骆驼的头骨则较窄而长，这同家猪和野猪、家羊和野羊的比较结果是一致的，都是由于家畜在人类的长期饲养驯化中，刺激了它们大脑的发育，而使其头骨的形态发生了变化。

驼羊
Lama glama

鲸偶蹄目骆驼科
体长 180～225 厘米
分布于南美洲

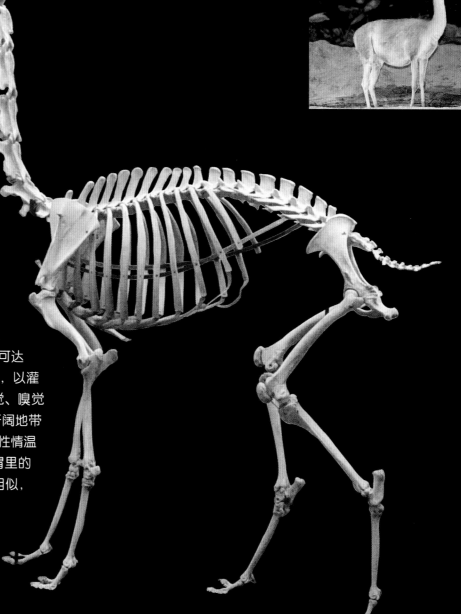

驼羊也叫家羊驼。头圆，耳尖长，颈部、四肢均较长，身上长着浓密的长毛。体型比骆驼小，背部也没有驼峰，后足中跖部的内外两侧有多腺体的胼胝，而且在后足蹄子之间有被称为蹄间腺的臭腺。上颌有两对前臼齿，下颌有一对前臼齿，都比骆驼的少。

驼羊比较适合高原上的生活，最高可达海拔 5 000 米左右，主要结小群在一起，以灌木、乔木的嫩枝叶等为食。视觉、听觉、嗅觉均很敏锐，奔跑速度也很快，为其在开阔地带逃避敌害起到了至关重要的作用。驼羊性情温顺，但有时也发脾气，会喷吐唾液和胃里的东西。这个特点与其近亲——羊驼很相似，因此它也常受到网友的调侃。

河马
Hippopotamus amphibius

鲸偶蹄目河马科

体长 350 ~ 450 厘米

分布于非洲

　　河马是陆地上仅次于大象的第二大动物。体躯庞大而笨拙，比较矮。四肢特别短，有一个粗硕的头和一张陆生动物中最大的嘴，可以张开呈 90° 角。牙很大，门齿和犬齿均呈獠牙状，是进攻的主要武器。有两对下门齿，不是向上生长，而是像铲子一样向前面平行伸出，犬齿很长。前、后肢上各有大小几乎相等的四指（趾），指（趾）尖有蹄，其形状如同扁爪，指（趾）间略微有蹼。

　　河马喜欢营群栖生活，由雌性统领。在潜水时能将耳朵和鼻孔关闭，水的浮力也能帮助支撑其庞大而沉重的身体，使其在水中行走自如。它的食物基本上都是青草类和水生植物，食量很大。其眼眶看起来是个围绕眼球的环状物，突出于头骨上方，这使它几乎不用把身体露出水面，就能观察到周围的环境——这个习性和当地的尼罗鳄很相似。

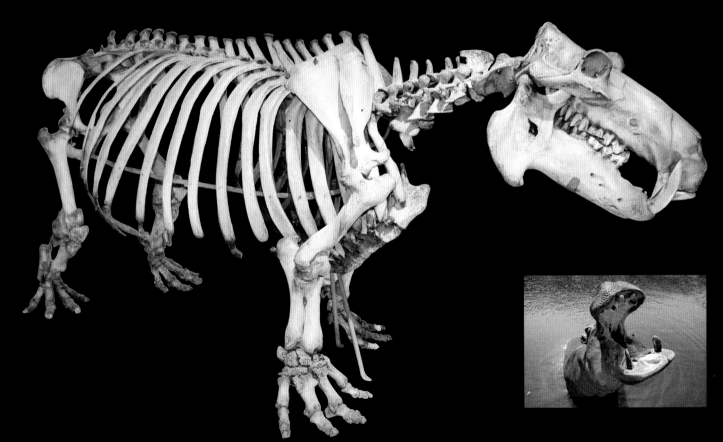

倭河马
Choeropsis liberiensis

鲸偶蹄目河马科
体长 150～185 厘米
分布于非洲

　　倭河马的外形酷似河马，但体型比河马小得多，同一只猪差不多，足的形状也与猪近似。它在身体比例上与河马不同，头较短较圆，眼和鼻孔在头部的侧面。尾很短，底端宽，尖端细，有硬短毛。四肢较细长，各足均具分开的四指（趾），没有第一指（趾），中间的第三、第四指（趾）大，两侧的第二、第五指（趾）很小，有较尖的趾爪，适于在泥泞的雨林中行走。下门齿只有一对，上犬齿很尖锐，而且常分叉，长度约20 厘米。

　　倭河马对水的依赖性不如河马，多在陆上活动，但也善于游泳，喜爱在泥水坑中打滚。受惊时则跑到岸上的密林中躲藏，奔跑速度比河马快得多。

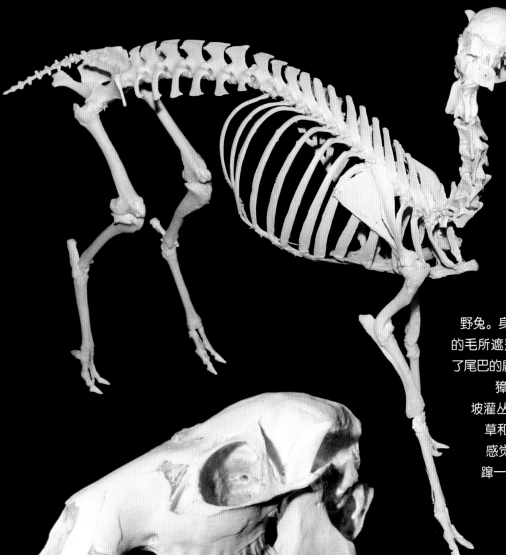

獐子

Hydropotes inermis

鲸偶蹄目鹿科

体长 78 ~ 100 厘米

分布于中国华东地区及朝鲜半岛

獐子又叫河麂、牙獐等，头骨长形，鼻骨狭窄。外形与麝相似，雄雌都没有角，但雄性刀片状的上犬齿非常发达，向下伸延并弯曲成獠牙，末端尖锐而侧扁，突出口外，可用于自卫，更是争夺配偶的格斗武器。两耳直立，有点像野兔。身体上没有斑纹，尾巴特别短，几乎被臀部的毛所遮盖，所以常被误认为是一种没有尾巴或断了尾巴的鹿。

獐子的蹄子较宽，适合栖息于水域附近的山坡灌丛中，常随着水位的涨落而迁移。主要以青草和植物嫩叶为食，食性非常广泛。性情温和，感觉灵敏，善于隐匿，行动轻快，奔跑起来一蹿一跳，也能在水中游泳很长的距离。

毛冠鹿
Elaphodus cephalophus

鲸偶蹄目鹿科
体长 82 ~ 119 厘米
分布于中国长江流域以南至缅甸

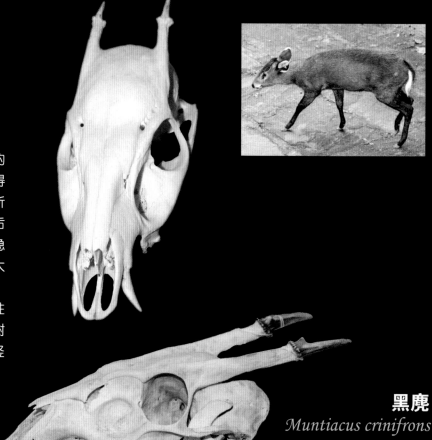

毛冠鹿外形似麂，又叫青麂，其实是一种小型的鹿。体毛主要为黑褐色，额部有黑色的毛簇，因而得名。头骨细长，前颌骨与鼻骨不相连，为上颌骨所隔，眶下腺的腺窝大而深，呈卵圆形。雄性额骨的后外侧向后突起而长出短而小的角，角冠不分叉，几隐于额部的长毛中，其短小的角尖微向后弯。上犬齿大而侧扁，向下微曲，后缘锐利，露出唇外。

毛冠鹿栖息于亚热带常绿阔叶林、混交林中。性怯懦，善于隐蔽，一般在早晨和黄昏成对活动。以树叶、杂草、果实和伞菌等为食。全速逃跑时尾巴竖起，高于背部。

黑麂
Muntiacus crinifrons

鲸偶蹄目鹿科
体长 100 ~ 120 厘米
分布于中国东南部

黑麂只有雄性的头上有尖的角，样子很像插在顶部的小獠牙——角柄很长，角冠很短，角干分叉，角基在额骨侧缘形成棱嵴。鼻骨前端的形状有很大的变异，绝大多数不与上颌骨接触，但也有相连的。体毛为棕黑色，额部有一簇呈鲜棕黄色的毛，有时甚至能遮住短角。尾巴也比较长。

黑麂有沿山坡迁移的习性，主要成对在一起。大多在早晨和黄昏活动，活动比较隐蔽，还具有惊人的游泳本领。黑麂主要以草本植物以及灌木的叶、嫩枝等为食，偶尔也吃动物性食物，这在鹿类动物中还是绝无仅有的。

赤麂也叫黄麂、黄猿，夏毛为红棕色，为麂类中体型最大的一种。脸部较为狭长，头骨略呈三角形，鼻骨前半部较狭窄，前颌骨、上颌骨相接在鼻骨的中部，额骨前部中央凹陷，两侧缘明显隆起，一直延至角之基部。雄性角从额骨后侧缘直伸而出，角基比其他鹿类都长。角为单叉型，短而直，向后伸展，角尖向内弯，二尖相对。雌性虽无角，但其额顶与雄性生角相应部位微有突起，并着生特殊成束的黑毛，如同角茸一般。上颌无门齿，雄性有发达的犬齿，呈獠牙状，向下后方伸出，齿尖锐利。

赤麂
Muntiacus muntjak

鲸偶蹄目鹿科
体长 90～130 厘米
分布于中国华南、西南地区

赤麂一般营独居生活，行动谨慎小心，常出没在森林四周，尤以早、晚活动最频繁，在密林中疾走时掀起臀部，低垂头部，巧妙异常。叫声如同犬吠，数里之外都能听到。

麋鹿

Elaphurus davidianus

鲸偶蹄目鹿科
体长 170 ~ 217 厘米
分布于中国黄河、长江流域

麋鹿因为"蹄似牛非牛，头似马非马，尾似驴非驴，角似鹿非鹿"，被人们称为"四不像"。它不仅外形独特，而且身世也极其富有传奇色彩——戏剧性的发现，悲剧性的盗运，乱世中的流离，幸运的回归，等等。因此，成为在世界动物学史上占有极特殊一页的物种。

麋鹿头大，头骨狭长，吻部较窄。雄性角的形状特殊，没有眉叉，角干在角基上方分为前后两枝，前枝向上延伸，然后再分为前后两枝，每小枝上再长出一些小叉，后枝平直向后伸展，末端有时也长出一些小叉。尾特别长，有绒毛。四肢粗壮，主蹄宽大、多肉，有很发达的悬蹄。侧趾和中央两趾的长度几乎相等，行走时带有响亮的磕碰声。它喜欢栖息在水草丰盛的沼泽地带，善游泳。

梅花鹿

Cervus nippon

鲸偶蹄目鹿科

体长 125 ~ 145 厘米

分布于东亚

　　梅花鹿体型匀称，体态优美。头部略圆，颜面部较长，鼻骨长，顶骨平坦。雄性的头上具有一对雄伟的实角，角上共有 4 个叉，眉叉和主干成一个钝角，在近基部向前伸出。次叉和眉叉距离较大，位置较高，故人们往往以为它没有次叉。主干在其末端再次分成 2 个小枝。主干一般向两侧弯曲，略呈半弧形。眉叉向前上方横抱，角尖稍向内弯曲，非常锐利，是其生存、斗争的有力武器。

　　梅花鹿性情机警，行动敏捷，听觉、嗅觉均很发达，视觉稍弱，胆小易惊。由于四肢细长，主蹄狭而尖，侧蹄小，故奔跑迅速，跳跃能力很强，尤其善于攀登陡坡。那连续大跨度的跳跃，速度轻快敏捷，姿态优美潇洒，能在灌木丛中穿梭自如，时隐时现。

水鹿
Cervus unicolor

鲸偶蹄目鹿科
体长 120 ~ 220 厘米
分布于中国华南、西南地区及南亚、东南亚

　　水鹿身体高大粗壮。头骨细长，鼻骨、额骨发达，颈部较长。四肢细长而有力，主蹄大，侧蹄特别小，长尾巴的两侧密生蓬松的长毛。雄性头上有角，角从额部的后外侧生出，稍向外倾斜，相对的角叉形成"U"形。角形简单，呈三尖形，包括一个眉叉和主干在末端的分叉，最末端的两个叉一般是等长的。主干一般只有一次分叉，不过偶尔也有不分叉或多次分叉的。眉叉较短，角尖向上斜生，与主干之间形成一个锐角。角的先端部分较为光滑，其余部分粗糙，基部有一圈骨质的瘤突，称为角座，俗称"磨盘"。

　　水鹿昼伏夜出，大多单独或成对活动，以植物的嫩叶、嫩芽、鲜果等为食，还嗜食盐碱土、盐碱水或烧山后的草灰。特别喜欢有水的环境，水性极好，名不虚传。

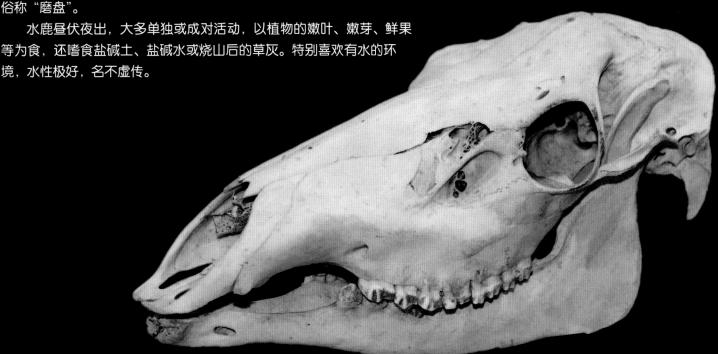

马鹿
Cervus elaphus

鲸偶蹄目鹿科
体长 160 ～ 250 厘米
分布于欧洲、亚洲、北
美洲、非洲北部

　　马鹿因体型高大、形似骏马而得名。头与颜面部较长，颈部较长，四肢也长，蹄子很大，侧蹄长而着地，尾巴较短。鼻骨长而内侧扁，额骨宽大，后外侧突起而生角。雄性的角巨大，雌性仅在相应部位有隆起的嵴突。角是雄性夺目的装饰物，一般分为 6 叉，个别可达 9 ～ 10 叉。在基部即生出眉叉，斜向前伸，与主干几乎成直角。主干较长，向后倾斜，第二叉紧靠眉叉，因为距离极短，称为"对门叉"，并以此区别于其他鹿的角。第三叉与第二叉的间距较大，以后主干再分出 2 ～ 3 叉。各分叉的基部较扁，主干表面有密布的小突起和少数浅槽纹。

　　马鹿常单独或呈小群集结，白天活动，特别是黎明前后的活动更为频繁，以乔木、灌木和草本植物为食，也常在多盐的湿地上舔食。

　　性情机警，奔跑迅速。

黇鹿
Cervus dama

鲸偶蹄目鹿科
体长 120 ~ 130 厘米
分布于欧洲

　　黇鹿体型中等，尾巴长，夏季毛色为黄棕色，有白色的斑点。上颌没有犬齿。只有雄性有角，角的眉叉较大，主干长，先向外，再转向上弯曲延伸，末端呈手掌状，并且又向外延伸出许多尖的枝叉。拥有一对漂亮的大角是雄性精力充沛的显著标志。

　　黇鹿栖息于森林地带，喜欢结成小群。昼夜活动，性情机警，善于奔跑，也具有很好的跳跃能力，以青草和树木的嫩叶等为食。

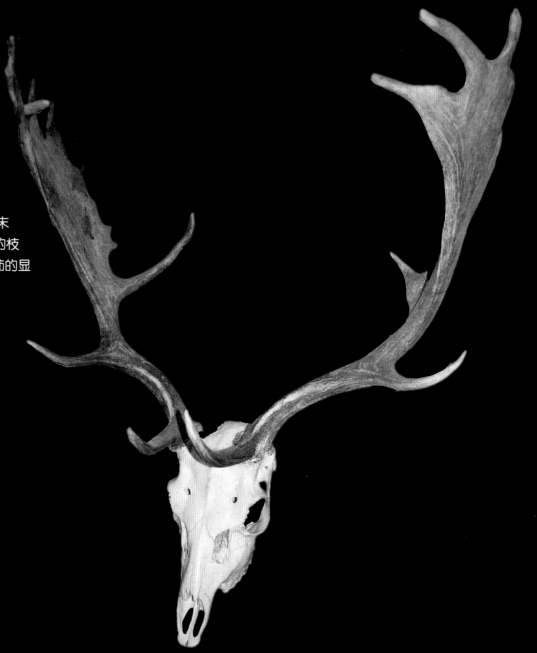

狍子
Capreolus capreolus

鲸偶蹄目鹿科
体长 95 ~ 140 厘米
分布于欧洲至东亚

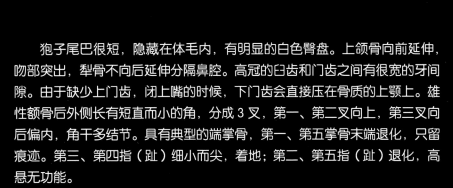

　　狍子尾巴很短，隐藏在体毛内，有明显的白色臀盘。上颌骨向前延伸，吻部突出，犁骨不向后延伸分隔鼻腔。高冠的臼齿和门齿之间有很宽的牙间隙。由于缺少上门齿，闭上嘴的时候，下门齿会直接压在骨质的上颚上。雄性额骨后外侧长有短直而小的角，分成 3 叉，第一、第二叉向上，第三叉向后偏内，角干多结节。具有典型的端掌骨，第一、第五掌骨末端退化，只留痕迹。第三、第四指（趾）细小而尖，着地；第二、第五指（趾）退化，高悬无功能。

　　狍子晨昏活动，常到溪边饮水，到阳坡草地觅食树叶、青草、地衣等，还舔食盐碱土。由于在逃跑之后常返回原地查看，因此被称为"傻狍子"。

驼鹿
Alces alces

鲸偶蹄目鹿科

体长 200～260 厘米

分布于亚欧大陆北部、北美洲北部

驼鹿骨骼粗壮，是世界上最大的鹿类。头部很大，脸部特别长，鼻部隆厚，颈部很短，肩峰高出，躯体短而粗，看上去与四条细长的腿不成比例，尾巴很短。头骨长形，吻长，颅骨表面不平坦，上颌骨狭长，缺上犬齿。仅雄性有角，也是鹿类中最大的，而且角的形状特殊而优美，与其他鹿类不同，不是枝叉形，而是呈扁平的铲子状。角面粗糙，从角基向左右两侧各伸出一小段后分出眉叉和主干，呈水平方向伸展，中间宽阔，很像仙人掌，在前方的 1/3 处生出许多尖叉，最多可达 30～40 个。

驼鹿是典型的亚寒带针叶林动物，多结群游荡在林间空地，喜欢吃植物的嫩枝条，行动轻快敏捷，能快速奔跑。由于腿长，它在积雪较厚时也能自由走动。

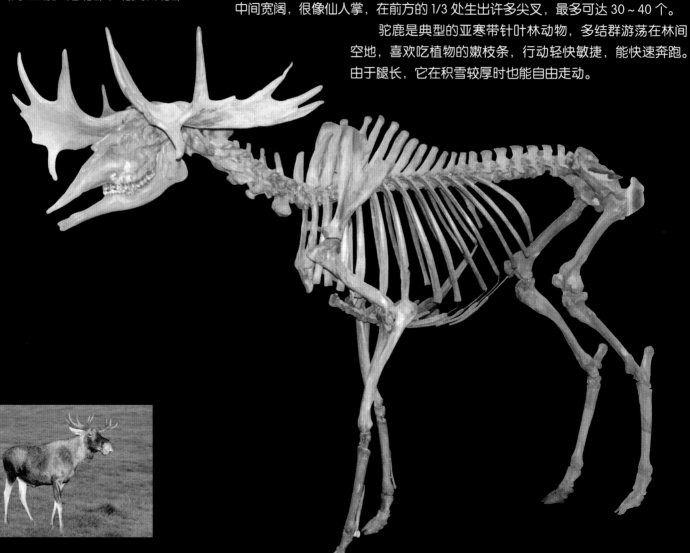

黑尾鹿
Odocoileus hemionus

鲸偶蹄目鹿科
体长 115 ~ 146 厘米
分布于北美洲

黑尾鹿因耳朵像骡子，所以又叫骡鹿，仅雄性有发达的角。角有明显的主干，分叉从主干分出，略向内弯曲。体毛在夏天主要为锈棕色，冬天转为灰棕色，臀部为白色，尾巴下半截为黑色，并因此得名。

黑尾鹿腿细长，善奔跑，各足均具四指（趾），第三、第四指（趾）发达，支撑体重，第二、第五指（趾）退化变小。栖息于森林、荒漠等地带，逐水草而居，喜欢在靠近水源与食物的地方休憩，主要为夜行性，有时白天也活动。以树叶、嫩枝等为食。雄性和雌性平时各自成群活动，直到秋季求偶时才聚集在一起。

驯鹿
Rangifer tarandus

鲸偶蹄目鹿科
体长 120 ～ 220 厘米
分布于亚欧大陆北部、北美洲北部

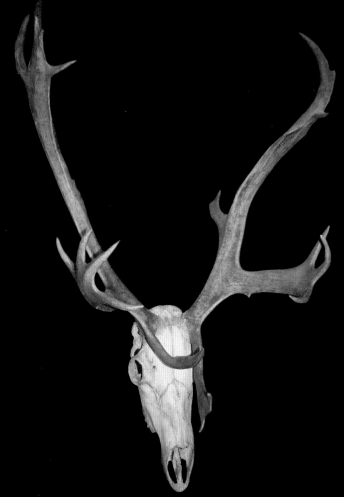

驯鹿是唯一雌雄均有角的鹿类，因拉着圣诞老人雪橇走访千家万户而广为人知。雄性的角巨大，粗壮的主干向后、向上和向前延伸，然后扩张形成扁平的掌状，并且有许多向前的突出。在主干基部的分支为第一叉，只是一个简单的突起，而其他的分叉形成一个个阔铲，其功能可能是用于防御。第二叉较细，正好从第一叉后面衍生，在头的侧面，并且向前形成优美的弓形物，在末端变成掌状。

驯鹿眼大，眼眶突出，在额骨中央有一窝，鼻骨也发达。尾巴较短，四肢较长。主蹄大而阔，中央裂线很深。悬蹄大，掌面宽阔，是鹿类中最大的，行走时能触及地面，足端也有变化，冬季下面的足垫收缩、变硬，使蹄子显著增长，蹄子的边缘可以踏入冰雪之中，防止肉质的足垫直接与冰冻的地面接触。

长颈鹿角的表面终生被有带毛的皮肤，永不更换和脱落，与一般的鹿角不同。虽然颈部有 2 米长，但它的颈椎只有 7 枚，只是每一枚都大大地拉长并由球窝关节连接，因此它的脖子非常灵活。而且雄性的脖子和头骨在一生中都在不断增重，并通过像挥动高尔夫球杆一样的"斗颈"动作来赢得更多的雌性。为使这些带有繁重任务的部位得到平衡，在脖子与胸腔连接的地方还是比其他哺乳动物多了一枚脊椎骨，并且在骨骼中形成充气的窦来减弱互相击打颈部时所产生的震荡。

长颈鹿的门齿与后面几枚牙齿之间有很宽的间隙，那又长又灵活的舌头可以从这里伸出嘴来。脖子最上面的一个关节可以使它的头抬起时和脖子成一直线，从而吃到金合欢树最顶端无刺的嫩叶。躯干由肩胛处向下倾斜，长尾巴的末端有一束长毛。长短不同的腿使长脖子得到平衡，也与长脖子一起构成一种极好的降温"冷却塔"。但在喝水时，它的前腿必须向两侧叉开才行。

长颈鹿
Giraffa camelopardalis

鲸偶蹄目长颈鹿科
体长 380 ~ 470 厘米
分布于非洲

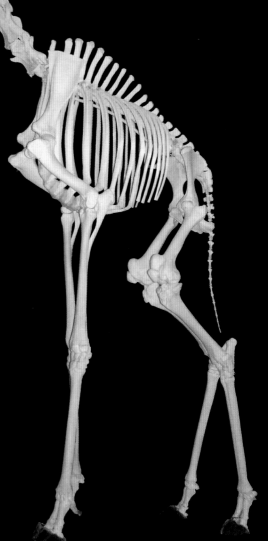

霍加狓

Okapia johnstoni

鲸偶蹄目长颈鹿科
体长约 200 厘米
分布于非洲

　　霍加狓行踪隐秘，长相也十分奇特，外形稍似羚羊，躯体有点像马，头形却如长颈鹿。雄性顶部有短的角，外面也有一层薄的毛皮包覆。体色也别具一格，以紫褐色为主，腿上具有像斑马一样的横条纹。身体短而结实，背脊像长颈鹿那样倾斜，脖子也比一般动物长，却无法跟长颈鹿相比，但的确和长颈鹿是近亲。

　　霍加狓的四肢细长，前、后足的蹄间有臭腺，后足的趾骨有 3 块。霍加狓性情孤僻，胆子很小，行动非常小心谨慎，以苜蓿和金合欢等植物的叶子为食。和长颈鹿一样，霍加狓上颌没有门齿和犬齿，下颌犬齿的前端分成两叶。舌头很长，能自由伸缩，加上较长的颈部，在采食时就相当灵活和方便了。

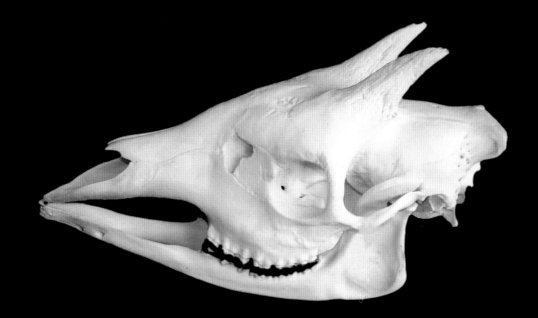

叉角羚

Antilocapra americana

鲸偶蹄目叉角羚科
体长 100 ~ 150 厘米
分布于北美洲

　　叉角羚身体虽然貌似羚羊，却兼有鹿类与牛类的双重特征。最奇特的是雄性头上像叉子一样的角。朝后的角尖下面是朝前的角尖，这在动物中是独一无二的。其构造与牛类的洞角类似，有一个不分叉的骨芯，但形状又与鹿类的角相像，而且角上覆盖着角蛋白形成的角鞘，一年会脱落一次，再年年重生。叉角羚的眼眶很高，位于双角基部的下方，别具一格。体毛为肉桂色至茶褐色，头部、颈部有黑色斑纹，颈部有黑色鬃毛。

　　叉角羚栖息于草原、荒漠等地带，以灌木嫩枝、叶和杂草等为食，喜欢结群活动。与鹿类一样，叉角羚的四肢细长，前后足都有 5 块跖骨，但各有 2 块趾骨，缺少第二与第五指（趾），因而跑动迅速，一有危险，立即拔腿飞跑。

家牛

Bos taurus

鲸偶蹄目牛科

体长 160 ～ 200 厘米

分布于世界各地

家牛雌雄的头骨上都长有一对粗大的角，横截面为圆形，尺寸变化较大，沿着长度方向有扭曲，从头骨扫向外侧和前方。这种"洞角"是额骨的突起衍生出来形成的对称骨枝，外边包着一层坚硬并可以脱下的角质套，内部是空心的，没有神经和血管，去掉后不能再生长，角质套能随着角心的生长而扩大。

家牛的上颌只有 6 枚臼齿和前臼齿，没有犬齿和门齿。在犬齿和门齿的部位，与下颌的门齿紧密闭合，形成一种很硬的特殊装置，叫齿板，能代替门齿。进食的时候，先伸出舌头，然后卷起饲料，送到上颌齿板和下颌门齿中间，靠牵引头颈部将夹在它们之间的饲料切断，再由臼齿将饲料咀嚼得更碎。

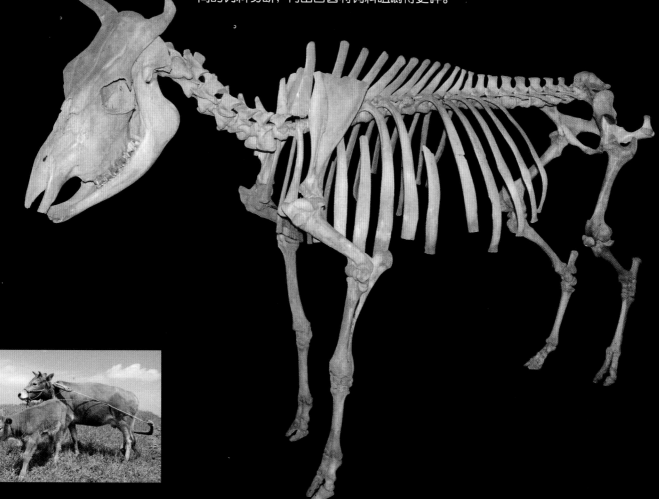

原牛是家牛的祖先，体态魁梧，体型大而强健，颈部有小的肉垂，头顶有饰毛。双角向前弯曲，尖端锐利，是它的有力武器。背部有隆起的发达肌肉，四肢粗壮而有力。尾巴较长，末端有簇毛串。原牛栖息于荒野地带，性情粗暴，有适合长跑的腿。足上有四指（趾），但侧指（趾）比鹿类更加退化。门齿和犬齿都已经退化，但还保留下门齿，而且下犬齿也门齿化了，三对门齿向前倾斜呈铲子状，由于以比较坚硬的植物为食，前臼齿和臼齿为高冠齿，珐琅质有褶皱，齿冠磨蚀后表面形成复杂的齿纹，适于吃草。

原牛虽分布在欧洲，却是与欧洲野牛完全不同的物种。在古代欧洲，有很多神话以原牛而不是以欧洲野牛作为原型。

原牛

Bos primigenius

鲸偶蹄目牛科

体长 280～300 厘米

曾分布于欧洲、西亚，1627 年灭绝

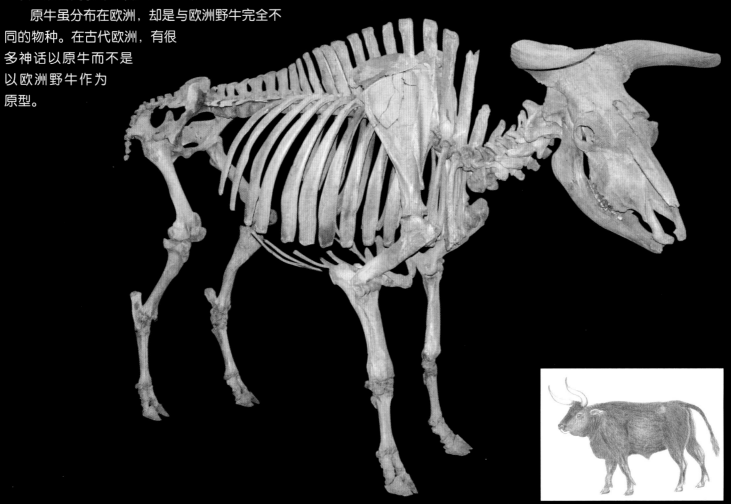

大额牛
Bos frontalis

鲸偶蹄目牛科
体长 250～330 厘米
分布于中国云南及印度、缅甸

大额牛也叫印度野牛，是一种半野生半家养的种类，很可能是白肢野牛的家养型或驯化种。外貌与白肢野牛极相近似，但体型较白肢野牛小。角向两侧平伸后略向上弯，两角间的额顶相对较高而宽平。大额牛体躯高大，四肢短健，蹄小而结实，尾巴成束状。四肢的下半截都是白色，就像是穿了白色的长筒袜，所以也被称为"白袜子"。

大额牛有牙齿 32 枚，其中门齿 8 枚，上下臼齿 24 枚，无犬齿。上颌无门齿，只有齿垫。生活在热带、亚热带原始阔叶林的林缘灌丛、草地中，群居，具嗜盐习性，性情凶猛，有极强的攀登能力。

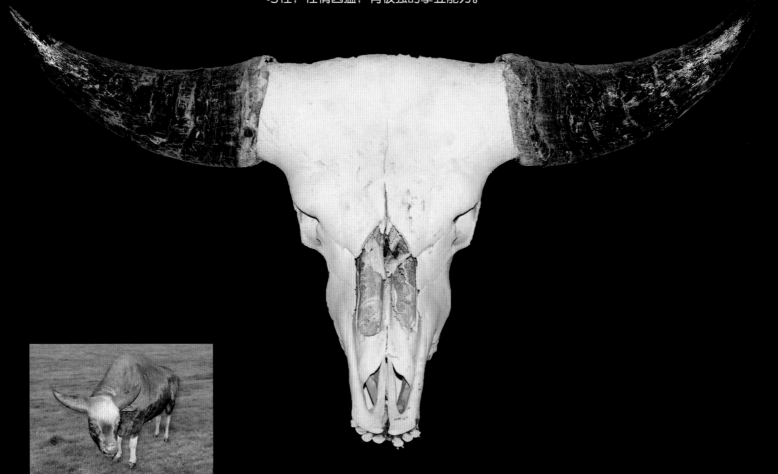

白肢野牛

Bos gaurus

鲸偶蹄目牛科
体长 250 ~ 330 厘米
分布于中国云南、西藏及南亚、东南亚

　　白肢野牛也叫印度野牛，以体型巨大而著称，是现生野牛中体型最大的一种。头大而沉重，额顶突出隆起，鼻骨尖长，肩部隆起然后向后延伸至背脊的中部，再逐渐下降，四肢粗而短，尾很长，末端有一束长毛。雌雄均有角，雄性的角弯度相当大，由额骨高起的棱上长出，先垂直上升，再向外弯，复又向上，最后角尖又向内并略向后弯转。

　　白肢野牛的体毛短而厚，而且很亮，四肢的下半截都是白色的，因此得名，在产地也被俗称为"白袜子"。白肢野牛主要栖息在热带、亚热带的山地森林和草原地带，活动范围较广，过着游荡的生活，以野草、嫩芽、嫩叶等为食，性情暴躁而凶猛。

爪哇野牛

Bos javanicus

鲸偶蹄目牛科

体长 190 ~ 225 厘米

分布于中国云南及东南亚

爪哇野牛比其他野牛体型偏小，肩部隆起不显著，额头不特别隆起，两角也不粗大，但长度也能达到 60 厘米以上。雄性的体色为黑色或黑褐色，但雌性为赤褐色。爪哇野牛和白肢野牛一样，腿上也有"白色的长筒袜"，但更为主要的特征是拥有白色的臀部，因此也叫白臀野牛。

爪哇野牛是典型的热带动物，大多栖息于山麓的疏林地带或比较平坦的草丛、竹林地带，昼伏夜出，以草、竹子、野果、树叶、树枝等为食。

牦牛

Bos grunniens

鲸偶蹄目牛科

体长 180 ~ 250 厘米

分布于中国西部及中亚

牦牛分为野牦牛和家牦牛，体型大而粗壮，有高耸而隆起的肩部，有 14 对肋骨，较其他牛类多一对。头骨粗重，枕部中央略微向上举起，故在头前方可以见到枕骨的嵴。额部甚宽而短，微隆起，鼻骨宽，其后端呈尖角，嵌入额骨中间。角为圆锥形，表面光滑，野牦牛的弯度很大，家牦牛的多平直向上。

牦牛的胸部发育良好，软骨环间的距离大，能够适应海拔高、气压低、含氧量少的高山草原大气条件。牦牛四肢强壮，蹄大而圆，但蹄甲窄小而尖，似羊蹄，特别硬，稳健有力，蹄侧及前面有坚实而突出的边缘围绕，足掌上有柔软的角质。这种蹄可以减缓其身体向下滑动的速度和冲力，好像穿上了"登山鞋"，使它在陡峻的高山上行走自如，享有"高原之舟"的赞誉。

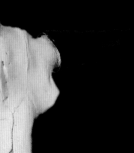

亚洲水牛
Bubalus arnee

鲸偶蹄目牛科
体长 240 ~ 280 厘米
分布于世界各地

亚洲水牛也叫印度水牛，是由生活于亚洲南部的野生水牛经过人工饲养、培育而成的家畜。体型高大而健壮，体毛稀疏，皮厚，汗腺不发达，尾巴较长，末端有簇毛串，平时喜欢浸泡在水中。雌雄头上都有粗大的角，主要分为两种类型：一种向后弯曲成半月状（沼泽型水牛）；另一种向上形成螺旋形弯曲（河流型水牛）。

亚洲水牛的四肢粗壮，足迹大，呈肾脏合拢形。蹄间距较宽。亚洲水牛的主要用途为役用，挽力强，行步稳重，善于在泥地中行走，特别适宜于水田耕作。

非洲水牛

Syncerus caffer

鲸偶蹄目牛科

体长 240 ~ 340 厘米

分布于非洲

　　非洲水牛是非洲五大野兽之一。体型高大而健壮，头骨硕大，鼻尖大。雌雄都有粗而长、表面光滑的角，横断面呈三角形，左右角的基部靠在一起遮盖头顶，雄性的角更像大盾一样覆盖在头顶。身体覆盖稀疏的黑毛，体色主要为黑褐色。

　　非洲水牛胸膛宽阔，四肢粗壮，行动敏捷，栖息于靠近水源的草地、灌丛等地带。夜行性，以植物为食，遇到危险时能表现出其异常凶猛的一面。平时喜欢浸泡在水中，可以使身体凉爽，粘在身上的泥土干了之后像多了一层皮肤一样，可防御蛇、蝉的攻击。

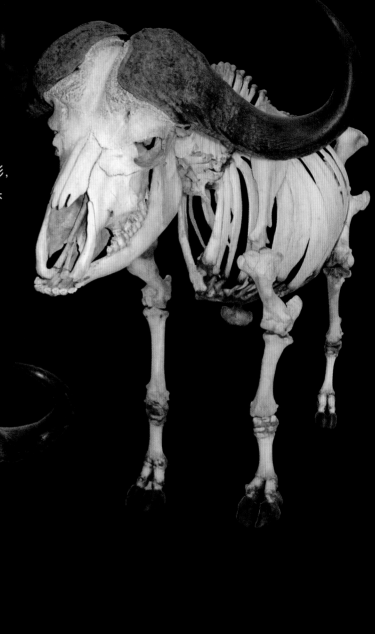

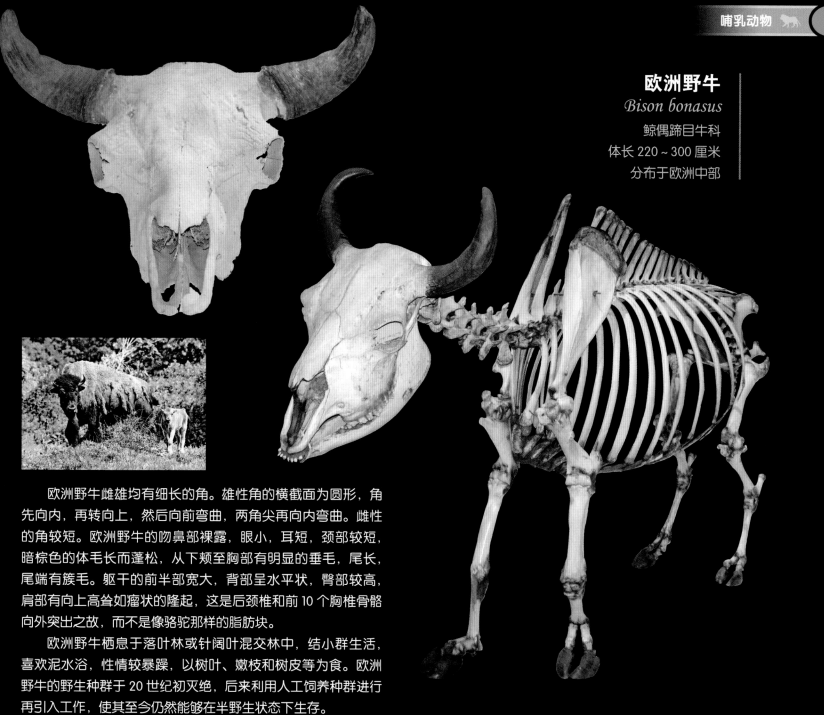

欧洲野牛
Bison bonasus

鲸偶蹄目牛科
体长 220 ~ 300 厘米
分布于欧洲中部

　　欧洲野牛雌雄均有细长的角。雄性角的横截面为圆形，角先向内，再转向上，然后向前弯曲，两角尖再向内弯曲。雌性的角较短。欧洲野牛的吻鼻部裸露，眼小，耳短，颈部较短，暗棕色的体毛长而蓬松，从下颊至胸部有明显的垂毛，尾长，尾端有簇毛。躯干的前半部宽大，背部呈水平状，臀部较高，肩部有向上高耸如瘤状的隆起，这是后颈椎和前 10 个胸椎骨骼向外突出之故，而不是像骆驼那样的脂肪块。

　　欧洲野牛栖息于落叶林或针阔叶混交林中，结小群生活，喜欢泥水浴，性情较暴躁，以树叶、嫩枝和树皮等为食。欧洲野牛的野生种群于 20 世纪初灭绝，后来利用人工饲养种群进行再引入工作，使其至今仍然能够在半野生状态下生存。

美洲野牛

Bison bison

鲸偶蹄目牛科
体长 200 ~ 280 厘米
分布于北美洲

美洲野牛和欧洲野牛非常像。但头大，嘴较短，颈部短而肥胖，前半身较大，后半身较小，看上去不太平均，肩部突然高高隆起，躯干明显向后倾斜，臀部较低。雌雄均有角，但比欧洲野牛的小，这也使得它在打斗时更喜欢冲撞，而不是缠在一起"角"斗。额毛长而下垂，尾细而长，但长度不及欧洲野牛的尾。

美洲野牛平时低头弓背恰恰形成一个杠杆，给予巨大的头部有力的支持，也使它的嘴始终保持贴近地面，随时准备吃草。牙齿截面大，大大增加了每一次咀嚼切磨食物的量，而且牙齿很长，能够防止牙齿很快被磨损。美洲野牛群居性强，常结成大群一起活动，逐水草而进行长距离的迁徙。

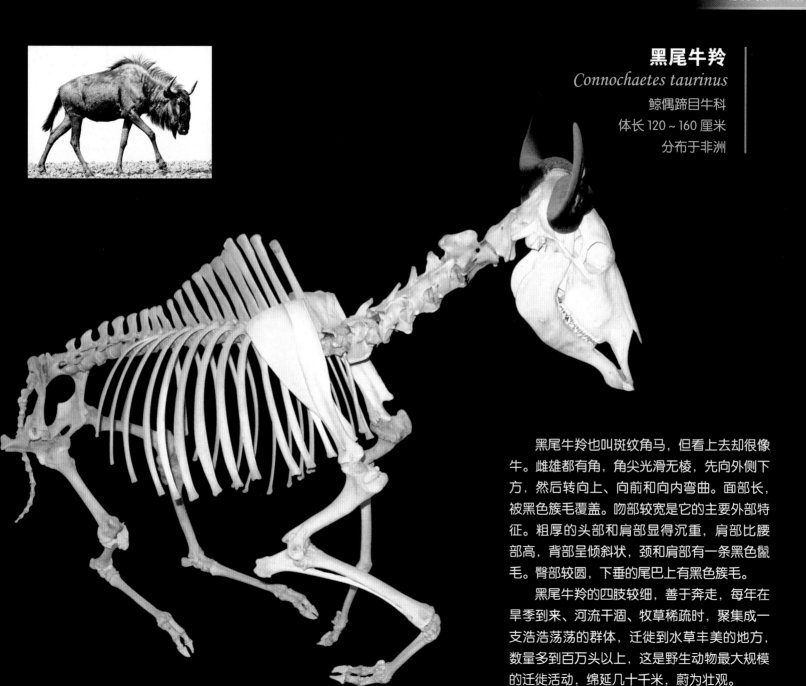

黑尾牛羚
Connochaetes taurinus

鲸偶蹄目牛科
体长 120～160 厘米
分布于非洲

　　黑尾牛羚也叫斑纹角马，但看上去却很像牛。雌雄都有角，角尖光滑无棱，先向外侧下方，然后转向上、向前和向内弯曲。面部长，被黑色簇毛覆盖。吻部较宽是它的主要外部特征。粗厚的头部和肩部显得沉重，肩部比腰部高，背部呈倾斜状，颈和肩部有一条黑色鬣毛。臀部较圆，下垂的尾巴上有黑色簇毛。

　　黑尾牛羚的四肢较细，善于奔走，每年在旱季到来、河流干涸、牧草稀疏时，聚集成一支浩浩荡荡的群体，迁徙到水草丰美的地方，数量多到百万头以上，这是野生动物最大规模的迁徙活动，绵延几十千米，蔚为壮观。

山羊

Oreotragus oreotragus

鲸偶蹄目牛科

体长 72 ~ 92 厘米

分布于非洲

山羊也叫岩羚，因喜欢栖息于山地的岩峰上而得名。体毛厚而粗，颜色与其生活的岩石类似，难以被发现。雄性有竖直向上的短角，基部有环纹。草食性动物，以岩石间的植物为食，很少喝水，完全靠多汁的植物提供所需的水分。

山羊被誉为"山岩的跳跃者"，其蹄子的前端如截断般平直，末端狭小，成为坚硬的橡胶质，以踩高跷般、蹦蹦跳跳的姿态奔跑，尤其是在狭窄的岩石间奔走、跳跃时只有趾尖着地，就像在跳脚尖舞一样。

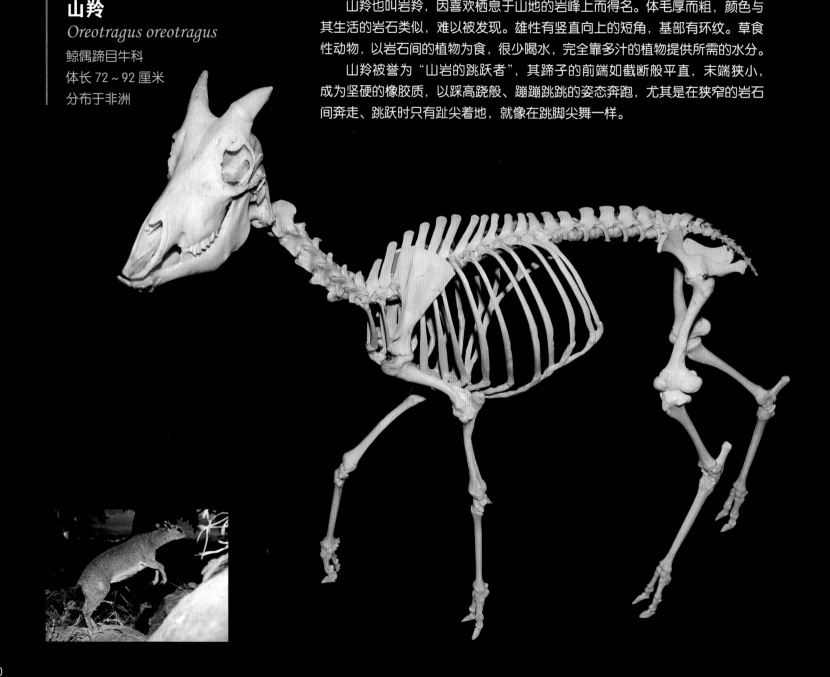

大羚羊

Taurotragus oryx

鲸偶蹄目牛科

体长 260 ~ 320 厘米

分布于非洲

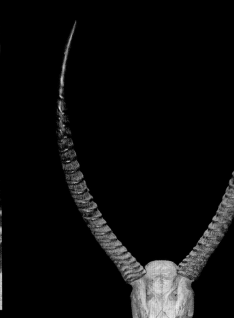

大羚羊也叫非洲林羚，是羚羊类中身材最高大的种类之一。雌雄均有角，但雄性的角大而长，稍微向后伸展，下段呈螺旋形。体毛呈棕色或灰黄色，肩部略有细白纹，沿背部有一条黑色条纹。前额有棕色或黑色簇毛，颈背有短的棕色鬃毛，尾端有黑色簇毛。像牛一样，其喉部有一块突出的肉垂，上面也有黑色簇毛。

大羚羊栖息于平原或较开阔的森林地带。喜结群，性情温和，听觉、嗅觉都相当灵敏，奔跑速度极快，跳跃能力也很强，在逃避狮子的攻击时往往可以跳过同伴的身体。

水羚

Kobus ellipsiprymnus

鲸偶蹄目牛科

体长 175 ~ 240 厘米

分布于非洲

水羚只有雄性有向上的角。颈部有鬃毛，体毛主要为灰褐色，喉部有白斑，腰部有一条环状白色细纹。水羚的臭腺位于尾巴的穗毛，而不像其他同类那样，分布在眼周、蹄或腹股沟附近。

水羚喜欢栖息于水域附近干燥的林地、草地等环境，结群活动。每个群体都在水边有自己的领地，常在水中采食水草等食物，遭到敌害的攻击时能迅速潜入水中逃走。

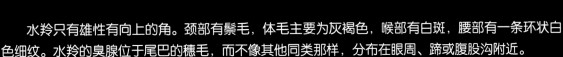

白纹牛羚
Damaliscus pygargus

鲸偶蹄目牛科
体长 140 ~ 160 厘米
分布于南非

　　白纹牛羚最明显的特征是天生一张"大白脸",堪比京剧中曹操的脸谱。由于它的吻鼻部很长,所以这个"白色块"显得非常夸张而有趣,所以也叫白脸牛羚。另外,在它的尾部也有一块白色的色斑,因而又叫白臀大羚羊。白纹牛羚身体轻巧、结实,颈部较短,仅雄性头上有一对长而弯曲的角,尾巴较短,末端有黑色簇毛。

　　白纹牛羚喜欢结群活动,性情温和,以草类等为食。四肢细长,蹄形尖细,前、后肢的第二、第五指(趾)都已经退化,很适合在草原上奔跑。

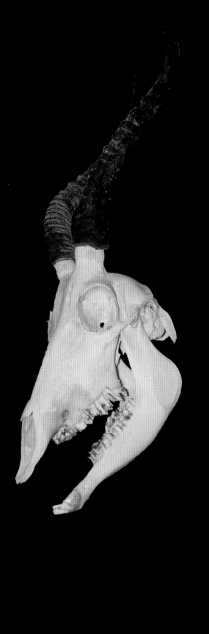

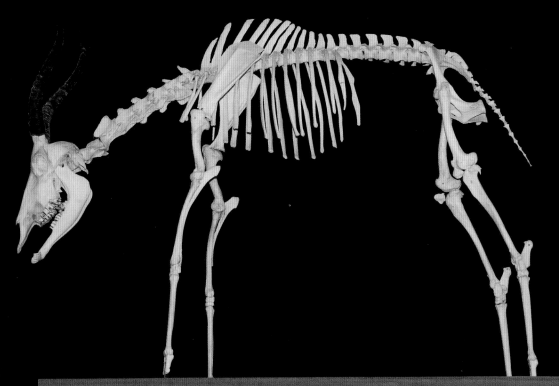

长角羚是体型粗壮的羚羊，身体主要为棕色，额前有一块黑斑。当然它最典型的特征还是长长的角，沿着脸呈直线延伸，并稍微向后弯曲。身体上有数条明显的黑色条纹，第一条窄纹从角的基部向下与鼻梁上的一块大黑斑连接在一起；第二条宽纹从眼睛扩展到颊部下面；第三条宽纹从耳朵通向喉部；第四条窄纹从喉部到胸部；第五条把腹侧和腹部的白色部分分开；最后一条位于背脊上。此外，在四肢上部也有一个宽的黑色环纹。尾部有黑色的簇毛。

长角羚栖息于较开阔的丛林和热带疏林草原地带，结群生活，性情好斗，以粗糙的草类及灌木的嫩枝、叶等为食。

白长角羚

Oryx dammah

鲸偶蹄目牛科

体长 150～190 厘米

分布于非洲

白长角羚也叫弯角大羚羊，雌雄均有像军刀一样的长角，向后剧烈弯曲，角上有许多横棱。颜面部狭长。头部、身体为白色，鼻部为黑色，额部中央、鼻梁以及眼睛的上方和下方各有大小不同的棕色斑块，颈、背为棕色。长尾巴的末端有暗褐色的簇毛。

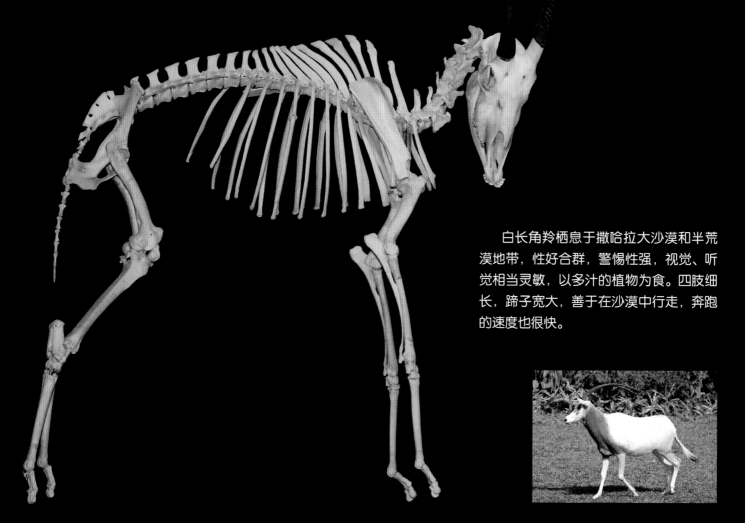

白长角羚栖息于撒哈拉大沙漠和半荒漠地带，性好合群，警惕性强，视觉、听觉相当灵敏，以多汁的植物为食。四肢细长，蹄子宽大，善于在沙漠中行走，奔跑的速度也很快。

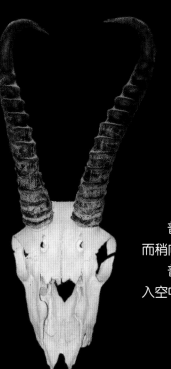

普氏原羚
Procapra przewa1skii

鲸偶蹄目牛科
体长 100 ~ 110 厘米
分布于中国西北地区

普氏原羚体型较小，尾巴很短。雄性长有一对具有环棱的黑色硬角，下半段粗壮，近角尖处显著内弯而稍向上，末端形成相对的钩曲，很有特色，所以也叫"中华对角羚"。

普氏原羚奔跑时像离弦的箭，姿势与众不同——将前肢与后肢分别并在一起，后肢用力后蹬，身体跃入空中，前肢前迈，着地时用力后撑，使身体在空中划出一道道波浪起伏的曲线，分外优美。

藏羚
Pantholops hodgsoni

鲸偶蹄目牛科
体长 117 ~ 146 厘米
分布于中国青海、新疆、四川、西藏及印度北部

藏羚头部宽而长，额头鼓出，又大又圆的眼眶显然指向前方，鼻骨短宽，尾巴较短，端部尖细。上下颌各有两对前臼齿，比其他同类每侧上下颌各缺少一枚。只有雄性有角，角形特殊，有20 多个明显的横棱，细长似鞭，乌黑发亮，从头顶几乎垂直向上，光滑的角尖稍微向内倾斜，非常漂亮。因为两只角长得十分匀称，由侧面远远望去，好像只有一只角，所以它又被称为"独角兽"或"一角兽"。

藏羚性情胆怯，多结小群活动，晨昏时到溪边觅食杂草等。四肢强健而匀称，蹄子侧扁而尖，能在空气稀薄的高原上奔跑。

藏原羚

Procapra picticaudata

鲸偶蹄目牛科

体长 84～96 厘米

分布于中国青藏高原及印度北部

藏原羚体型比黄羊和普氏原羚瘦小，耳朵狭而尖，四肢纤细，蹄子窄小。体毛以褐色，腹部白色，在阳光的强烈照射下，远看其色接近沙土黄色，因而有"西藏黄羊"之称。仅雄性具有细而较长的镰刀状角，双角自额部几乎平行向上升起，然后稍微向后弯曲，与黄羊和普氏原羚的角截然不同。角尖比较光滑，基部至 2/3 处有明显而完整的环状横棱。雄性臀部有纯白色的大块斑，周围被锈棕色环包。尾巴很短，几乎隐匿在毛中。

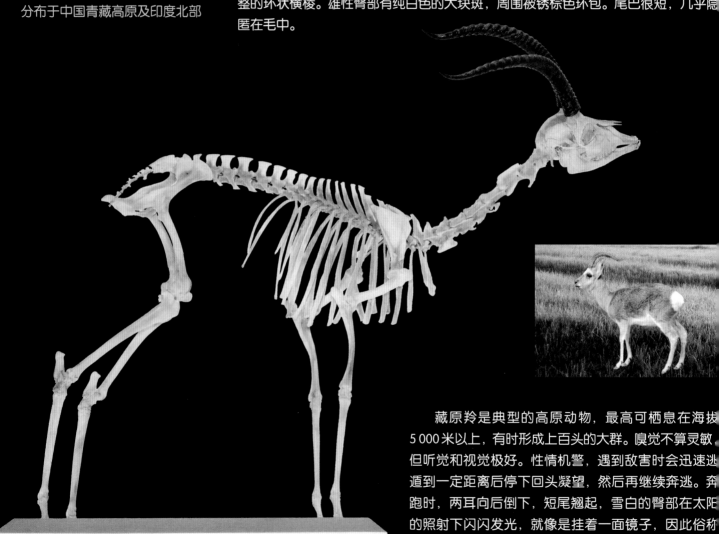

藏原羚是典型的高原动物，最高可栖息在海拔5 000米以上，有时形成上百头的大群。嗅觉不算灵敏，但听觉和视觉极好。性情机警，遇到敌害时会迅速逃遁到一定距离后停下回头凝望，然后再继续奔逃。奔跑时，两耳向后倒下，短尾翘起，雪白的臀部在太阳的照射下闪闪发光，就像是挂着一面镜子，因此俗称"镜面羊"。

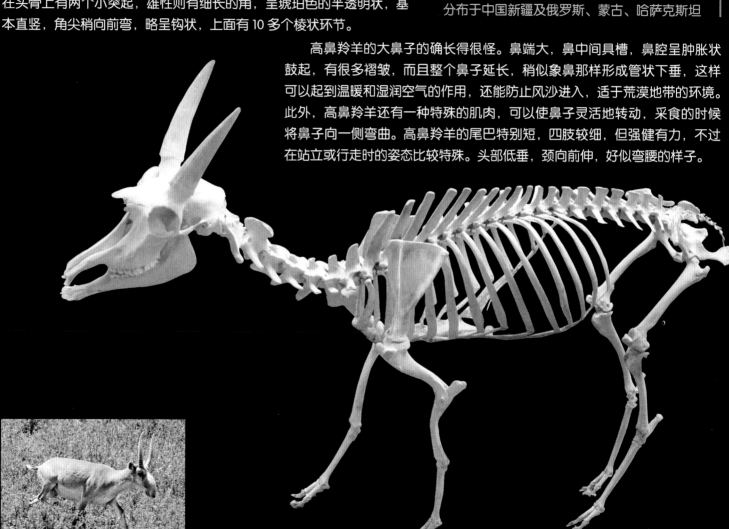

高鼻羚羊

Saiga tatarica

鲸偶蹄目牛科

体长 90 ~ 144 厘米

分布于中国新疆及俄罗斯、蒙古、哈萨克斯坦

高鼻羚羊又叫赛加羚羊。头大而粗，脸部较长，眼眶突出。雌性仅在头骨上有两个小突起，雄性则有细长的角，呈琥珀色的半透明状，基本直竖，角尖稍向前弯，略呈钩状，上面有 10 多个棱状环节。

高鼻羚羊的大鼻子的确长得很怪。鼻端大，鼻中间具槽，鼻腔呈肿胀状鼓起，有很多褶皱，而且整个鼻子延长，稍似象鼻那样形成管状下垂，这样可以起到温暖和湿润空气的作用，还能防止风沙进入，适于荒漠地带的环境。此外，高鼻羚羊还有一种特殊的肌肉，可以使鼻子灵活地转动，采食的时候将鼻子向一侧弯曲。高鼻羚羊的尾巴特别短，四肢较细，但强健有力，不过在站立或行走时的姿态比较特殊。头部低垂，颈向前伸，好似弯腰的样子。

扭角羚

Budorcas taxicolor

鲸偶蹄目牛科

体长 180 ~ 210 厘米

分布于中国西部及不丹、缅甸

　　扭角羚又叫羚牛，外形如牛，粗壮敦实，四肢强壮有力，中掌骨和中跖骨短胖，蹄子较宽大。头大颈粗，眼大而圆，吻部宽厚，头骨近锥形，眼眶甚为突出，鼻骨短而高隆，骨质密而坚实，鼻腔发达。顶骨、额骨间显著向上隆起，雌雄肥大的角即由此长出，基部至 2/3 处具宽厚的横棱，角尖光滑，从顶骨后边先弯向两侧，然后向后上方扭转，曲如弯弓，角尖向内，因此得名。

　　扭角羚喜欢群居，群体上下山坡时也很有特点，被人们称为"上山一条线，下山一盘散"，这样可以避免踏绊岩石翻滚，砸伤同伴。扭角羚有嗜盐的习性，而且大多定时定点到含盐碱的水塘边饮水。

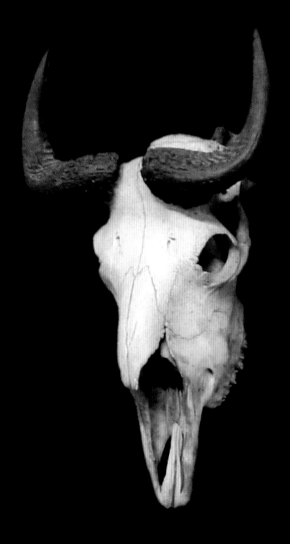

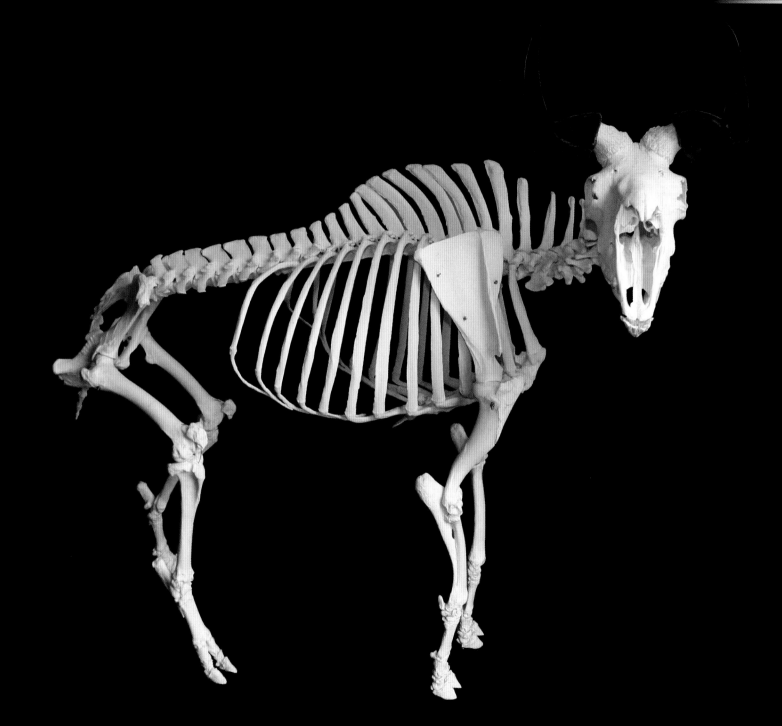

鬣羚

Capricornis sumatraensis

鲸偶蹄目牛科

体长 140 ~ 190 厘米

分布于中国南方及南亚、东南亚

　　鬣羚又叫苏门羚，体型较大。头形狭长，泪窝大而深，泪骨大，鼻骨粗短。雌雄均有短角，介于两耳之间，距离较远，形状较为简单，两角自额骨的后部长出后，平行而稍呈弧形往后伸展，角的横切面呈圆形，末端较尖，角的表面具有环状的棱及不规则的纵行沟纹，角尖处较为光滑。尾巴不长。

　　鬣羚喜欢早晨和傍晚出来在林中空地、林缘、沟谷一带觅食、饮水，极善于攀登和纵跃，能在最陡峭的悬崖绝壁之间行动自如，或在乱石溪谷之间跳跃如飞。这是因为它的四肢粗壮，强健有力，蹄子由两个紧密靠在一起的指（趾）组成，短而坚实，前端窄尖，后端宽阔，四周环以角质，中央为柔软的部分，就像一个吸盘，使其能够稳稳地站立或跳跃在陡岩之上。

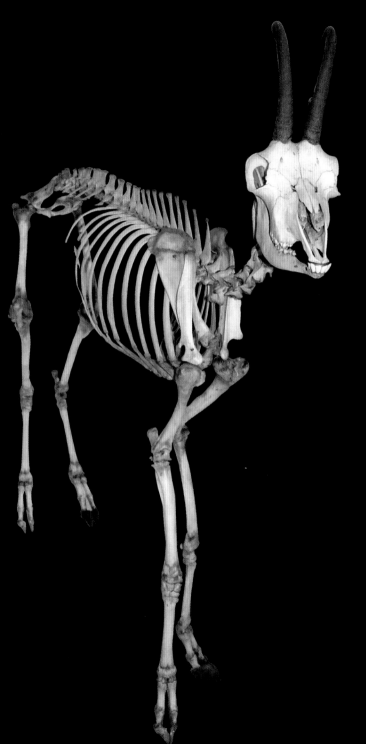

臆羚
Rupicapra rupicapra

鲸偶蹄目牛科
体长 110～130 厘米
分布于欧洲

　　臆羚也叫岩羚，最大的特点是角形奇特，尤其是雄性的角，生在头额顶端，两角间距很近，双角几乎垂直长出，角尖突然向后弯，形成一对钩形。雌性的角相对较短。头短，吻略尖，眼睛向左右突出，尾短。指（趾）间的臭腺有长形裂缝，无深凹的囊，与鬃羚、斑羚不同。

　　虽然生活在严寒地带的高山峭壁之间，但臆羚行动迅速，在雪地上跑得快，还有一身跳跃的好本领。臆羚的四肢强健，中掌骨和中跖骨细长，蹄子适于岩石地带的生活，蹄子的凹陷处和尖端部可紧贴岩石，能在手掌般大小的岩石上站立，还能跳下垂直的悬崖来逃避雪崩的威胁。

麝牛

Ovibos moschatus

鲸偶蹄目牛科

体长 180 ~ 250 厘米

分布于欧洲北部、北美洲北部

麝牛外形与牛类相似，角却不似牛角那样从头顶侧面长出，而是和羊角一样，是从头顶上长出的。臼齿窄小，也与羊类似，说明它是牛与羊之间的过渡类型动物。躯体敦实，身上的绒毛又厚又密，足以抗御任何寒气和湿气，而外面的一层粗长毛又适于防御雨雪和大风。尾很短，隐在长毛下面。雄性有巨大的角，是其争偶时互相冲撞的减震器。角的基部扁厚，由正中均分，贴着头骨向外侧生长。两角先向下弯曲，而后又向上挑起。雌性的角较为短小。

麝牛四肢短而强壮，蹄子宽大开阔，有趣的是左右蹄并不对称。蹄下生有白色的毛，能踏冰雪而不滑，还能用蹄刨雪，挖出一些干草和苔藓类为食。麝牛是群居性动物，能头朝外排成半圆形阵，以角向敌，进行自卫。

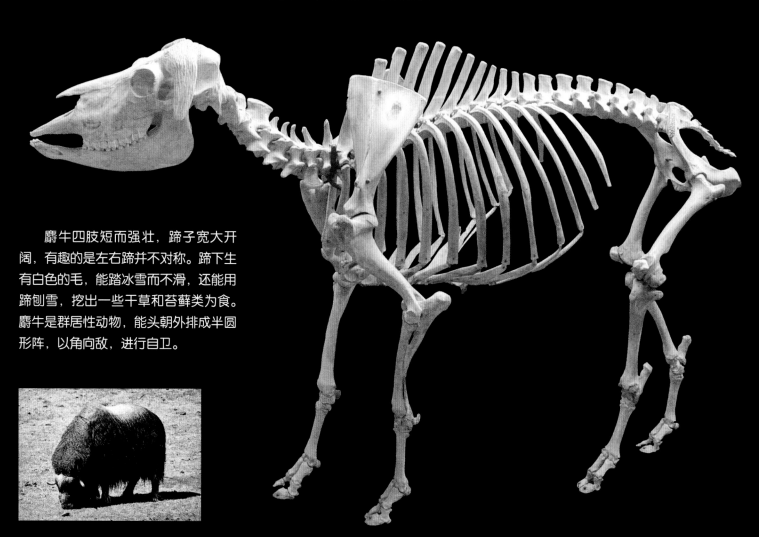

岩羊

Pseudois nayaur

鲸偶蹄目牛科

体长 120 ~ 140 厘米

分布于中国西部及尼泊尔、

克什米尔地区

岩羊头部长而狭，眼眶伸向侧面。雌雄都有角。雄性的角基部扁，往上逐渐变得尖细，先向上，再向两侧分开外展，然后在一半处稍向后弯，角尖略微偏向上方，整个角的表面都比较光滑，角基略有一些粗而模糊的横棱，横切面为圆形或钝三角形，而且特别粗大，显得十分雄伟。雌性的角很短。

岩羊有较强的耐寒性，主要以高山荒漠植物的枝和叶为食，善于攀登，受惊时能在乱石间迅速跳跃，并攀上险峻陡峭的山崖。

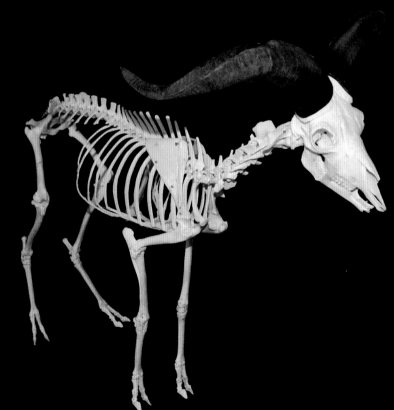

北山羊

Capra ibex

鲸偶蹄目牛科

体长 105 ~ 150 厘米

分布于中国西北地区及印度北部、
阿富汗、蒙古

北山羊头颅顶部甚为凸起，额部平坦而略倾斜。雌雄都有角，雄性的角极为发达，与众不同，长度可达 100 厘米左右。角的形状为前宽后窄，横剖面近似三角形。前面有大而明显的横嵴，虽然并不盘旋，但弯度一般也达到半圈乃至 2/3 圈，就像两把弯刀倒插长在头上，真是威风凛凛，别具一格。

北山羊以各种杂草为食，喜欢成群活动，警惕性极高。四肢稍短，显得比较粗壮，蹄子狭窄却极为坚实，非常适合攀登和跳跃，能够自如地在险峻的乱石之间纵情奔驰，也能从容不迫地爬上悬崖峭壁。

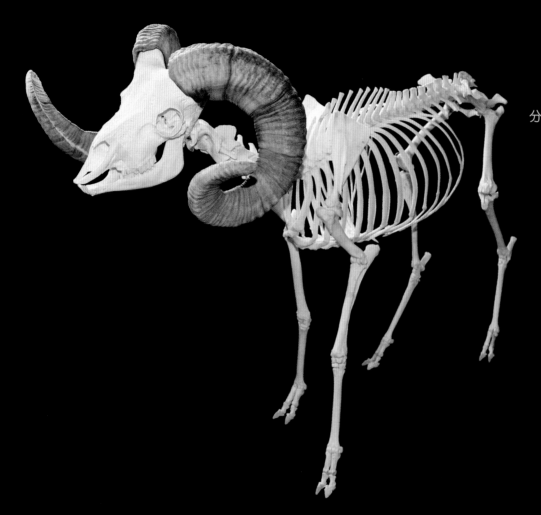

盘羊
Ovis ammon

鲸偶蹄目牛科

体长 130 ~ 160 厘米

分布于中国西部及印度北部、蒙古、中亚

  盘羊头骨从上面看为钝角三角形，眼眶突出，吻部较短，鼻骨亦短，臼齿窄小。雌雄均有角，雄性的两角略微向外侧后上方延伸，随即再向下方及前方弯转，角尖最后又微微往外上方卷曲，故形成明显的螺旋状角形，有的盘曲程度甚至超过 360°。基部一段特别粗大而稍呈浑圆状，角尖段则又呈刀片状，外侧有明显的环棱。雌性的角短小而细，弯度不大，形似镰刀状。

  盘羊平时结小群活动，食物以高山植物的嫩枝、叶等为主。四肢稍显短小，但善于攀登。性情十分机警、温和而胆小，稍有异常动静，便用前蹄敲打地面通知同伴，然后迅速逃遁。

加拿大盘羊
Ovis canadensis

鲸偶蹄目牛科

体长 137～163 厘米

分布于北美洲、俄罗斯东部

加拿大盘羊身体粗壮，头大，颈粗，雄性有一对盘旋生长的、借以显示力量和地位的肥大巨角。前面外缘的缘沟清晰可见，内缘呈圆形，边缘不像盘羊那样明显，角尖部分钝，一般长度可达 150 厘米，因此也叫大角羊。有的个体角的顶端是破裂的，这是它勇敢战斗之后留下的痕迹。雌性也有角，但小而直。

加拿大盘羊栖息于干燥、多岩、树木稀疏的山坡上，以草类、树芽、树叶、地下茎、根以及地衣类等为食，喜欢结成大群，有时多达 50 只一起生活，但夏季时雌雄通常分开，雌性与幼仔在一起，秋季时雄性才回到群体中。

山羊身体较狭，头长，面部平直，颈短，左右顶骨通常愈合在一起，并收拢在颅腔的后部到角心的下端。雄性的角较发达，向上向后呈倒"八"字形，并且呈镰刀状弯曲，有锐利的尖。两角的基部距离较窄，角的断面呈扁三角形。连着额骨和顶骨的冠状缝走向呈一条相对的直线，人字缝走向通常呈曲线，过左右颞线折向前方。下颌部生有颌须，俗称山羊胡子。尾巴一般短而上翘。

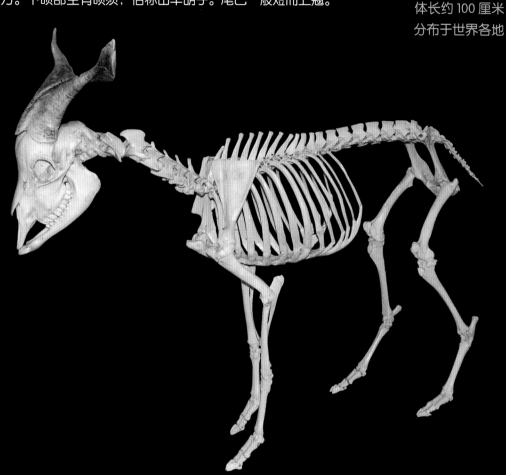

山羊
Capra hircus
鲸偶蹄目牛科
体长约 100 厘米
分布于世界各地

山羊性情活泼，反应灵敏，行动敏捷，喜欢登高，可以爬树，也可以爬上非常陡峭的山崖。山羊的蹄子上有柔软的肉垫可以吸附在岩石上，就像真空抽气垫一样，而"悬蹄"就像碎冰锥一样可以防止下滑。山羊具有耐热、耐寒、耐旱、耐湿的特性，采食能力比绵羊强，可以扒开地面积雪寻找草吃，还能扒食草根、

长须鲸

Balaenoptera physalus

鲸偶蹄目须鲸科

体长 20 ~ 26 米

分布于世界各大海洋

　　长须鲸名不虚传，口内每侧有长长的须板 260 ~ 470 枚，最长的可达 70 ~ 90 厘米。身体呈纺锤形，头骨扁平，上颌骨较长，鼻骨小而凹陷，胸骨为"T"形，肩胛骨呈斧状，腰痕骨如拐状。背鳍小，位于肛门正上方的背部。尾鳍较宽，呈扇形，后缘为锯齿状。鳍肢较小，末端尖，具四指。喷气孔有两个，位于眼睛前面一点的背中线上。背部为黑褐色，向腹面逐渐无规则地过渡为纯白色。

　　长须鲸单独或结群活动，游泳的速度较为缓慢。食物主要是磷虾类、糠虾类、桡足类等小型甲壳动物，也吃鲱鱼、秋刀鱼、带鱼等群游性鱼类和乌贼等。

布氏鲸
Balaenoptera edeni

鲸偶蹄目须鲸科
体长 12 ~ 13 米
分布于世界各大海洋

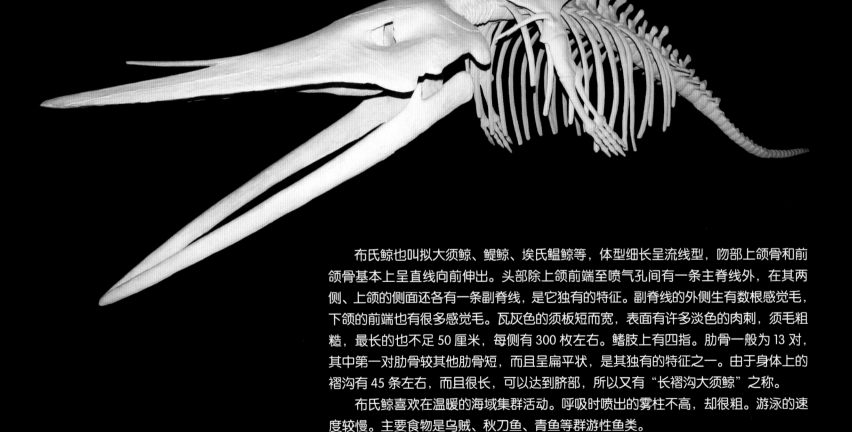

　　布氏鲸也叫拟大须鲸、鳀鲸、埃氏鳁鲸等，体型细长呈流线型，吻部上颌骨和前颌骨基本上呈直线向前伸出。头部除上颌前端至喷气孔间有一条主脊线外，在其两侧、上颌的侧面还各有一条副脊线，是它独有的特征。副脊线的外侧生有数根感觉毛，下颌的前端也有很多感觉毛。瓦灰色的须板短而宽，表面有许多淡色的肉刺，须毛粗糙，最长的也不足 50 厘米，每侧有 300 枚左右。鳍肢上有四指。肋骨一般为 13 对，其中第一对肋骨较其他肋骨短，而且呈扁平状，是其独有的特征之一。由于身体上的褶沟有 45 条左右，而且很长，可以达到脐部，所以又有"长褶沟大须鲸"之称。

　　布氏鲸喜欢在温暖的海域集群活动。呼吸时喷出的雾柱不高，却很粗。游泳的速度较慢。主要食物是乌贼、秋刀鱼、青鱼等群游性鱼类。

白鳍豚

Lipotes vexillifer

鲸偶蹄目白鳍豚科

体长 190 ~ 248 厘米

分布于中国长江及其支流和湖泊

　　白鳍豚也叫白暨豚、扬子江豚，体态矫健而优美。额骨与鼻骨愈合，在鼻孔的后方形成一个粗大的骨质圆形隆起，称为"额隆"。上下颌延伸形成狭长的吻，前端微向上翘，每侧密排 30 ~ 36 枚圆锥形的同型牙齿。前肢为鳍肢，与三角形的背鳍一起保持身体的平衡。后肢退化，尾部末端左右平展，分成两叶，呈新月形，靠尾部的上下摆动推动身体游泳前进。

　　白鳍豚的眼睛已经退化为绿豆粒一般大小，耳朵也只有一个针眼大小，外耳道已经消失，嗅觉也已退化。在水中联系同类、趋避敌害、识别物体、探测食物等，完全依靠发出的声纳信号。

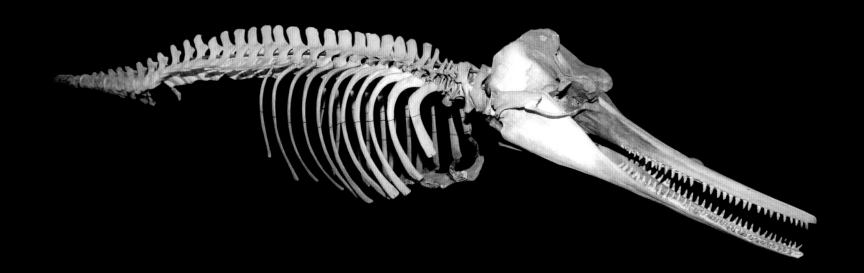

江豚
Neophocaena asiaeorientalis

鲸偶蹄目鼠海豚科
体长 120～190 厘米
分布于中国长江等河流及沿海

　　江豚头部较短，近似圆形。额部稍微向前凸出，吻部短而阔，头骨略似梨形。骨质轻，像鸟类的头骨一样愈合紧密，左右两侧不对称，明显向左倾斜。左侧上颌骨长于右侧，而右侧后端的宽度大于左侧。前 5 个颈椎愈合，肋骨通常为 14 对。背脊上没有背鳍，仅有皮肤隆起。鳍肢较大，呈镰刀状，基部略宽，末端尖，具五指。尾鳍较大，分为左右两叶，呈水平状。

　　江豚的牙齿短小而有力，左右侧扁呈铲形，略向内侧倾斜。主要以鱼类、虾、乌贼等为食，通常栖于咸淡水交界的海域，也在淡水中生活，喜欢单只或结小群活动。性情活泼，常在水中不停地翻滚、点头、喷水、突然转向等，偶尔全身跃出水面。

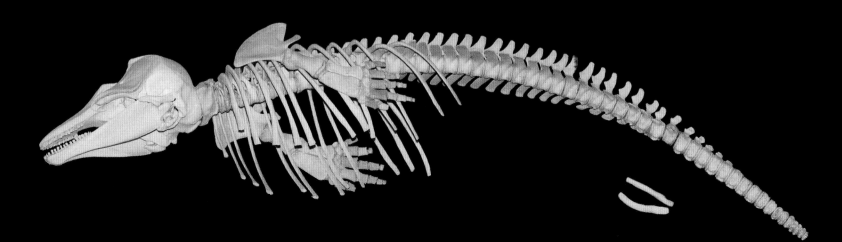

宽吻海豚

Tursiops truncatus

鲸偶蹄目海豚科

体长 250 ~ 370 厘米

分布于大西洋、太平洋、印度洋

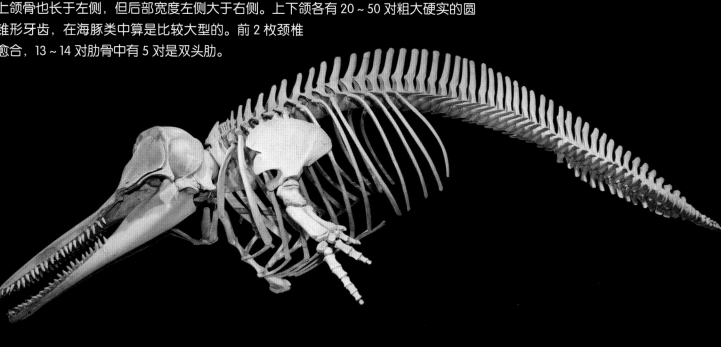

　　宽吻海豚也叫瓶鼻海豚，喙比较长，额部像棒球帽一样隆起，背鳍为三角形，略微后屈，鳍肢的位置很靠前。颅骨左右不对称，右前颌骨长于左侧，也宽于左侧，右上颌骨也长于左侧，但后部宽度左侧大于右侧。上下颌各有 20 ~ 50 对粗大硬实的圆锥形牙齿，在海豚类中算是比较大型的。前 2 枚颈椎愈合，13 ~ 14 对肋骨中有 5 对是双头肋。

　　宽吻海豚是最聪明的动物之一，脑容量甚至比人类还要大。在它的回声定位系统中，信号通过隆起的额部聚焦和定向，返回的信号被下颌和牙齿上的"接收器"收集。宽吻海豚常在靠近陆地的浅海地带活动，较少游向远海，喜欢群居，主要以鱼类为食。常跃出水面数米高，特别是在暴风雨到来之前更为频繁。

真海豚
Delphinus delphis
鲸偶蹄目海豚科
体长 200～220 厘米
分布于大西洋、太平洋、印度洋

真海豚也叫普通海豚，身体呈纺锤形。喙细长，上、下颌的左右两侧各有 40～65 枚小而尖的牙齿，直径只有 3 毫米左右。颅骨从背面看左右不对称，明显向左偏斜。额部的隆起不如其他海豚类明显，额与喙的交界处有明显的沟状缢缩。背鳍为三角形，中等大小，上端尖，略呈镰状向后屈。鳍肢也是三角形，末端较尖，具五指。前 2 个颈椎愈合，14 对肋骨中的前 4～5 对是双头肋，胸骨由 4 节构成。

真海豚常以数十只或几百只为群，眷恋性很强，行动敏捷。以鱼类和乌贼为食，特别是群游性鱼类。追逐鱼群时常在水面上做频繁的起伏，并不时跃出水面，有时尾随在渔船、轮船的后面，或者在船头的波浪中随波荡漾。

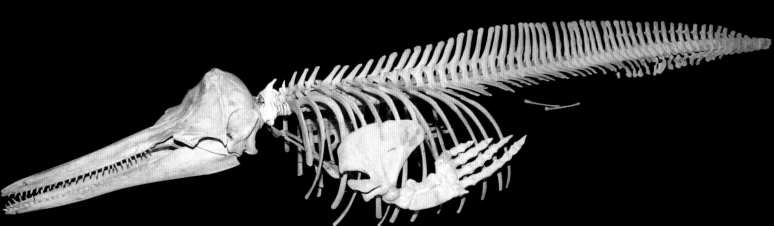

中华白海豚

Sousa chinensis

鲸偶蹄目海豚科

体长 220 ~ 250 厘米

分布于太平洋、印度洋沿海海域

中华白海豚身体浑圆，拥有短小的背鳍、细而圆的胸鳍和匀称的三角形尾鳍。喙狭，尖而长，与额部之间被一道"V"形沟明显地隔开。左右额骨在颅顶中部会合处形成突起，并与鼻骨共同高出上枕骨，为脑颅的最高点。脊椎骨相对较少，椎体较长，第一、第二枚颈椎愈合，肋骨为 12 ~ 13 对，腰痕骨为一对小型长扁棒状骨，略弯曲，不等长。鳍肢上具五指。

中华白海豚上、下颌的每侧有 29 ~ 36 枚圆锥形的牙齿，一般上颌齿稍多，但比下颌齿略小。齿列稀疏，主要以鱼类为食。具有强烈的家族依恋性，性情活泼，惹人喜爱，常数只一起在水面附近嬉戏，有时甚至跃出水面，因此被选为 1997 年香港回归庆祝活动的吉祥物。

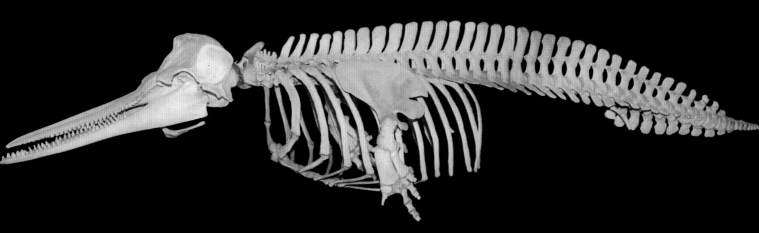

虎鲸
Orcinus orca

鲸偶蹄目海豚科
体长 600 ~ 1000 厘米
分布于世界各大海洋

　　虎鲸是大型齿鲸，也是最凶猛的海兽，因此又有恶鲸、杀鲸、凶手鲸等称谓。虎鲸的身体强壮而有力，头骨粗大而结实，吻部宽，从吻端向后倾斜，嘴很大，上下颌上共有大约 50 枚圆锥形的牙齿，大而有力，可以咬住和撕裂食物。前肢变为一对鳍，很发达，后肢退化消失。高耸于背部中央的强大的三角形背鳍十分显眼，很像是倒竖的矛，既是进攻的武器，又可以起到舵的作用，因此它也被称为逆戟鲸。

　　虎鲸猎食的对象很多，主要是各种海兽类，如海豚、海豹、海狮、海狗、海象等。此外还有企鹅、乌贼和各种海洋鱼类，甚至连体型巨大的灰鲸也常受到它的攻击。

伪虎鲸

Pseudorca crassidens

鲸偶蹄目海豚科

体长 330～600 厘米

分布于世界各大海洋

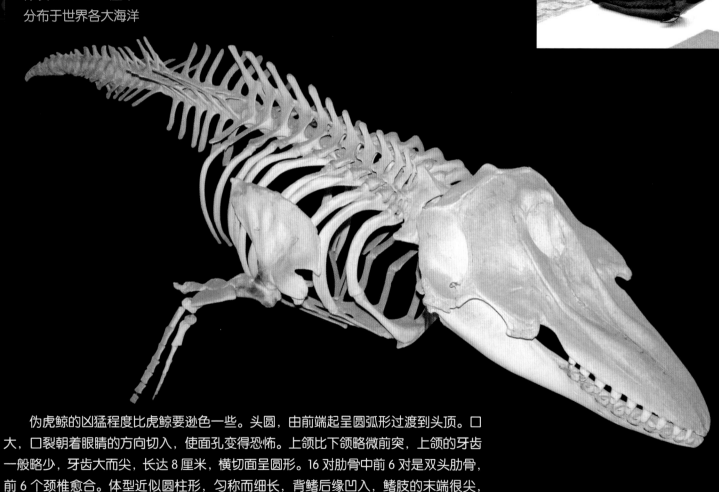

　　伪虎鲸的凶猛程度比虎鲸要逊色一些。头圆，由前端起呈圆弧形过渡到头顶。口大，口裂朝着眼睛的方向切入，使面孔变得恐怖。上颌比下颌略微前突，上颌的牙齿一般略少，牙齿大而尖，长达 8 厘米，横切面呈圆形。16 对肋骨中前 6 对是双头肋骨，前 6 个颈椎愈合。体型近似圆柱形，匀称而细长，背鳍后缘凹入，鳍肢的末端很尖，后缘通常有两个突出部，尾鳍较宽。

　　伪虎鲸喜欢集群，主要以乌贼为食，也吃各种鱼类，有时为了追逐鱼群而进入内湾。在世界的不少地方，常发现有成群伪虎鲸搁浅而"集体自杀"的事例。

抹香鲸

Physeter macrocephalus

鲸偶蹄目抹香鲸科

体长 13 ~ 23 米

分布于世界各大海洋

　　抹香鲸是最大的齿鲸，性情十分凶猛，食量极大。抹香鲸头重尾轻，头部占身体的 1/3，像一只巨大的蝌蚪，又像一个大棺材，所以又叫"棺材头鲸"。上颌骨沿中线凸起，状如船底的龙骨。下颌骨如"Y"形，细而薄，前窄后宽，与上颌相比，极不相称。颅顶凹陷，上颌骨及额骨与颞骨均向里凹，形成一个大槽，里面储存着鲸蜡，使头顶隆起，可减轻身体比重，增加浮力。

　　抹香鲸的头骨和牙齿同样很奇特，左右不对称，但还算强而有力。上颌无齿或仅有 10 ~ 16 枚退化的齿痕，还有一些被下颌的牙齿"刺出"的深洞。下颌窄而长，有 20 ~ 28 对圆锥形的狭长大齿，每枚齿的直径可达 10 厘米，长约 20 厘米。"S"形的喷水孔开在头的前端左侧，雾柱以 45°角向左前方喷出。第二至第七枚颈椎愈合。没有背鳍，鳍肢也不长，但尾鳍比较大，腰带中还残留有骨化的大腿骨的痕迹。

瘤齿喙鲸

Mesoplodon densirostris

鲸偶蹄目喙鲸科

体长 450 ~ 473 厘米

分布于世界各大海洋

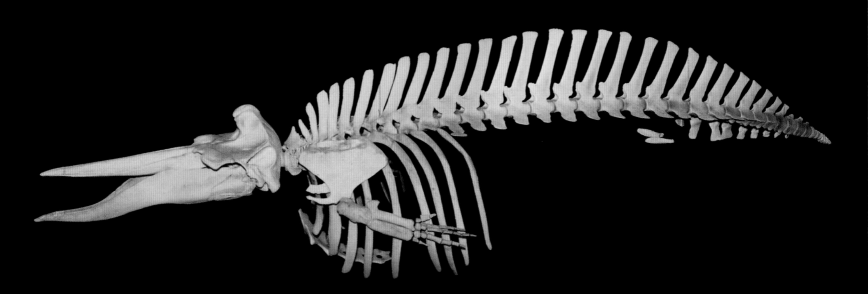

　　瘤齿喙鲸也叫布氏长喙鲸、柏氏中喙鲸等，身体呈纺锤形，左右侧扁，体高大于体宽，身体中部最粗。背鳍呈高三角形，位于身体中部的略后方，上端尖而向后屈。鳍肢不大，狭而尖，具五指。尾鳍后缘中央分叉点的缺刻不明显。头骨形状特殊，左右不对称，前 3 个颈椎愈合，第七颈椎上附有颈肋，11 对肋骨中前 7 对是双头肋，胸骨由 5 节构成，"V" 形骨通常为 10 个。

　　瘤齿喙鲸的喙部向前伸出，极为细长，下颌略微前突于上颌，上颌无齿，下颌齿位于中部，呈扁平形。牙齿大部分都埋在齿龈中，仅有 1 ~ 1.5 厘米露出在齿龈的外面。在下颌骨上有一对齿槽，其中各有一枚大齿。这个齿槽是一个特殊的骨质大隆起，看起来像个瘤子。雄性的尤为显著，也是它的重要特征之一，并因此得名。

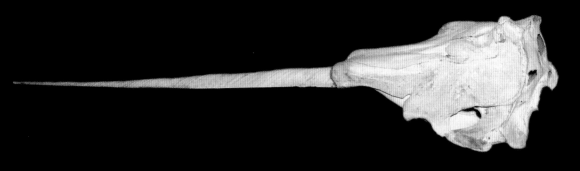

一角鲸
Monodon monoceros

鲸偶蹄目一角鲸科
体长 360 ~ 500 厘米
分布于北冰洋及附近海域

一角鲸也叫独角鲸，外形很怪异，跟其他鲸类有很大的不同。一角鲸头圆口狭，鳍肢很小，没有背鳍。最奇特的是虽然在胚胎期上下颌有 16 枚牙齿，但成年后却退化消失了，只有 2 枚上颌门齿保留下来。其中雄性的左上颌门齿发育完全，并穿过上唇，按逆时针方向呈螺旋形向前伸出生长，形成长角状的尖齿，足足有体长的一半左右，最长可达 2.7 米。这个动物中最长的牙齿突出在前面，仿佛头上的一只"怪角"，因此得名。

一角鲸的身体呈纺锤形，习惯成群结队地出没，以乌贼、鱼、虾、蟹等为食。"怪角"的齿根深入头骨内达 20 ~ 30 厘米，是雄性之间争夺雌性的一种装饰物，但也可以用来破冰，或用于在海底觅食，还可以具有从牙端辐射出声音来驱逐对手、提供水中气味和温度的信息等功能。

NIAO LEI

鸟 类

  鸟类身体呈纺锤形，躯干紧密坚实，体外被覆羽毛，前肢为翼，后肢强大，尾退化。骨骼轻而坚固，骨骼内具有充满气体的腔隙，如同泡沫海绵一样。头骨、脊柱、骨盆和肢骨的骨块有愈合现象，所以骨骼的数量变少，而且肢骨与带骨都有较大的变形。

  头骨各骨块间的骨缝在成鸟的颅骨已愈合为一个整体，上下颌骨极度前伸，构成鸟喙，外具角质鞘，是鸟类的取食器官。现代鸟类均无牙齿，这也是减轻体重、适于飞行的需要。

  由于脑颅和视觉器官的高度发达，因而颅腔、眼眶膨大，头骨顶部呈圆拱形。左右锁骨以及退化的间锁骨在腹中线处愈合成"V"形的叉骨，这个鸟类特有的结构具有弹性，在翅膀剧烈扇动时可避免左右肩带（主要是乌喙骨）碰撞。胸骨有一根深的龙骨突，成为强大飞翔肌的附着面。

  手部骨骼（腕骨、掌骨和指骨）的愈合或消失，使翼的骨骼构成一个整体，支持着翅膀的羽毛，各骨骼之间的关节失去了其他动物所具有的外旋及内转能力，只具有张翅及折翅的单向运动，成为一种有利于扇翅而且省力的功能适应。后肢腓骨退化，胫骨长而强健，因而后肢的运动是在前后的轴线上进行，缺乏足部的外旋和内转能力；简化成单一的胫跗骨及跗跖骨，使腿部的运动关节简化，增加了起飞和降落时的弹性。大多数鸟类均具四趾，拇趾向后，以适应栖树握枝。

  腰带愈合成薄而完整的骨架，耻骨退化，而且左右坐骨、耻骨不在腹中线处汇合，而是一起向侧后方伸展，形成"开放式骨盆"，这样不仅使后肢得到强有力的支持，在站立时的重心落在双脚上，而且很适合它们产大型硬壳卵的习性。

隆鸟

Aepyornis maximus

隆鸟目象鸟科

体长 400～480 厘米

曾分布于非洲马达加斯加岛

　　隆鸟又叫象鸟，称得上世界第一大鸟。身体笨重，脖子很长，脑袋很小，喙较圆钝。前肢已经退化，只留有很小的翅膀，胸骨上没有龙骨突，但粗壮的大腿则十分有力，有三趾，均具爪，因此是一种善于奔跑而不会飞的巨鸟。

　　隆鸟性情温顺，以植物果实、叶子等为食。卵径足有 30 厘米，质量相当于 7 个鸵鸟卵或 200 多个鸡蛋。

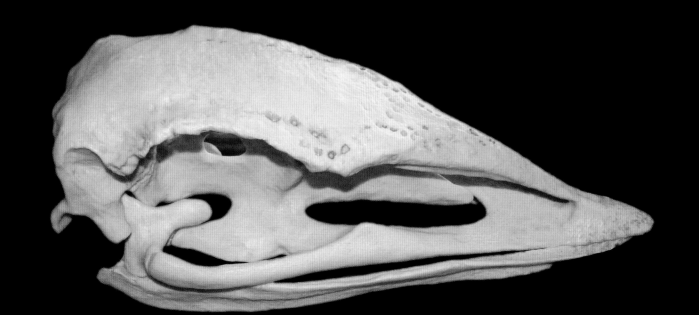

非洲鸵鸟
Struthio camelus

鸵鸟目鸵鸟科
体长 183 ~ 300 厘米
分布于非洲

　　非洲鸵鸟是世界上最大的现生鸟类。细长的脖颈上支撑着一个很小的头部，上面有短而扁平的喙。躯干粗短，胸骨扁平，没有龙骨突，有一对显得与身体很不相称的短翅膀，已经退化，每个尾椎骨都呈分离状。

　　非洲鸵鸟无毛的腿很长，十分粗壮，是唯一具有两个趾的鸟类，是鸟类中趾数最少的，而且两个趾并不一样大，其中第三趾强大而且具爪，第四趾小而无爪，趾的下面有角质的肉垫，富有弹性并能隔热，特别适合在沙地中疾速奔跑和跨越障碍物，愤怒时还能踢向敌害，与当地生活的食草哺乳动物的蹄子有异曲同工之妙。

大美洲鸵
Rhea americana

美洲鸵鸟目美洲鸵鸟科
体长 80～132 厘米
分布于南美洲

大美洲鸵是美洲大陆上最大的鸟类。有较小的头部、细长的脖颈、弧形的背脊、徒有其名的翅膀和长长的腿，因此体型略显纤细。头骨有宽阔的犁骨，喙硬直、扁平，而且较短，上面有明显的沟槽。翅膀上的羽毛长而大，但也不能飞行。

大美洲鸵的大腿上有羽毛，跗跖和脚均为灰白色，跗跖前面为盾状鳞，脚上有 3 枚向前的趾，即第二、第三和第四趾，适合在大草原上奔跑，也能游泳。大美洲鸵喜欢结群生活，主要食物是鲜嫩树叶、种子、果实、杂草等，也吃一些昆虫。

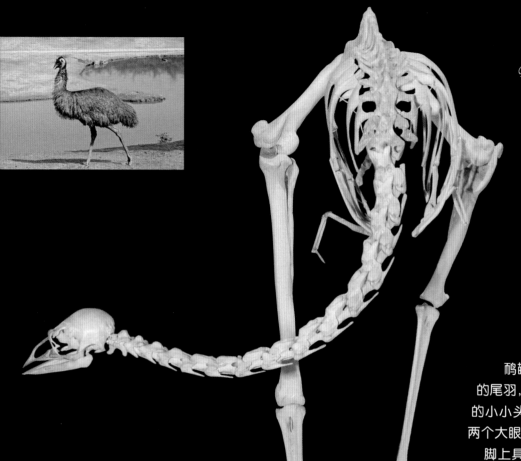

鸸鹋
Dromaius novaehollandiae

鹤鸵目鸸鹋科
体长 139 ~ 190 厘米
分布于澳大利亚

鸸鹋身材高大，双翅退化，没有明显的尾羽，不会飞翔。它那和身子很不相称的小小头部，就像是由一个黑色的短喙和两个大眼睛所组成。腿粗壮，跗跖部很长，脚上具三趾，后趾消失。鸸鹋极善于奔跑，耐力很好，还是游泳能手。

鸸鹋的叫声似"而喵而喵……"，因而得名。在澳大利亚的国徽上，它的图案与袋鼠并列。主要吃野果、树叶、杂草等，也啄食昆虫。常结小群生活，喜欢在开阔草原、疏林中悠闲地走动。

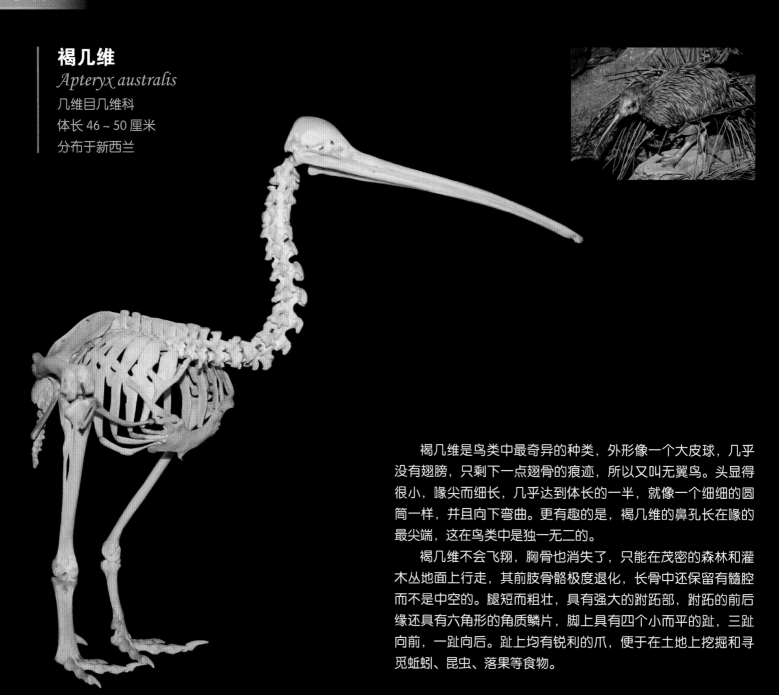

褐几维

Apteryx australis

几维目几维科

体长 46 ~ 50 厘米

分布于新西兰

褐几维是鸟类中最奇异的种类，外形像一个大皮球，几乎没有翅膀，只剩下一点翅骨的痕迹，所以又叫无翼鸟。头显得很小，喙尖而细长，几乎达到体长的一半，就像一个细细的圆筒一样，并且向下弯曲。更有趣的是，褐几维的鼻孔长在喙的最尖端，这在鸟类中是独一无二的。

褐几维不会飞翔，胸骨也消失了，只能在茂密的森林和灌木丛地面上行走，其前肢骨骼极度退化，长骨中还保留有髓腔而不是中空的。腿短而粗壮，具有强大的跗跖部，跗跖的前后缘还具有六角形的角质鳞片，脚上具有四个小而平的趾，三趾向前，一趾向后。趾上均有锐利的爪，便于在土地上挖掘和寻觅蚯蚓、昆虫、落果等食物。

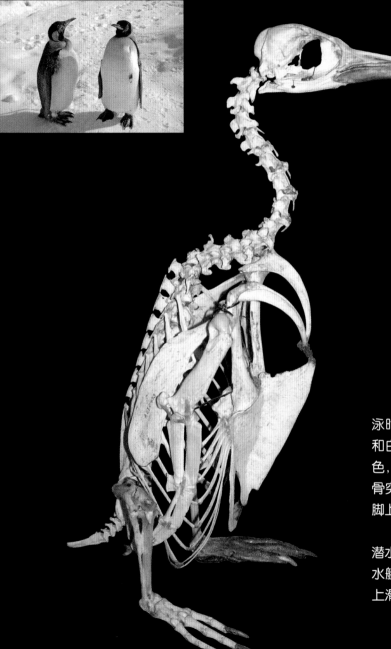

王企鹅

Aptenodytes patagonica

企鹅目企鹅科

体长约 115 厘米

分布于南极附近岛屿

　　王企鹅是体型最大的企鹅，拥有流线型的头与喙，使得游泳时的阻力很小。头部为黑蓝色，两侧近耳处各有一个黄色和白色的斑块，身体背部主要为淡蓝灰色，腹面大部分为白色，上胸部略带黄色。骨骼沉重而不充气，胸骨有发达的龙骨突，长而坚固。尾羽很短。脚位于身体后部，跗跖短而宽，脚上具四趾，前三趾向前并具蹼，后趾小而短，无蹼。

　　王企鹅的前肢为鳍状肢，没有飞翔能力，但善于游泳和潜水，在捕猎时会潜到水下 200 米的深处，堪称鸟类中的"潜水艇"。虽然它在陆地上走路摇摇摆摆，但能将腹部贴在冰面上滑行。食物主要是各种鱼类、软体动物和甲壳动物等。

帝企鹅

Aptenodytes forsteri

企鹅目企鹅科

体长约 95 厘米

分布于南极洲

　　帝企鹅也叫皇企鹅，体型仅比王企鹅略小。喙尖锐，强而有力，稍向下曲，喙端有明显的钩状伸出，上喙由3~5个角质片组成。骨骼坚固而致密，适合潜水的生活。头部为棕黑色，两侧近耳处各有一个鲜艳的橙色斑块，身体背面为银灰色带有黑色，腹面大部分为白色，上胸部略带黄色。尾羽很短。脚为深灰色，趾间有蹼，游泳时可以起到舵的作用。

　　帝企鹅喜欢结群活动，常常昂首挺胸，站立在岸边的岩石上，犹如翘首企盼，等待远方的客人，因此得名。它能在岩石上跳跃般行走，有时也利用喙和鳍脚在岩石上爬行，在水中则由鳍状前肢将身体快速地向前推进。遇到危险时，它立即俯身卧在冰上或雪地上，用足和鳍状肢支撑地面，连滚带爬，显得十分可笑。

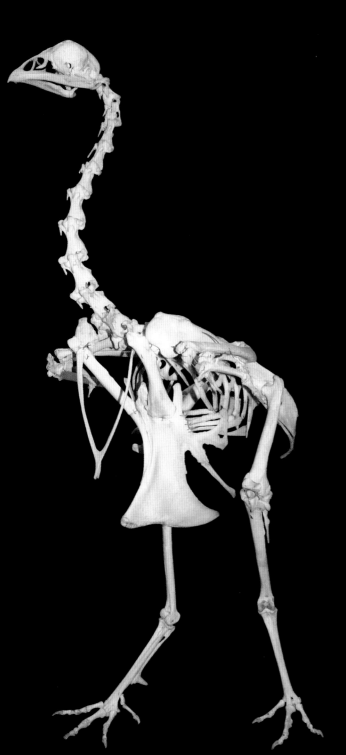

吐绶鸡

Meleagris gallopavo

鸡形目吐绶鸡科

体长 90 ~ 100 厘米

分布于北美洲

　　吐绶鸡又叫火鸡，外貌独特，体躯高大、雄壮。头、颈裸露，鼻孔上部长有肉锥，头顶生皮瘤，可伸缩自如，因此得名。皮瘤一般为浅蓝色，激动时肉锥变小，皮瘤变成赤红色。另外，它在颈部也生有珊瑚状的皮瘤，且常因情绪激动变成红、蓝、紫、白等多种色彩，故又被称为七面鸟、七面鸡。体羽从乳白色到褐黑色，闪耀多种颜色的金属光泽。雄鸟有距，胸前有须毛束，尾羽发达，兴奋时展成扇形，颇有孔雀开屏的风采。

　　吐绶鸡擅长在陆地上奔跑，但不善于在高空中飞翔。以植物的茎、叶、种子和果实等为食，也吃昆虫等。吐绶鸡是在墨西哥瓦哈卡首先驯化成家禽的，时间大约相当于欧洲的新石器时代（约公元前5000 年）。

白鹇

Lophura nycthemera

鸡形目雉科

体长 52 ~ 113 厘米

分布于中国南方及缅甸、泰国

　　白鹇又叫银雉，雄鸟和雌鸟羽色相差较大。雌鸟主要是橄榄褐色，而雄鸟素羽似雪，神清貌闲，举止飘洒，所以得名，被认为是鸟中的"闲客"。白鹇的身体和呈屋脊状的长尾羽都是在洁白的衬底上密布着细细的涟漪状"V"形黑纹，而且黑纹越向后越小，逐渐消失，犹如一位能工巧匠在银锭上雕刻而成。

　　白鹇属于地栖为主的杂食性鸟类，喙很坚强，大小适中。短而圆的翅膀比较适合逃生时的突然起飞，上冲力量十分强大，却不能持久飞行。强壮的跗跖上，雄鸟有尖锐的长距，雌鸟偶而也有距。求偶炫耀时，雄鸟常在雌鸟近旁做快速连续不断的下蹲、站起动作或伸展双翅做高频率、小幅度的激烈振翅动作，称为"打蓬"。

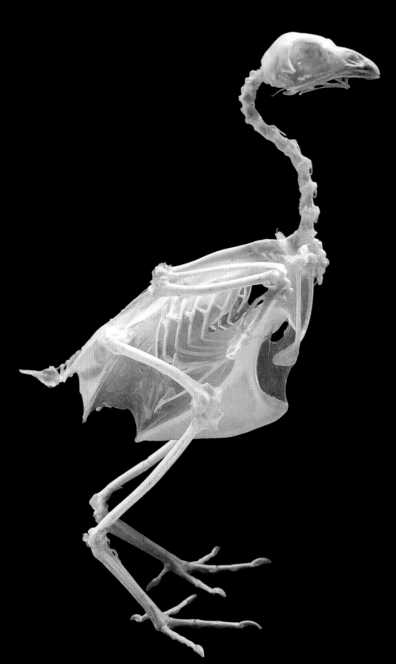

白冠长尾雉

Syrmaticus reevesii

鸡形目雉科
体长 56～200 厘米
分布于中国华北、西北、华中、西南地区

　　白冠长尾雉雄鸟的羽色不凡，眼圈、额、颊、眉纹、耳羽和枕羽都是黑色，互相连接，成为环状，围着头颈，使头顶的白色羽毛犹如一顶别致的小帽。背部主要是金黄色，夹着细密而狭窄的黑色斑纹。最独特的是中央一对尾羽，形宽而超长，长达1～1.6米，生有许多稍弯曲的黑色和栗色并列的显著横斑，真是名不虚传。

　　白冠长尾雉单独或集小群活动，生活于林地、灌丛和箭竹混杂的山坡上，以植物的幼根、竹笋和昆虫等为食，生性机警而胆怯。翅膀较大，跗跖长而强，雄鸟还有尖的距，善于奔跑和短距离飞翔，夜间栖息于树上。

蓝孔雀

Pavo cristatus

鸡形目雉科

体长 91~228 厘米

分布于南亚

　　蓝孔雀是鸡类中的"巨人"，雄鸟和雌鸟的羽色不尽相同。雄鸟头上具冠羽，头、颈和胸部均为蓝色，尾羽并不长，构成尾屏的是尾上覆羽，可达身长的 2 倍，平时合拢拖在身后，开屏时屏面宽约 3 米，高约 1.5 米，绚丽多彩。羽支细长，在阳光的照耀下，更显得鲜艳夺目。

　　蓝孔雀的翅膀宽而圆，适于突然起飞，但不善远距离飞翔。跗跖十分强健，奔走如驰，雄鸟还有距。喜欢在山地森林中靠近溪流的地方生活，杂食性，生性机警，鸣叫声非常洪亮，一雄多雌集小群活动，晚上栖息在高枝上。

鸿雁
Anser cygnoides

雁形目鸭科
体长 80～93 厘米
分布于东亚、中亚

鸿雁为大型游禽，头骨为索腭型。喙很大，基部较高，长度和头部的长度几乎相等，宽而扁平，外面被有一层皮质膜，尖端有强大的黑色喙甲，占了上喙端的全部，上喙的边缘还有强大的齿突。雄鸟上喙的基部有一个疣状突起。头较大，颈部较粗短而有力，翅长而尖，尾短，脚短而位于身体后部，前三趾间有蹼膜，后趾较其他趾为高而短。体羽主要为棕褐色，额基、头顶到后颈正中央暗棕褐色，额基与喙之间有一条棕白色细纹，将喙和额截然分开。

鸿雁在民间被叫做"大雁"，在迁徙时总是列队而飞，称为"雁阵"。由有经验的"头雁"带领，加速飞行时，队伍排成"人"字形，一旦减速，队伍又由"人"字形换成"一"字长蛇形，这是长途迁徙的有效措施。当"头雁"的翅膀在空中划过时，翅膀尖上就会产生一股微弱的上升气流，排在它后面的就可以依次利用这股气流，从而节省体力。

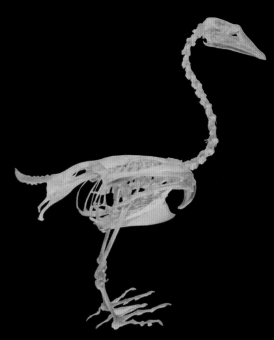

白颊黑雁
Branta leucopsis

雁形目鸭科
体长 58～70 厘米
分布于欧洲、俄罗斯、北美洲、非洲北部

白颊黑雁为较大型的游禽。头部白色，颈部和胸部黑色，背部灰色，黑色的喙上下扁平，尖端具有角质的喙甲，上喙边缘的齿突不外露。颈部较为细长，翅膀狭长而尖，尾羽较短。脚较短，位于身体的后部，前趾间具蹼，后趾短小，着生的位置比前面的趾为高，行走时不着地，爪钝而短。

白颊黑雁善于游泳和潜水，飞翔的速度也很快，每天黎明就成群结队地飞到草原上去觅食青草或水生植物的嫩芽、叶、茎等，晚上一般栖息在水面上、水边浅水处或沙滩上。

大天鹅
Cygnus cygnus
雁形目鸭科
体长 120 ~ 160 厘米
分布于中国、俄罗斯西伯利亚

大天鹅身体肥胖而丰满，颈椎骨有 25 枚，脖子的长度是鸟类中占身体长度比例最大的，甚至超过了身体的长度。在扁平的黑色喙的基部有黄色的斑块，并延伸到鼻孔以下。腿较短，脚上有蹼，游泳前进时，腿和脚折叠在一起，以减少阻力；向后推水时，脚上的蹼全部张开，形成一个酷似船桨的表面，交替划水，如履平地。

大天鹅的翅膀宽阔有力，善于飞翔，而且飞得很高，是世界上飞得最高的鸟类之一，在迁徙途中可以飞越世界屋脊——珠穆朗玛峰。大天鹅是一种高雅而圣洁的鸟类，常常在平静的水面上游弋，将长长的脖子弯向水中。那洁白的羽毛、洒脱的体态，给大自然增添了无限的诗情画意。

小天鹅
Cygnus columbianus
雁形目鸭科
体长 110 ~ 130 厘米
分布于北美洲、欧洲、东亚和东南亚

小天鹅与大天鹅非常相似，虽然体型稍小，但很难分辨。小天鹅也有纯白的羽毛，其颈部细而长，几乎与身体的长度差不多，颈椎为 25 枚，不仅有很强的活动性，而且也造就了它那迷人的曲线。喙形适中，基部高而前端扁平，黄色部分仅限于基部的两侧，沿喙缘不延伸到鼻孔以下，这是它与大天鹅最明显的区别。黑色的跗跖短而粗壮，位于身体的后部，蹼强大。

小天鹅喜集群，行动谨慎，游泳时颈部垂直竖立。鸣声高而清脆，常常显得有些嘈杂。小天鹅以水生植物的叶、根、茎和种子等为食。伸长脖子和拍打翅膀是雄鸟之间争斗以及雌雄进行仪式化求偶炫耀的一种主要形式。

鸳鸯
Aix galericulata

雁形目鸭科
体长 38 ~ 45 厘米
分布于东亚及缅甸、印度东北部

　　鸳鸯是中型水鸟，雄鸟羽色鲜艳，不仅头上有华丽的羽冠，更为奇特的是翅膀上有一对栗黄色的扇子状的直立羽屏，如同一对精制的船帆，被称作"剑羽"或"相思羽"。雌鸟羽毛清秀而素净。鸳鸯经常成双入对，在水面上相亲相爱，悠闲自得，风韵迷人，在人们的心目中是永恒爱情的象征。

　　鸳鸯的喙短，前端比较平直，以植物和昆虫等为食。鸳鸯生性机警，极善隐蔽，比较短的跗跖和位置靠近身体前方的两脚非常适于划水游泳，而且飞行的本领也很强。鸳鸯喜欢成群活动，筑巢在水曲柳、大青杨等大树的树洞里。

绿头鸭
Anas platyrhynchos

雁形目鸭科
体长 50 ~ 62 厘米
分布于欧洲、亚洲、北美洲、非洲北部

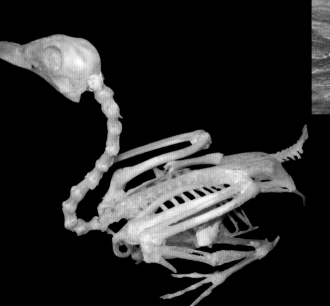

　　绿头鸭是家鸭的祖先，模样跟家鸭也很相似。雌雄之间的羽色差别很大，雄鸟头、颈为绿色，具辉亮的金属光泽，颈基有一白色领环，翅膀上还有呈金属紫蓝色的翼镜。雌鸟羽毛不够艳丽，但也有紫蓝色的翼镜。

　　绿头鸭常结成大群，叫声响亮。喙上下扁平，尖端具有角质的喙甲，两侧边缘具有角质的栉状突起或锯齿状细齿，可以帮助切碎食物。在觅食时，灵巧的双脚熟练地连续交替划水，用宽阔的喙在水面上滤食，喙中毛发状的组织会把水中的水藻、种子以及小型无脊椎动物筛选出来。

凤头䴙䴘

Podiceps cristatus

䴙䴘目䴙䴘科

体长约 50 厘米

分布于欧洲、亚洲、非洲、大洋洲

凤头䴙䴘是体型最大的一种䴙䴘，像鸭子一样大小，但较为肥胖。头骨为裂腭型，喙又长又尖，细而侧扁，鼻孔透开，位置靠近喙的基部。脖子细长，向上方直立，通常与水面保持垂直的姿势。头后面长出两撮小辫一样的黑色羽毛，向上直立，因此得名。

凤头䴙䴘的翅膀短小，尾羽很短，两只脚的位置在身体的后部，靠近臀部，跗跖侧扁，爪钝而宽阔，呈指甲状，中趾的内缘呈锯齿状，后趾短小，位置比其他各趾为高。在四趾上都有宽阔的像花瓣一样的脚蹼，是所有鸟类中效能最高的水下推进器。主要以鱼类为食，善于游泳、潜水和飞行，但在地上行走有些困难。

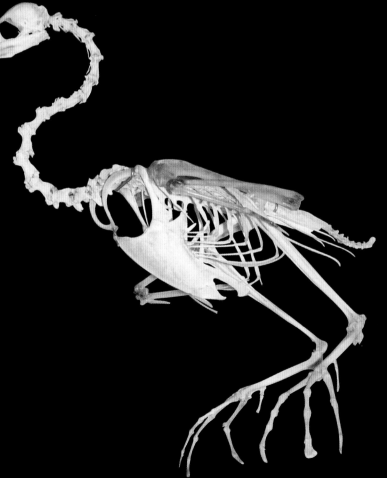

家鸽

Columba livia domestica

鸽形目鸠鸽科

体长 53 ~ 56 厘米

分布于世界各地

家鸽以出色的归巢本领而被人们广泛驯养。它的身体略显肥胖，头稍小，喙短，基部有软的皮肤形成的蜡膜，上喙膨大而坚硬，尖端稍弯曲，颈短，翅长而尖，尾羽较短。眼睛位于头部的两侧，适合于远视。眼球特别发达，庞大的眼眶都被眼球所填满，但眼的活动范围依然是有限的，通常需要借助头、颈部较大的活动范围来弥补其不足。

家鸽的脚短而强健，跗跖前缘被盾状鳞，四趾在同一平面上，趾间无蹼。由于眼睛不能移动，走路时便将头往前伸，以保持身体平衡以及敏锐的视觉。

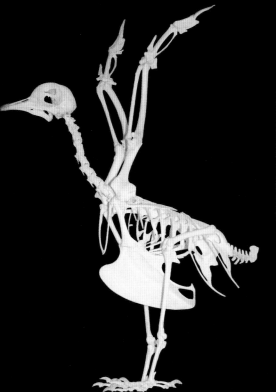

原鸽

Columba livia

鸽形目鸠鸽科

体长 29 ~ 35 厘米

分布于欧洲、亚洲、非洲北部

原鸽是家鸽的祖先。体型较为肥胖，头部较小，颈部粗短，喙短而细，上喙的基部大多膨胀而柔软，被有软的蜡膜，尖端稍微弯曲。与其他鸠鸽类一样，原鸽在饮水时可以直接啜吸，而不用将头仰起来吞水。

原鸽的脚短而强健，适于在平原、绿洲、荒漠和山地岩石等地带小步疾行，并略呈波状起伏，啄食各种植物的种子、果实等。喜欢成群活动，飞行迅速而沿着直线，一般离地不很高，夜间栖息在峭壁或建筑物上。

渡渡鸟
Raphus cucullatus

鸽形目鸠鸽科

体长 100 ~ 110 厘米

曾分布于非洲毛里求斯

　　渡渡鸟也叫愚鸠，是一种大型鸽类，和火鸡的大小差不多。身躯臃肿，颈部较短。喙的前端为弯钩状，显得十分沉重，可以用来吃果实及种子。体羽主要为灰白色，脸部裸露。尾羽卷曲。

　　渡渡鸟栖息于林地中，性情温顺，叫声似"渡渡"，因此得名。翅膀退化，是一种不会飞的鸟，而且肥大的体型让它在奔走时总是步履蹒跚，左右摇摆，样子显得有点笨拙而滑稽。

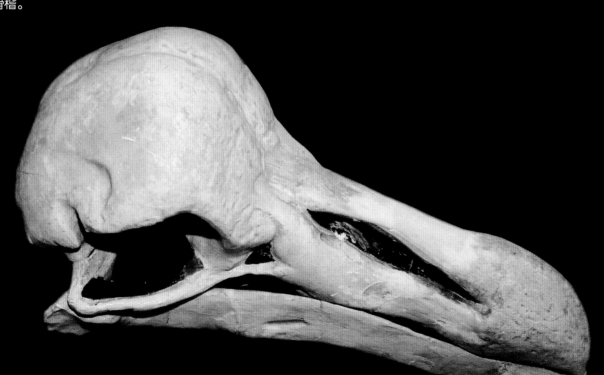

大鸨

Otis tarda

鹤形目鸨科

体长 50～105 厘米

分布于欧洲、亚洲、非洲北部

　　大鸨是大型的陆栖鸟类，雌雄体型相差悬殊。身体粗壮，骨骼结实，是最重的飞鸟。头扁平，喙较短，颈粗、长而直，颈椎有 16～18 枚，翅膀长而宽阔，腿粗而强，脚上有三个粗大的趾，后趾消失，趾基联合处宽，形成圆而厚的足垫，爪钝而平扁，很适于奔走。

　　大鸨常成群活动，古人认为它们总是集成 70 只在一起的群体，所以在描述这种鸟时，用"七十"加上鸟，就组成了"鸨"字。在原野上行走或奔跑时，它将头和颈挺得很直，一副"昂首挺胸"的样子，似乎显得有些呆头呆脑，其实性情十分机警而胆小。飞行时颈部伸直，两翅平展，两腿向后伸直于尾羽的下面，翅膀扇动缓慢而有力，飞行高度不算太高，但飞行能力很强。

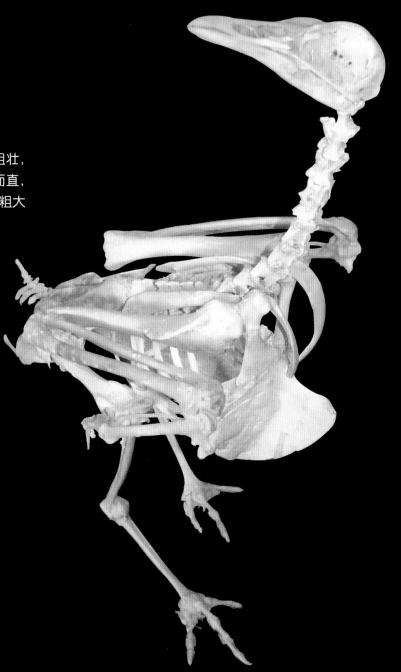

灰鹤

Grus grus

鹤形目鹤科

体长 100～137 厘米

分布于欧洲、亚洲、非洲北部

　　灰鹤又叫玄鹤，体态高雅，舞姿优美，自古以来就深受人们的喜爱。大型涉禽，全身的羽毛大部分为灰色，喙直而稍侧扁，颈甚长，翅膀宽阔而强，盖在短尾上。灰鹤有一对灰黑色的大长腿，跗跖下半部裸露无羽，前缘有鳞片，趾短而强，并带有短而钝的爪，后趾退化，位置较前三趾为高，所以不适合上树。

　　灰鹤喜欢结小群活动，性情机警，飞行时常排列成"V"形或"人"字形，头部和颈部向前伸直，脚向后伸直。栖息时常一只脚站立，另一只脚收于腹部。鸣声如笛，富有音韵，正所谓"鹤鸣于九皋，声闻于野"。气管非常长，像大号一样盘卷在胸腔里，通过一系列如同小提琴上的琴马一样的小薄片附着在胸骨上，其振动使声音放大，同时也便于控制音高。

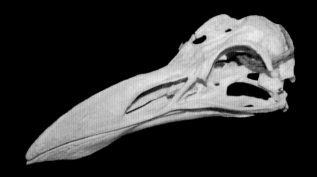

大海雀
Alca impennis

鸻形目海雀科
体长 75 ~ 80 厘米
曾分布于北美洲、欧洲的北大西洋沿岸附近

　　大海雀是大型海鸟，体型粗壮，外观酷似企鹅，眼睛前面有一个大的白色斑块。头部两侧、颈、喉和翅膀都是黑褐色，背面主要为黑色，腹面为白色。黑色的喙侧扁而长，适于捕食小鱼、小虾和其他小型海洋动物。脚也是黑色，上面有很大的蹼。

　　大海雀栖息于海岸、岛屿等地，是一种不太会飞行的水鸟，由于双翼已经退化，只能在水面上低空滑翔。但胸骨上的龙骨突仍然很发达。当它潜入水中后，会持续挥动双翼，起着强劲的推动作用。大海雀喜欢集体活动，常成百上千只聚集在一起。在陆地上行走时也很像企鹅，摇摇摆摆地十分有趣。但实际上，除了繁殖季节很少在陆地上生活。

大黑背鸥
Larus marinus

鸻形目鸥科
体长 68 ~ 79 厘米
分布于北大西洋沿岸

　　大黑背鸥是体型最大的海鸥，常以矫健的身姿迎风展翅，时而奋起在高空中飞翔，时而探身在水面上滑行。它的矛状喙非常强健，长度适中，直、尖而侧扁。上喙尖端微向下钩曲，下喙次尖端稍膨大。由坚强的肋骨与胸骨连扣成的胸腔是其最强壮的部分，脊柱也呈半融合状态以增加其强固性。长而尖的翅膀折合时一般超过尾端，较短的跗跖位置靠近身体的中部，下端裸出，前三趾间具蹼，后趾小而高于前三趾。在水中游动时，它用的是一种难度极高的双划推动方法：开始时方向与水流平行，然后双腿往回收，与水流方向相交，从而在蹼掌的后缘制造微小的旋涡，提供向前和向上的推力。

　　大黑背鸥是机会主义捕食者，在空中一旦发现目标，便像飞机一样俯冲而下，用喙猎取食物，有时也掠食其他海鸟的猎物，甚至吃腐肉。

普通潜鸟

Gavia immer

潜鸟目潜鸟科

体长 71~91 厘米

分布于北美洲

　　普通潜鸟也叫北极潜鸟，因善于潜水而得名。它是大型水禽，两性相似，身体呈"鱼雷"一样的圆筒形。颈长而粗，翅长，尾短而硬。头骨为裂腭型，矛状喙强直、侧扁而略向上翘，喙端尖锐。跗跖较长而侧扁，位于身体后部，裸露无羽，前面被以网状鳞。前三趾间具全蹼，外趾最长，后趾较小，位置略高于前三趾，这样的脚并不适合在地面上行走。

　　普通潜鸟是水下的捕鱼专家，也吃水生昆虫、甲壳动物、软体动物等。通常成对或呈小群活动，叫声高而粗，善于飞行，但从水面上起飞比较困难，需要助跑。

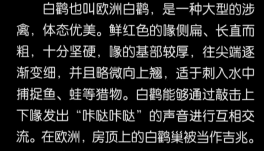

白鹳

Ciconia ciconia

鹳形目鹳科

体长 100 ~ 115 厘米

分布于欧洲、非洲、中亚、西亚和南亚

白鹳也叫欧洲白鹳，是一种大型的涉禽，体态优美。鲜红色的喙侧扁、长直而粗，十分坚硬，喙的基部较厚，往尖端逐渐变细，并且略微向上翘，适于刺入水中捕捉鱼、蛙等猎物。白鹳能够通过敲击上下喙发出"咔哒咔哒"的声音进行互相交流。在欧洲，房顶上的白鹳巢被当作吉兆。

白鹳的头骨为索腭型，颈细而长，翅较长而阔。鲜红色的腿长而强壮，脚趾长，前三趾基部有蹼相连，后趾发达，与其他趾平置，步履轻盈矫健，像是闲庭信步。飞翔时颈部向前伸直，腿、脚则伸到尾羽的后面。

北鲣鸟
Morus bassanus

鹈形目鲣鸟科

体长 87 ~ 100 厘米

分布于北大西洋海域

北鲣鸟也叫憨鲣鸟，是善于俯冲入水捕鱼的海洋鸟类。翅长而尖，尾羽呈楔形，因而飞翔能力很强。捕猎时先飞到高处，再以迅猛的姿势，像一支鱼叉一样极速扎入水中，将受惊的鱼儿在水下捕获，然后再次飞回空中。坚实的头骨，长直而尖、近似圆锥形的淡蓝色喙，以及流线型的身体，可以缓解它冲入水面时对脑部的震荡。

北鲣鸟的体羽为白色，飞羽为黑色，嘴基部内侧和眼睛周围还有黑色的裸露皮肤。在粗短的深灰色大脚上，四趾间均具完全而发达的脚蹼，使它在水中畅游和潜水时得心应手，而在海滩或礁岩上行走时则显得笨拙而有趣。此外，在中趾爪的内侧还有一个梳状齿，称为栉爪，可用于梳理羽毛。

普通鸬鹚
Phalacrocorax carbo

鹈形目鸬鹚科

体长 78 ~ 92 厘米

分布于欧洲、亚洲、非洲、大洋洲、北美洲

普通鸬鹚为大型水鸟，喙呈圆锥形，狭长，先端弯曲成钩状，两侧有沟槽，好像镶嵌着两把锋利的战刀，下面有橙黄色的喉囊。脚位于身体的后部，跗跖短粗，脚趾扁，后趾长，四趾间均有蹼相连。

普通鸬鹚常呈小群活动，善于飞行，更是游泳和潜水的专家，能频频地潜入水中觅食各种鱼类。虽然颈较长，但咽喉和食道弹性很大，其体积可以伸长 5 倍以上，便于吞咽食物。头和喙是流线型的，能减小扎入水中时的阻力，也能压住水花以减少对猎物的惊扰，喙尖端的钩让它更牢地抓住猎物。

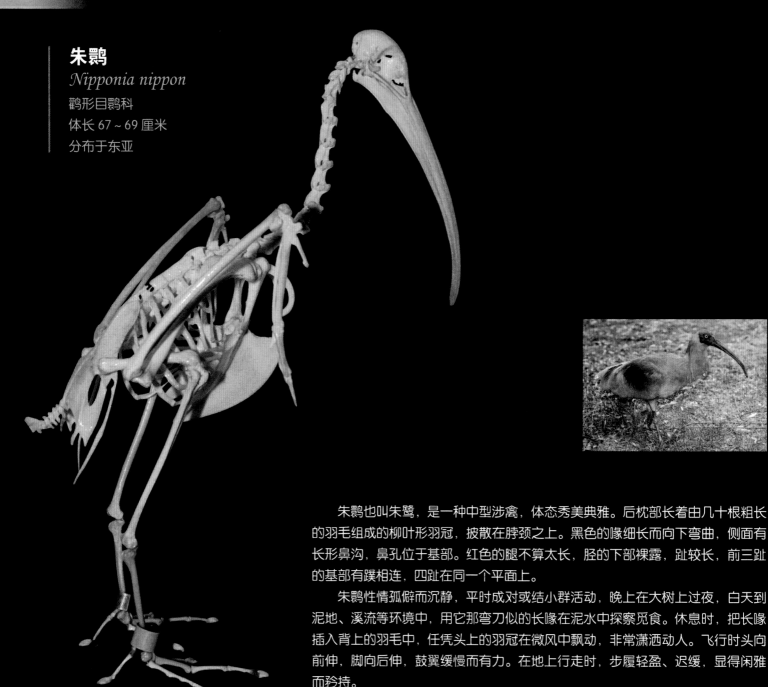

朱鹮
Nipponia nippon

鹳形目鹮科
体长 67～69 厘米
分布于东亚

朱鹮也叫朱鹭，是一种中型涉禽，体态秀美典雅。后枕部长着由几十根粗长的羽毛组成的柳叶形羽冠，披散在脖颈之上。黑色的喙细长而向下弯曲，侧面有长形鼻沟，鼻孔位于基部。红色的腿不算太长，胫的下部裸露，趾较长，前三趾的基部有蹼相连，四趾在同一个平面上。

朱鹮性情孤僻而沉静，平时成对或结小群活动，晚上在大树上过夜，白天到泥地、溪流等环境中，用它那弯刀似的长喙在泥水中探察觅食。休息时，把长喙插入背上的羽毛中，任凭头上的羽冠在微风中飘动，非常潇洒动人。飞行时头向前伸，脚向后伸，鼓翼缓慢而有力。在地上行走时，步履轻盈、迟缓，显得闲雅而矜持。

牛背鹭
Bubulcus ibis

鹳形目鹭科
体长 46 ~ 53 厘米
分布于欧洲、非洲、亚洲、北美洲、南美洲

　　牛背鹭为中型涉禽，体型细瘦。橙黄色的喙长、尖而直，较侧扁，尖端多有小锯齿，可以将浅水中的猎物抓得更牢。颈细长，由 19 ~ 20 枚脊椎骨组成。翅较宽长，前端呈圆形，尾羽短小，脚细长，位于身体较后部，胫下部常裸露，四趾在一个水平面上，中趾和外趾间具蹼膜，中趾爪之内缘具有像小梳子一样的栉状突，可以搔痒和整理羽毛。

　　牛背鹭的头部和颈部为橙黄色，其余体羽均为白色。前颈的基部和背部中央具有羽枝分散成发状的橙黄色长饰羽，前颈的饰羽长达胸部，背部的饰羽向后长达尾部。牛背鹭大多结群活动，休息时喜欢站在树梢上，颈部缩成"S"形。经常伴随牛群活动，喜欢站在牛背上或跟随在耕田的牛后面啄食翻出来的昆虫和牛背上的寄生虫等，因此得名。

白鹭
Egretta garzetta

鹳形目鹭科
体长 52 ~ 68 厘米
分布于亚洲、非洲、欧洲、大洋洲

　　白鹭体羽白色，俗称鹭鸶。繁殖期在肩、背和胸前披散着一些羽干基部强硬、羽端羽枝分散而疏松的丝状蓑羽，尤其是背上的更长，一直向后伸达尾端。头后的枕部还有两条狭长而柔软的矛状冠羽。我国古人也因为它一身洁白无瑕的羽毛而称之为"雪客"或"雪不敌"。

　　白鹭的喙长、尖而直，微带缺刻，尖端有一些小锯齿，鼻孔长而窄，位于近喙基部的侧沟中。颈细长，由 19 ~ 20 枚颈椎组成，常缩成"S"形。翅较宽长，脚细长，胫下部裸露，常仅用一只脚站立于水中，而将另一只脚曲缩于腹部下面，头缩至背上，呈驼背状长时间呆立不动。

鹈鹕

Pelecanus sp.

鹈形目鹈鹕科
体长 170 ~ 180 厘米
分布于世界各地

　　鹈鹕是大型水鸟，外貌粗胖肥大，显得很笨拙，看上去滑稽可笑，但仍有其独特的魅力。最引人注目的是头骨上强壮的鸟喙，长直而扁平，先端弯曲成钩状喙甲，便于捕捉食物，下颌上则挂着一张像渔网一样在水中捉鱼吃的大皮囊。翅宽而长，腿短，两只粗壮有力的大脚很有趣，四趾之间都由宽长的脚蹼联结着。

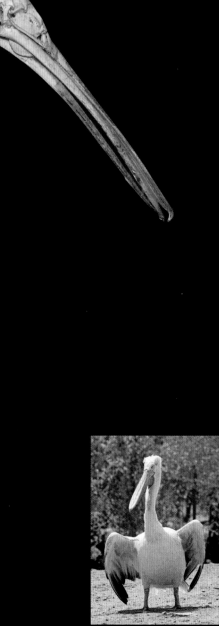

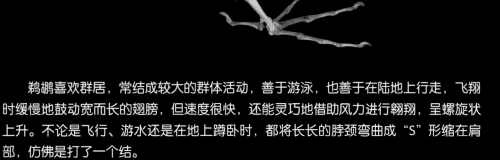

　　鹈鹕喜欢群居，常结成较大的群体活动，善于游泳，也善于在陆地上行走，飞翔时缓慢地鼓动宽而长的翅膀，但速度很快，还能灵巧地借助风力进行翱翔，呈螺旋状上升。不论是飞行、游水还是在地上蹲卧时，都将长长的脖颈弯曲成"S"形缩在肩部，仿佛是打了一个结。

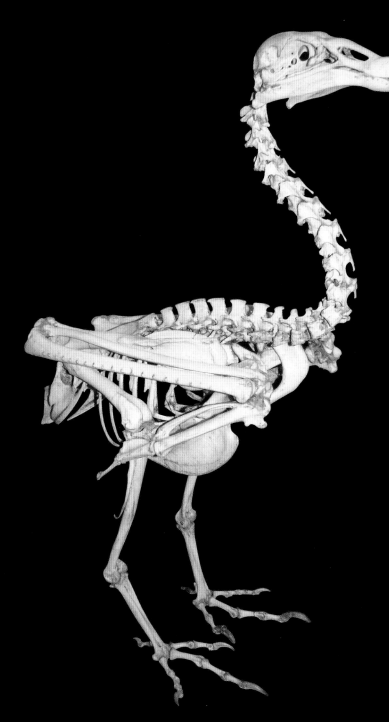

安第斯神鹫
Vultur gryphus

隼形目美洲鹫科

体长 100 ~ 130 厘米

分布于南美洲

　　安第斯神鹫也叫康多兀鹫，是飞行鸟类中的"巨人"，也是世界上最大的猛禽。两翅展开可达 3 米，适合在空中翱翔。着生在第一枚指骨上的小翼羽可减小飞行时产生的湍流。它是食腐者，外形很丑，头、颈部裸露无毛，呈灰黑色、黄色或粉红色，颈下部配有白色的翎饰，颇像大衣的领子。头顶还有一个高高的大肉冠，宛如一顶礼帽。锐利的尖喙向下弯曲。腿中等长，长趾上有短钝的爪子，缺乏抓握食物的能力。

　　安第斯神鹫的平均飞行高度为 5 000 ~ 6 000 米，最高时在 8 500 米以上，常在高山上空盘旋巡视，寻觅动物的尸体，偶尔也袭击活的动物。取食时把头部钻到动物尸体的腹腔里去啄食内脏和肌肉等，因此它裸露的头部和颈部也正是长期适应这种取食方式的结果。

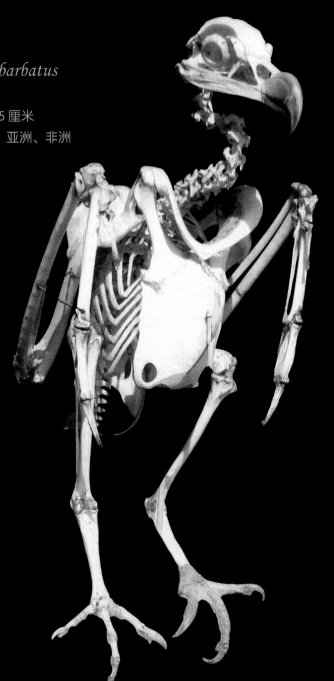

胡兀鹫
Gypaetus barbatus

隼形目鹰科
体长 100 ~ 115 厘米
分布于欧洲、亚洲、非洲

胡兀鹫是体型巨大的猛禽，因其嘴角下生有一小簇黑黝黝的刚毛，形如胡须而得名。由于它嗜食腐肉，所以像铁钩一样的脚有所退化，但高而侧扁的喙反而变得格外强大，先端钩曲成 90°，像钢钳一样，能够把尸体撕碎。

胡兀鹫是飞行的能手，尤其善于利用上升气流进行翱翔，一天可以翱翔 9 ~ 10 小时，飞行高度可达 7 000 米以上。它会将骨头抓起来，飞到 60 多米高，将其从空中投向岩石，使之破碎，然后再吞食。

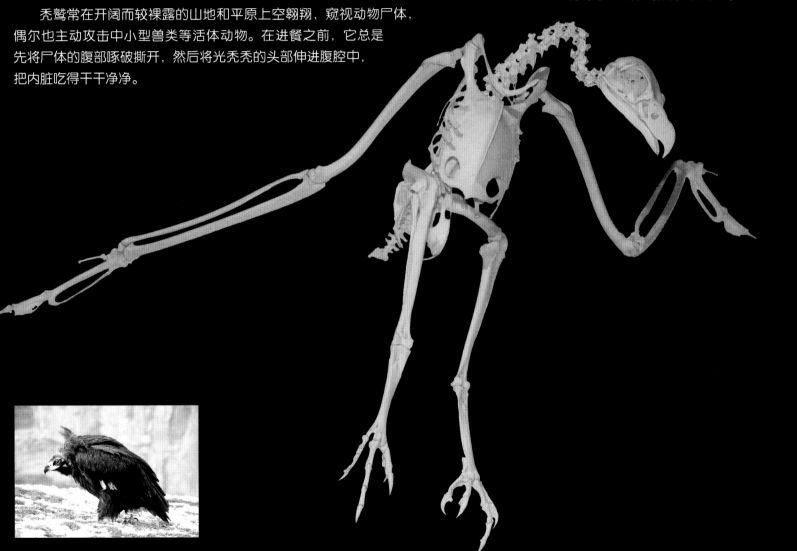

秃鹫也叫狗头鹫、坐山雕等，是大型猛禽。头、颈部裸露，颈的基部被有长的黑色或淡褐白色羽簇形成的皱翎。黑褐色的巨嘴显得十分强大，前端像一个铁钩，其整体形象虽然令人望而生畏，但飞翔姿态优美，常常给人一种神秘的感觉，在产地也常被誉为"神鹰"。

秃鹫常在开阔而较裸露的山地和平原上空翱翔，窥视动物尸体，偶尔也主动攻击中小型兽类等活体动物。在进餐之前，它总是先将尸体的腹部啄破撕开，然后将光秃秃的头部伸进腹腔中，把内脏吃得干干净净。

秃鹫

Aegypius monachus

隼形目鹰科

体长 100 ~ 120 厘米

分布于亚洲、欧洲、非洲

白尾海雕

Haliaeetus albicilla

隼形目鹰科
体长 82 ~ 91 厘米
分布于欧洲至东亚、非洲西北部

　　白尾海雕是大型猛禽。尾羽为楔形，但均为纯白色，与其他海雕不同，并因此得名。强大的喙较为圆钝，有黄色的蜡膜，喙峰弯曲，喙缘缺刻不明显。脚和趾为黄色，跗跖部被羽只达1/3，黑色的利爪底面具纵沟或角棱，赋予它捕捉鱼类以及其他小型动物的能力。

　　白尾海雕白天活动，翅膀宽大，常单独或成对在湖面和海面上空飞翔，两翅平直，常轻轻地扇动一阵后接着又是长时间的滑翔，有时也能快速地扇动两翅飞翔。休息时停栖在岩石和地面上，有时也长时间停立在乔木枝头上。

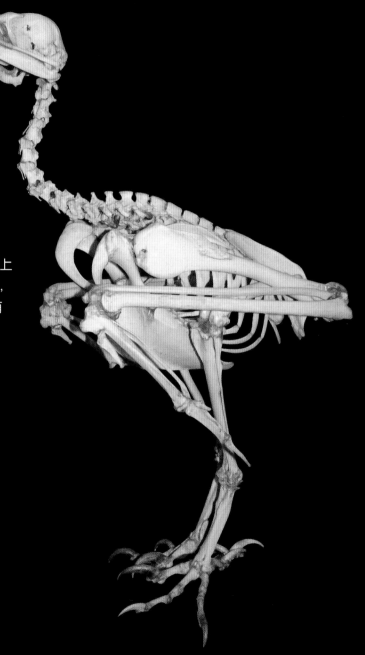

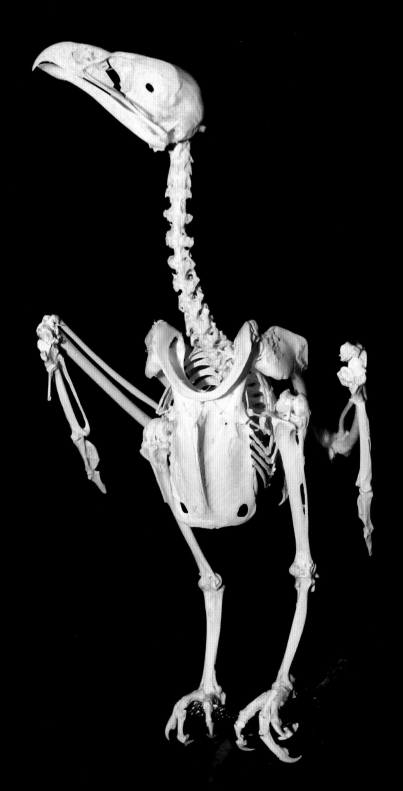

草原雕

Aquila nipalensis

隼形目鹰科

体长 71 ~ 82 厘米

分布于亚洲、欧洲、非洲

　　草原雕为大型猛禽。喙强并有平圆的突起，但上、下颌无相应的缺刻。草原雕在白天活动，或长时间地栖息于电线杆上、孤立的树上，或翱翔于草原和荒地上空。眼窝大，以至于眼睛在里面几乎没有可以移动的空间，因而，不得不靠转动头部来环顾四周，等待在旱獭、黄鼠、跳鼠等小动物的洞口，当猎物出现时发动突然攻击。

　　草原雕的跗跖部羽毛覆盖达趾，爪尖而弯曲，爪的力量来自猛禽独有的胫骨肌肉，可以折断猎物的脖子。有时，它也通过在空中翱翔来观察和觅寻猎物，出击时的俯冲速度可以达到每小时 300 多千米，但是狩猎成功的概率只有 1/4。

233

雪鸮

Bubo scandiaca

鸮形目鸱鸮科

体长 55～63 厘米

分布于欧洲、北美洲和亚洲的北极圈附近地区

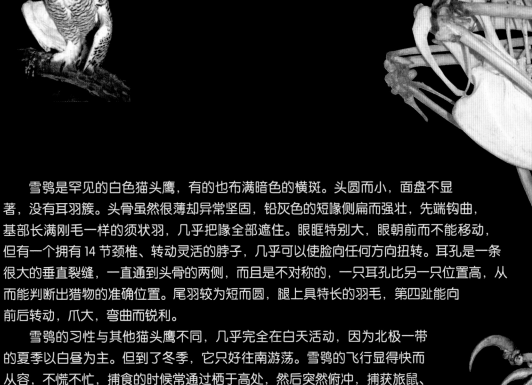

　　雪鸮是罕见的白色猫头鹰，有的也布满暗色的横斑。头圆而小，面盘不显著，没有耳羽簇。头骨虽然很薄却异常坚固，铅灰色的短喙侧扁而强壮，先端钩曲，基部长满刚毛一样的须状羽，几乎把喙全部遮住。眼眶特别大，眼朝前而不能移动，但有一个拥有 14 节颈椎、转动灵活的脖子，几乎可以使脸向任何方向扭转。耳孔是一条很大的垂直裂缝，一直通到头骨的两侧，而且是不对称的，一只耳孔比另一只位置高，从而能判断出猎物的准确位置。尾羽较为短而圆，腿上具特长的羽毛，第四趾能向前后转动，爪大，弯曲而锐利。

　　雪鸮的习性与其他猫头鹰不同，几乎完全在白天活动，因为北极一带的夏季以白昼为主。但到了冬季，它只好往南游荡。雪鸮的飞行显得快而从容，不慌不忙，捕食的时候常通过栖于高处，然后突然俯冲，捕获旅鼠、雪兔等猎物。

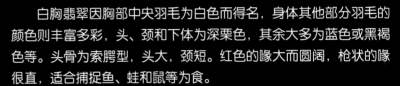

白胸翡翠

Halcyon smyrnensis

佛法僧目翠鸟科

体长 27 ~ 30 厘米

分布于亚洲

白胸翡翠因胸部中央羽毛为白色而得名，身体其他部分羽毛的颜色则丰富多彩，头、颈和下体为深栗色，其余大多为蓝色或黑褐色等。头骨为索腭型，头大，颈短。红色的喙大而圆阔，枪状的喙很直，适合捕捉鱼、蛙和鼠等为食。

白胸翡翠喜欢生活在湖畔、河边等处，单独活动。翅膀和尾羽都是圆形的，红色的脚比较短，跗跖前缘被有盾状鳞，后缘被有网状鳞，三趾向前，一趾向后，第三、第四趾的大半相联结，第二、第三趾则基部相愈合，这样的趾型属于并趾型，适合在树上攀缘，不适合在地面上行走。

黑颈簇舌巨嘴鸟
Pteroglossus aracari

鴷形目巨嘴鸟科
体长 46 ~ 48 厘米
分布于南美洲

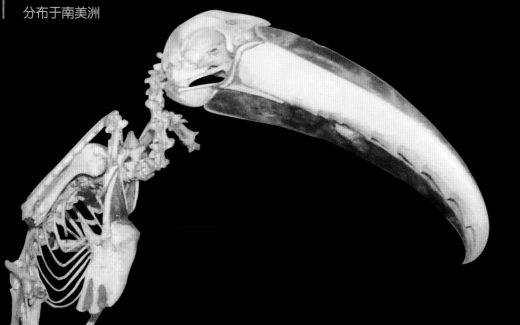

　　黑颈簇舌巨嘴鸟也叫黑颈阿拉卡鸡鹅，拥有一个与身体不成比例的巨大的喙，简直令人惊讶！这个大家伙看上去很沉重，但其实又轻巧又坚固，可以被作为从树枝上摘取水果的工具，还可能起到调节体温的作用。黑颈簇舌巨嘴鸟的喙并不是一个致密的实体，而是上下两片均为一层薄而轻的硬壳，中间贯穿着极为纤细的、多孔隙的海绵状骨质组织，间隙里充满空气，犹如蜂巢一样，因此它在活动时丝毫没有感到沉重的压力。

　　粗看上去，黑颈簇舌巨嘴鸟的外形很像犀鸟，但并不是犀鸟的同类，反而与啄木鸟的亲缘关系比较接近。黑颈簇舌巨嘴鸟那橄榄绿色的脚趾也同啄木鸟一样，两趾在前，两趾在后，适合在树上攀缘和跳跃，在地面上活动时两只脚劈得很宽，姿势笨拙。

葵花凤头鹦鹉
Cacatua galerita

鹦形目凤头鹦鹉科
体长约 50 厘米
分布于澳大利亚、新几内亚

　　葵花凤头鹦鹉头顶有黄色的冠羽，不时地张开和闭合，很像一朵盛开的葵花，因此得名。葵花凤头鹦鹉拥有一个典型的暗灰色"鹦鹉嘴"：粗厚而强壮的角质短喙，上喙呈圆形，向下钩曲，并且覆盖下喙；两侧的边缘内面有细小的突起和缺刻，基部具有蜡膜。颌骨、鼻骨等上喙基部的骨块较为柔软，使上喙与头骨的相连处形成可动关节，犹如铰链一样，能上下左右活动自如，张开的幅度也比较大。上喙内面有锉状密棱，加之颌肌非常有力，所以很适合啄食坚果或厚皮种子，甚至能用喙给果实去皮。

　　葵花凤头鹦鹉的跗跖较为短健，前后各有两趾，第二、第三趾向前，第一、第四趾向后，称为对趾型，前两趾基节的基部相连，爪尖锐而弯曲，适于在树上攀缘，常一只脚抓住树枝站立，另一只脚将握住的食物送入口中。

PA XING DONG WU

爬行动物

  爬行动物体表被有鳞片，外形差异显著，可分为基本形态的蜥蜴型（蜥蜴、鳄、楔齿蜥等）、特化形态的蛇型（蛇、蛇蜥等）和龟鳖型。

  颅骨为较高而隆起的高颅型，有单枚枕髁与第一枚颈椎关连。雏形的次生腭使口腔中的内鼻孔位置后移，这个结构在鳄类中尤为发达，是适应于水中捕食的特化现象。

  脊柱已分化成陆栖脊椎动物共有的颈椎、胸椎、腰椎、荐椎和尾椎五个区域，头部获得更大的灵活性，既能上下运动，又能转动，后肢承受体重负荷也得到加强。除龟鳖类和蛇类外，都具有胸廓。鳄类和楔齿蜥于胸骨后方有浮生在皮下的腹膜肋，是来源于真皮的退化骨板。肩带内有一块"十"字形的上胸骨，于龟鳖类中转化为腹甲的内板。

  由于四肢与身体的长轴呈横出的直角相交，且其肩臼浅小，因此大多数种类在停息或爬动时，都保持着腹部贴地的姿态，只有沙蜥等能使四肢肘或膝部以下的部分转向腹部下方，能将身体抬离地面而疾驰奔跑。蛇蜥类四肢消失，但仍留有带骨；蛇类既无四肢又无带骨，但蟒、盲蛇、瘦盲蛇等的体内仍留有退化的髂骨和股骨。某些蛇类残存的股骨有时还与雄性分叉的生殖器相连，在交配时起协助插入的作用。

  除龟鳖类外，其他大多有同型齿，鳄则有初步分化为异型齿的趋势。按其着生位置不同，可分端生齿（如飞蜥、沙蜥）、侧生齿（大多数蜥蜴和蛇）和槽生齿（如鳄类）。毒蛇前颌骨和上颌骨上有特化的毒牙，包括前沟牙、后沟牙和管牙。龟鳖类的颌上无齿，颌缘覆盖角质鞘，形成像剪刀一样行使切割功能的锐利的喙。

蠵龟
Caretta caretta

龟鳖目海龟科
体长 70 ~ 150 厘米
分布于中国东部沿海至澳大利亚沿海、印度洋

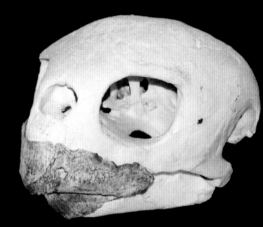

蠵龟头部较大，具有极为强健的钩状喙，主要以鱼类、甲壳动物和软体动物为食，特别是头足类动物。枕骨大孔（脊椎在这里接入头骨）被分成两个腔，这是它与其他海龟类相区别的一个典型特点。头部和背部都有对称排列的鳞片，其中前额鳞为 2 对，比绿海龟多一对。颈部角板较短，背甲呈心形，角板呈平铺状排列，末端尖狭而隆起，有 5 对肋盾，也比绿海龟多一对。

蠵龟的尾巴较短，四肢呈桨状，前肢大，后肢较小，内侧各有两爪，比绿海龟多一爪，适于游泳。蠵龟栖息于温水海域，特别是大陆架一带，甚至可进入海湾、河口、咸水湖等，繁殖期在夜间登陆，到海岸沙滩上挖穴产卵，然后用沙覆盖，孵化出的幼体很快就能奔向大海。

绿海龟
Chelonia mydas

龟鳖目海龟科
体长 80 ~ 150 厘米
分布于太平洋、印度洋

绿海龟因其身上的脂肪为绿色而得名。它的身体庞大，外被卵圆形的甲壳，头略呈三角形，吻尖，上喙无钩曲，下喙呈锯齿状，上下颌唇均有细密的角质锯齿，下颌唇齿较上颌唇齿长而突出，闭合时陷入上颌内缘齿沟。背甲呈椭圆形，盾片镶嵌排列，具有由中央向四周放射的斑纹，色泽调和而美丽。中央有椎盾 5 枚，左右各有肋盾 4 枚，周围每侧还有缘盾 7 枚。

绿海龟遨游于海洋之中，四肢特化成鳍状的桡足，可以像船桨一样在水中灵活地划水游泳。前肢浅褐色，边缘黄白色，后肢比前肢颜色略深，内侧各有一爪，前肢的爪大而弯曲呈钩状。到了繁殖季节，即使远在千里之外，它也要回到出生的地点选择配偶，产卵繁殖。

棱皮龟

Dermochelys coriacea

龟鳖目棱皮龟科

体长 130～300 厘米

分布于世界各热带、亚热带海洋

棱皮龟是世界上最大的海龟，堪称"巨龟"。头部、四肢和躯体都覆以平滑的革质皮肤，没有角质盾片。背甲的骨板退化，由数百个大小不整齐的多边形小骨片镶嵌组成，不与深层的骨板连接为一个整体。前部为半圆形，后部延长呈尖角形，看上去像一个小舢板，其中最大的骨板形成 7 条规则的纵行棱起，因此得名。腹甲的骨质壳没有镶嵌的小骨板，由许多牢固地嵌在致密组织中的小骨构成 5 条纵行，其中央一行在脐带通过处裂开。喙呈钩状，上喙有较大的锯齿。头特别大，不能缩进甲壳之内。

棱皮龟的四肢呈桨状，没有爪，前肢的指骨特别长，游泳本领高强。没有牙齿，但是却在食道内壁有大而锐利的角质皮刺，可以磨碎鱼、虾、蟹、乌贼、螺、蛤、海星、海参、海蜇和海藻，甚至是具毒刺细胞的水母等食物。

红耳龟
Trachemys scripta elegans

龟鳖目龟科
背甲长 24 ~ 60 厘米
分布于北美洲

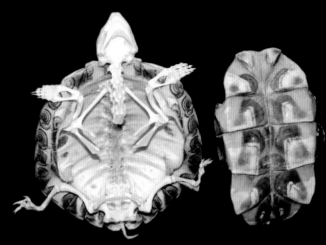

　　红耳龟的橄榄色背甲扁平，质感光洁，纹路清晰，背部中央有一条显著的脊棱。盾片上具有黄绿相间的环状条纹。腹板淡黄色，具有左右对称的不规则黑色圆形、椭圆形和棒形色斑。最为有趣的是在它的头部两侧，有红色或橘红色的粗斑纹，像两个红色的耳朵，与众不同，因此得名。

　　红耳龟属水栖性龟类，性情活泼、好动，有群居习性，喜欢在温暖的阳光下进行"日光浴"，但对震动反应比较灵敏，一旦受惊便纷纷潜入水中。上喙中央呈"∧"形，属杂食性动物，但主要以肉食为主。由于作为宠物饲养和放生，它已成为世界范围的外来入侵物种，是威胁本地龟类以及其他水生生物生存的"生态杀手"。

乌龟
Chinemys reevesii

龟鳖目淡水龟科
背甲长 15 ~ 40 厘米
分布于东亚

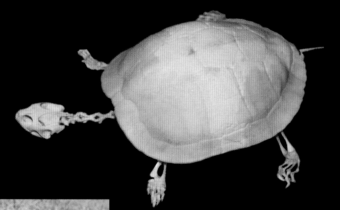

　　乌龟也叫金龟、金头龟，是我国最常见的龟类。头部、颈部的侧面有黄色的线状斑纹。上喙不呈钩状，具有坚强的甲壳，甲壳椭圆形，略扁平，背甲上有 3 条纵行的隆起。背面为褐色或黑色，腹面略带黄色，均有暗褐色斑纹。四肢粗壮，略扁，指（趾）间均具蹼。

　　乌龟属陆栖性龟类，但却喜欢栖息于江河、湖沼、池塘及附近地区。头、颈部可以呈"S"形缩入甲壳里面，尾和四肢也都能缩入甲壳。以植物、虾、小鱼、昆虫等为食，有冬眠习性，产卵于水边泥穴中，靠自然温度孵化。

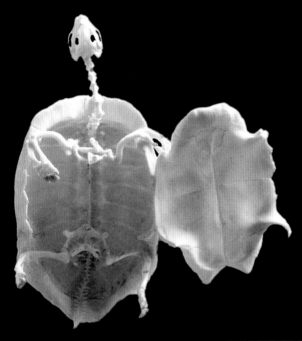

缅甸陆龟
Indotestudo elongate

龟鳖目陆龟科

背甲长 20 ~ 30 厘米

分布于中国广西、云南及南亚、东南亚

缅甸陆龟的头骨比较短，吻部也较短，两侧平截垂直，尾短，顶端有一个爪状角质突。背腹两面均具有强壮的甲，尤其是高高隆起的长椭圆形背甲，充分显示了陆龟的特点。而腹甲较为扁平，背甲和腹甲以甲桥相连接。头、颈、四肢和尾都可以缩入甲壳内。

缅甸陆龟的上喙有钩曲，前端有 3 个强硬的尖突，喙缘为细锯齿状，主要以植物的茎、叶、果实等为食，也吃少量动物性食物。它的圆柱形、粗壮的四肢支撑着笨重的甲壳，表面被坚固的大鳞包住，前肢具五指，后肢具四趾，指（趾）上均具坚固的爪，没有蹼，适合在热带地区的山地、丘陵间的灌丛地带栖息。

凹甲陆龟
Manouria impressa

龟鳖目陆龟科

背甲长 21 ~ 30 厘米

分布于中国华南及东南亚

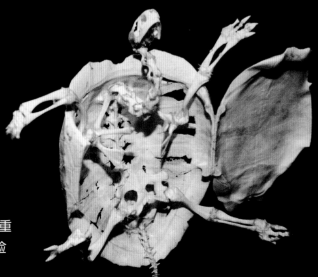

凹甲陆龟头顶上有 4 个对称的大型前额鳞片，上喙呈钩形，以植物、果实为食。颈部的角板较小，棕色的背甲高高隆起，前后缘都向上翘，并且呈强锯齿形；背甲上的脊盾和肋盾都有明显的凹陷，因此得名。四肢粗壮呈圆柱形，指（趾）间没有蹼，前肢具五爪，后肢具四爪。尾巴较短，被覆大的鳞片，尾基的两侧各有一个大的锥状鳞片。

凹甲陆龟性情胆怯，受惊时头部立即缩入甲壳之内，但又马上伸出来，如此重复数次，而且嘴里还不断地发出"咻，咻"声，如同放气的特殊声音，直到危险解除后再将头部上下抖动，慢慢地伸出到甲壳的外面。

中华鳖

Pelodiscus sinensis

龟鳖目鳖科

体长 20 ~ 25 厘米

分布于东亚

　　中华鳖也叫甲鱼、水鱼、团鱼、王八、元鱼等，是我国最常见的淡水鳖类。体躯扁平，呈椭圆形，背腹具甲，并覆盖一层柔软的革质皮肤，无角质盾片，粗大的头、较短的尾和扁平的四肢均可缩入甲壳内，但其甲壳的保护性能比龟类的壳要弱一些。背甲暗绿色或黄褐色，周边为肥厚的结缔组织，俗称"裙边"；腹甲灰白色或黄白色，平坦光滑。

　　中华鳖的头部前端略呈三角形，吻端延长呈管状，具长的肉质吻突，颈部粗长，呈圆筒状，伸缩自如。四肢远比陆生龟类的灵活，后肢比前肢发达，前、后肢各具五指（趾），指（趾）间有蹼，内侧三指（趾）有锋利的爪，能在陆地上爬行、攀登，也能在水中自由游泳。性情比龟类凶猛，主要栖息于江河、湖沼、池塘、水库等水流平缓、鱼虾繁生的淡水水域，以各种小型无脊椎动物、水草等为食，也常出没于大山溪流中，在阳光充足的岸边活动较频繁，但上岸后不能离水源太远。

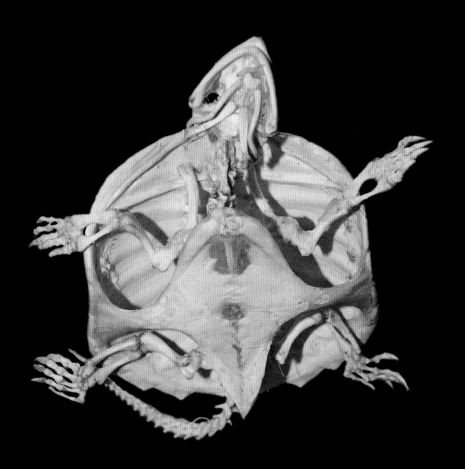

大鳄龟
Macroclemys temmincki

龟鳖目鳄龟科

背甲长 66 ~ 80 厘米

分布于美国

　　大鳄龟是最大的淡水龟，体型巨大而笨重，背上有类似于鳄类背部的粗壮隆起，因此得名。大鳄龟的长相十分奇特，头部为三角形，不能缩进甲壳内，上下喙呈钩状，好像鹰嘴一样，是其强大的捕食武器。棕色背甲很大，为卵圆形，后缘为锯齿状，上面有 3 条纵行的脊棱，边缘有许多齿状突起，犹如锯条，腹甲为"十"字形，因退化而变小变轻。四肢扁平，指（趾）间具蹼，尾巴细而长，十分坚硬，有 3 行刺状硬棘，好像钢鞭一样。

　　大鳄龟非常凶残，上下颌齿的咬力极强，而且也很睿智。其淡红色的舌头中间有一个像肉虫子的小突起，是一个圆形肌肉，两端能够自由伸缩，像蚯蚓一样摇动，引诱猎物游到它的附近。

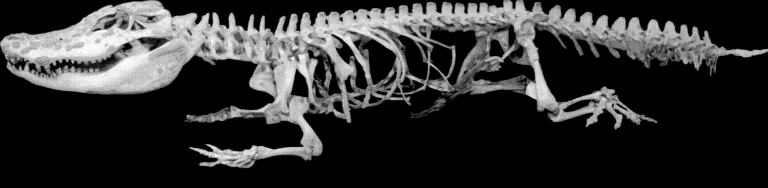

　　扬子鳄因生活区域位于古时称为扬子江的长江下游一带而得名。它是一种小型的鳄类，外形扁而长，头略高起，吻部低平，比其他鳄类短。口内有锥状的槽生牙齿，上颌每侧为 18 枚，下颌每侧为 19 枚，像锯齿一样，十分锋利，取食时显得很凶猛。皮肤覆以角质鳞片及骨板，腹甲较软，相邻的骨板间为柔韧的皮革质皮肤所连接。四肢较短，前肢具五指，内侧有三爪，无蹼；后肢具四趾，内侧三趾上有爪，趾间有蹼。尾侧扁而长。

　　扬子鳄大部分时间是在洞穴中度过的，它在水中游动灵活而敏捷，用趾间的蹼划水，用尾当舵，但由于颈椎上生有肋骨，头不能向侧面转动，短粗的四肢支撑着沉重的身体，在陆地上行动十分迟缓。

凯门鳄

Caiman crocodilus

鳄目鼍科

体长 140～250 厘米

分布于南美洲

　　凯门鳄也叫中美短吻鳄，属于小型鳄类。眼眶比较大，两眼前缘之间有一横骨嵴，很像眼镜架，因此又叫眼镜鳄。额头较高，在鼻孔有骨质的间壁是其独有的特点。吻部特别窄，稍延长，端部略高起，不像其他宽吻鳄头部那样宽大，两颌有槽生锥形齿，不显露，咬力也不如同等体型的其他鳄类。凯门鳄的身体主要为暗橄榄绿色，皮肤颜色较为亮丽，腹鳞板上的骨板很发达，呈重叠瓦状。

　　凯门鳄喜欢栖息于河流及其附近环境中，以水中和陆地上的动物为食。捕食策略包括静伏不动、偷袭路过的陆地动物，隐藏在水中偷袭游近的鱼类，有时也利用身体和尾巴驱赶鱼类到浅水处或在开阔水域中将鱼类驱赶到狭窄的岸边再捕食。

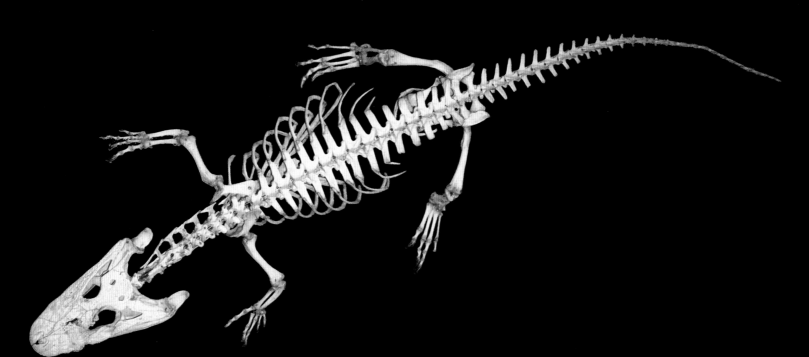

密河鼍也叫密西西比鳄、美洲短吻鳄，体型较大，外形扁而长，头部较宽，吻部宽而钝圆，整个面部就像一把铁锹。口中锥状的槽生牙齿像锯齿一样，十分锋利。与其他鳄类不同的是，当口闭合时，上颌缘覆盖下颌齿，使下颌的牙齿并不露在外面。体表呈黑色，有一些浅黄色的斑纹，皮肤覆以角质鳞片及骨板，腹甲较软，骨板不发达，相邻的骨板间为柔韧的皮革质皮肤所连接，与其他鳄类不同。颈部较细，四肢较短，后肢比前肢稍大，尾侧扁而长，可以起稳定身体的作用。

密河鼍栖息于淡水沼泽、河流、湖泊和小水体，偶尔活动于红树林水域中。以各种水生和陆生动物，如鱼、哺乳动物等为食。密河鼍常做剧烈的头部活动，以帮助肢体用力，就如同人常常用肩部助自己一臂之力一样。

密河鼍
Alligator mississippiensis

鳄目鼍科
体长 300 ~ 450 厘米
分布于美国东南部

尼罗鳄
Crocodylus niloticus

鳄目鳄科
体长 200 ~ 550 厘米
分布于非洲

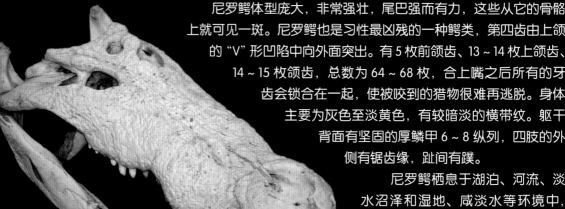

尼罗鳄体型庞大，非常强壮，尾巴强而有力，这些从它的骨骼上就可见一斑。尼罗鳄也是习性最凶残的一种鳄类，第四齿由上颌的"V"形凹陷中向外面突出。有 5 枚前颌齿、13 ~ 14 枚上颌齿、14 ~ 15 枚颌齿，总数为 64 ~ 68 枚，合上嘴之后所有的牙齿会锁合在一起，使被咬到的猎物很难再逃脱。身体主要为灰色至淡黄色，有较暗淡的横带纹。躯干背面有坚固的厚鳞甲 6 ~ 8 纵列，四肢的外侧有锯齿缘，趾间有蹼。

尼罗鳄栖息于湖泊、河流、淡水沼泽和湿地、咸淡水等环境中，常在离水数米远的沙质岸上挖掘深达 50 厘米的洞穴，主要猎杀羚羊、斑马、水牛等大型动物，有时甚至可以袭击河马、狮子。

湾鳄
Crocodylus porosus
鳄目鳄科
体长 250 ~ 700 厘米
分布于南亚、东南亚、澳大利亚

　　湾鳄也叫咸水鳄、河口鳄，是世界上最大的鳄类，也是最大的爬行动物。头大，吻部钝而长，有一对嵴从眼眶到吻中部。咬合力非常大，由于第四枚下颌齿正对着上颌的缺刻处，所以当嘴闭合时该齿就显露在外面。牙齿分化程度较低，只能撕扯食物，不能咀嚼，这样食物往往会刺痛喉咙和胃，也使得长在眼睛上的腺体受到刺激而流出"鳄鱼的眼泪"。

　　湾鳄喜欢在开阔的海岸、河流的入海口等处活动，但也栖息于沼泽、河流等淡水中，犹如漂泊的一根树干，遇到其他动物，就以突然袭击的方式咬住后并迅速拉入水中，然后撕碎吞食。虽然个体很大，但它十分灵活，尤其在水中，游动速度相当快。

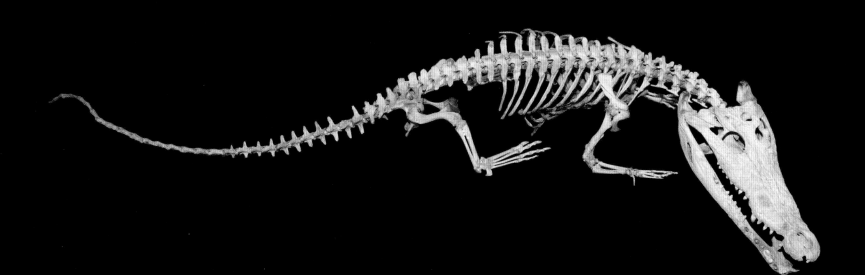

食鱼鳄

Gavialis gangeticus

鳄目长吻鳄科

体长 500 ～ 650 厘米

分布于南亚

　　食鱼鳄也叫印度食鱼鳄、长吻鳄，是吻部最细长的鳄类，末端宽大呈八角形，这是与其以鱼类为主的食性密切相关的。雄性有瘤状隆起，上颌有 54 枚（多于其他鳄类常见的 38 枚）、下颌有 48 枚锐利的小牙齿，口两侧有明显的由牙齿构成的锯齿状线纹，上颌骨伸长分割鼻骨和前颌骨，使两者不能连接。尾非常发达，侧扁，后脚有大的蹼。

　　食鱼鳄栖息于河流中比较平静的深水地带，运动能力较弱，只有到沙滩上晒太阳和筑巢时才离开水体，长而突出的嘴适合以吻的侧面打击鱼群，再用锐利的牙齿捕食。

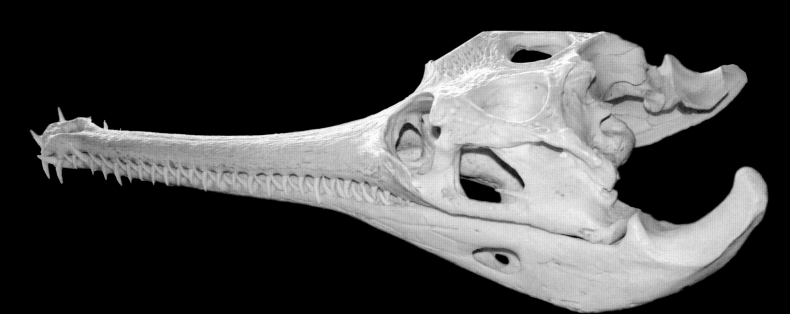

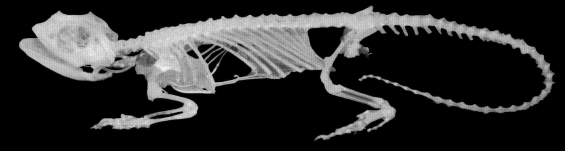

鬃狮蜥

Pogona vitticeps

有鳞目鬃蜥科

体长 40 ~ 50 厘米

分布于澳大利亚

　　鬃狮蜥也叫维塔图斯棘刺喉咙蜥，身体主要为浅灰色、浅黄褐色至红褐色，有褐色或黑色的喉部。鬃狮蜥体型粗壮，有楔形的头部。眼眶很大，位于体侧的棘状鳞，生长方位均不尽相同。背部及后颈上也覆有棘状鳞，当遭受威胁时会以张开嘴以及将带刺的咽喉充气膨大做展示动作，让自己看起来更强壮，来吓唬对手，并因此得名。

　　鬃狮蜥的骨架坚实，四肢强大，配以许多能动的骨骼，正适合它那四足步行的步法。出没于荒漠、森林等地带，白天常见于树枝上、倒木下等处活动，捕食昆虫。

　　埃及刺尾蜥生活在完全平坦的沙漠地带，那里烈日炎炎，昼夜温差大，降水量极少，气候干燥，只有零星的耐旱植物可以遮阴，但它却具有超强的适应能力，呈蜡质状且粗糙不平的灰褐色皮肤可以更好地锁住水分，鼻孔内有能自主启闭的瓣膜以抵御风沙的侵袭。埃及刺尾蜥还依靠挖掘长达 10 余米、深入地下 2 米的地穴来躲避阳光和敌害。

　　埃及刺尾蜥骨骼纤细，四肢发达，可交替移动，关节灵活坚牢，适合在沙漠上快速奔跑，是沙漠动物中的生存典范。

埃及刺尾蜥

Uromastyx aegypticus

有鳞目鬃蜥科

体长 40 ~ 45 厘米

分布于非洲北部

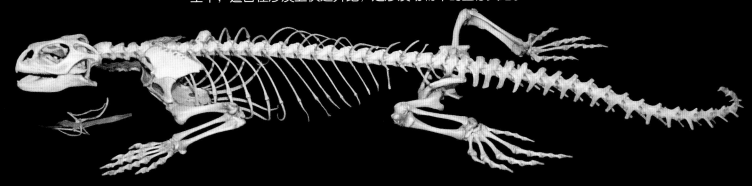

犀牛鬣蜥
Cyclura cornuta

有鳞目美洲鬣蜥科
体长 100 ~ 140 厘米
分布于中美洲、南美洲

犀牛鬣蜥因头上的角状物跟犀角十分相像而得名，但却是一种覆盖着角质层的骨质角，与牛类的"洞角"结构颇为类似。犀牛鬣蜥的体型比较大，尾很长，粗壮而有力。棘刺从颈部、背部延伸至尾部，但逐渐缩小，到尾端几乎消失不见。颧弓周围有角质层，眼眶和上下颌的周围都有突出的瘤状物，在雄性之间互相打斗时起重要作用。

犀牛鬣蜥四肢粗壮，前、后肢均具黑色的五指（趾），后肢第二趾最长，雄性在交配时可用于刺激雌性。犀牛鬣蜥白天活动，杂食性，主要在地面上行走，也擅长攀爬树木、岩石，遇到敌害时会立刻钻入岩缝中躲藏。

石龙子
Eumeces chinensis

有鳞目石龙子科
体长 20 ~ 40 厘米
分布于中国南方

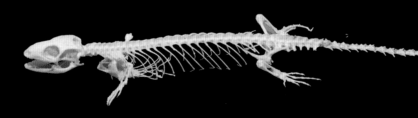

石龙子体表光滑，通身被有覆瓦状排列的圆鳞，鳞片下方均衬以来源于真皮的骨板。头顶有对称排列的大鳞，吻端圆凸，头骨具颞弓和眶后弓，但不发达，有侧生齿。身体较为细长，有一条长长的脊椎，特别是很长的尾椎。

石龙子的小短腿很强大，利用多骨节的足踝和五趾型的足，在草丛、农田、旷野等地带迅速爬行，捕食各种昆虫。遇到危险时，石龙子能够脱掉尾巴逃生，这是由于在每个尾椎骨中部之间有个断尾自残部位，尾椎骨上面的肌肉收缩能使尾巴突然断裂，然后如同括约肌一样封住尾巴上的动脉，而脱落的尾巴能抽搐般地扭动，因为尾部的肌肉已经进化成能够在无氧条件下进行较长时间的呼吸。然后，尾巴通过在一个管状的软骨（不是硬骨）上环绕重新生长，这时身体停止生长，待尾巴再生后身体再继续发育。

巨蜥
Varanus salvator

有鳞目巨蜥科
体长 60～90 厘米
分布于中国南方及南亚、东南亚

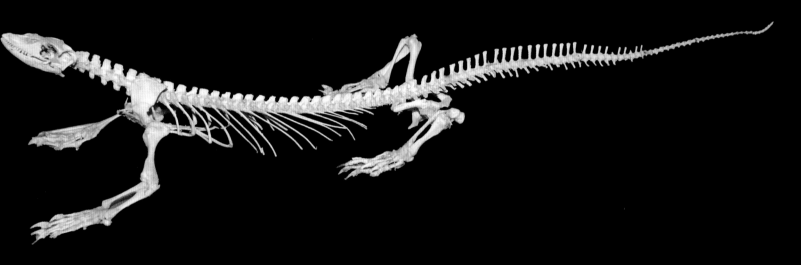

　　巨蜥是最大的蜥蜴类之一。头部窄而长，吻部也较长，腭力很强，牙齿为侧生齿，较大，基部较宽，咬下猎物直接吞食。头骨的构造与蛇有些相似，可以使尖端分叉的舌自由地伸出口外，但与蛇不同的是它的嘴必须张开一点。骨鳞退化或消失，背鳞呈颗粒状。四肢非常粗壮，同样粗壮的指（趾）上具有强而锐利的爪。长长的尾巴侧扁如带状，很像一把长剑，尾背面的鳞片排成两行矮嵴，不像其他蜥蜴那样容易折断。

　　巨蜥虽然身躯较大，但行动却很灵活，不仅善于在水中游泳，也能攀附矮树，捕捉鱼、蛙、虾、鼠等为食，也捕食鸟类、昆虫及鸟卵。在遇到敌害时常摆出一副格斗的架势，用尖锐的牙和爪进行攻击，并慢慢地靠近对方，出其不意地甩出其长而有力的尾巴，如同钢鞭一样向对方抽打过去。如果对方过于强大，它就逃入水中躲避。

岩巨蜥

Varanus albigularis

有鳞目巨蜥科

体长 40 ~ 85 厘米

分布于非洲

　　岩巨蜥也叫白喉巨蜥，头大而扁长，眼发达，瞳孔为圆形，眼睑可以活动。嘴形扁阔；舌扁平、平滑，前端分叉，可以缩到基部的鞘内，有味觉和触觉的功能，也与嗅觉有关；上下颌均有小而数量多的侧生齿，较大，基部较宽，左右下颌骨在前端并合。身体肥硕而扁平，尾很长，有白色环状斑纹。

　　岩巨蜥的头顶没有对称排列的大鳞，身体主要为暗灰褐色，有边缘较暗的黄色斑块。四肢粗壮有力，适于爬行，指（趾）上具有锐利的爪。岩巨蜥栖息于半干旱地区的草原地带，善于挖掘洞穴，以蠕虫、昆虫、蜗牛以及动物尸体等为食。

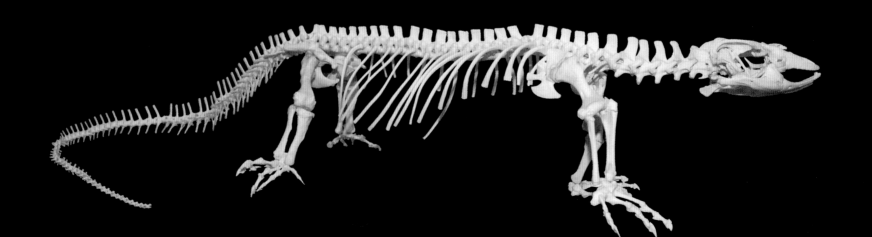

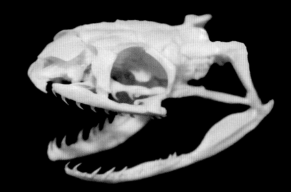

王锦蛇

Elaphe carinata

有鳞目游蛇科

体长 180 ~ 210 厘米

分布于中国华北地区至越南北部

　　王锦蛇身体粗壮，上下颌均有细的牙齿，颈部明显，尾细长，由于头的背面为棕黄色，而鳞缘和鳞沟的黑色形成了一个"王"字形黑斑，因此得名。这也是除了老虎之外，又一个头上有"王"字斑纹的家伙。王锦蛇的腹面为黄色，腹鳞后缘有黑斑；背面为黑色，混杂黄色花斑，似菜花，所以俗称"油菜花"。

　　王锦蛇栖息于山区、丘陵地带，平原亦有，常于山地灌丛、田野沟边、山溪旁、草丛中活动。昼夜均活动，但以夜间最活跃。行动迅速，虽然无毒，但性凶猛，可食蛙、蜥蜴、其他蛇类、鸟、鼠等，不愧"王"字头衔。王锦蛇经常将头部竖起，尾部拍打地面，发出"啪啪"声响，表现出强烈的攻击状。

三索锦蛇

Elaphe radiata

有鳞目游蛇科

体长 100 ~ 200 厘米

分布于中国南方及南亚、东南亚

　　三索锦蛇头部为长椭圆形，身体为长圆柱形，尾相当长。背面浅棕色或灰棕色，体侧有 3 条宽窄不等的黑索，是其典型特征，其中背侧一条较宽，中间一条较窄，腹侧一条不完全连续，此 3 条黑索向体后延伸时颜色逐渐变淡，至身体中段逐渐消失。腹面为淡棕色，散有淡灰色细斑，腹鳞两端密布灰色点斑。上颌有细齿，前后长短近似，下颌细齿前端的比较大，而且无沟。脊椎前段具锥体下突。

　　三索锦蛇生活于平原、山地、丘陵等地带，常见于田野、土坡、草丛、石堆、路旁和池塘边。昼夜活动，捕食鼠、鸟、蜥蜴、蛙等，受惊时可像眼镜蛇一样竖起身体前部，并能发出"咝咝"声响。

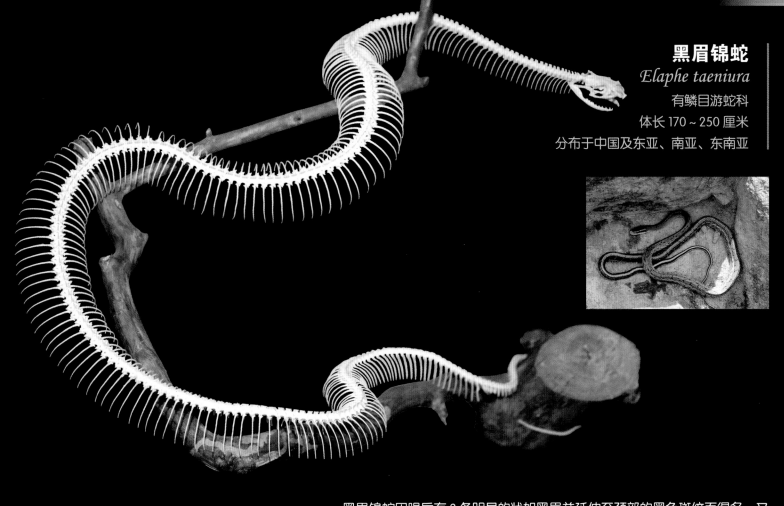

黑眉锦蛇
Elaphe taeniura

有鳞目游蛇科

体长 170 ~ 250 厘米

分布于中国及东亚、南亚、东南亚

黑眉锦蛇因眼后有 2 条明显的状如黑眉并延伸至颈部的黑色斑纹而得名，又因体背的前、中段有黑色梯形或蝶状斑纹，略似秤星，故俗称"秤星蛇"。它是大型无毒蛇，上颌齿 11 ~ 24 枚，每个牙齿几乎一样大小。头较长，与颈部区分明显，瞳孔为圆形，身体为圆柱形或略扁，尾较长。头部和身体的背面为黄绿色或棕灰色，有 4 条清晰的黑色纵带直达尾端，中央数行背鳞具弱棱。

黑眉锦蛇善于攀爬，对生境的适应力极强，从深达 300 米的地下洞穴，到海拔较高的山地；从喧嚣的城市郊区到人迹罕见的荒漠原野，都有它以游荡方式出没、觅食的踪影。其捕食速度之快，有如离弦之箭，尤喜各种鼠类，被誉为"捕鼠大王"。

原矛头蝮
Protobothrops mucrosquamatus

有鳞目蝰科
体长 90 ~ 130 厘米
分布于中国黄河流域以南至南亚、东南亚

　　原矛头蝮的头部为典型的长三角形，头长约为其宽的 1.5 倍，颈部细小，形似烙铁，故俗称"烙铁头"。头两侧有颊窝，鼻骨呈"刀"字形，额骨近长方形，顶骨呈三角形，上颌骨着生中空的管牙。属剧毒蛇，具有血循毒。

　　原矛头蝮生活于山区、丘陵地带的竹林、灌丛、溪边、耕地等环境，也常到住宅周围的草丛、垃圾堆、柴草、石缝间活动，有时甚至会进入室内。原矛头蝮的身体细长，体背棕褐色，在背中线两侧有并列的暗褐色斑纹，左右边相连而成波状纵纹，在波纹的两侧有不规则的小斑块。尾纤细，有缠绕性，适于攀爬上树，捕食鼠类及鸟类。

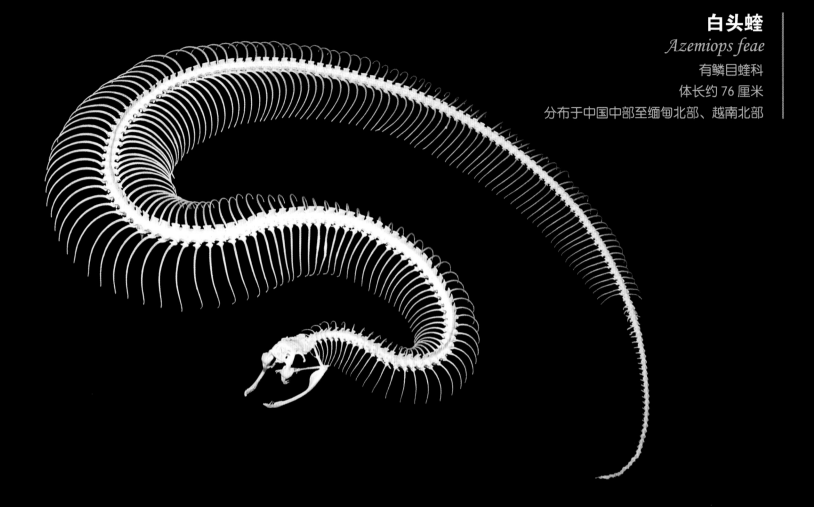

白头蝰
Azemiops feae
有鳞目蝰科
体长约 76 厘米
分布于中国中部至缅甸北部、越南北部

　　白头蝰为蝰类中的原始类型。头部背面白色，椭圆形，被以大型对称鳞片。吻宽而短，背鳞平滑，紫褐色或蓝黑色，具红色或橙红色横纹，在背中央呈左右交错排列或左右相连为一条横纹。

　　白头蝰栖息于山区有洞穴的岩石地带，也常到路边、稻田、草丛及住宅附近，平时单独生活，夜行性，黄昏时分比较活跃，有冬眠现象。白头蝰是混合毒素的前管牙类毒蛇，主要以啮齿动物、食虫动物为食。

圆斑蝰

Vipera russellii

有鳞目蝰科

体长 92～150 厘米

分布于中国华南及南亚、东南亚

　　圆斑蝰身体粗壮，头较大，略呈三角形。前端较窄，后端较宽，与颈部区别明显。吻端钝圆，没有颊窝，上颌有管状毒牙。

　　圆斑蝰生活在平原、丘陵和山区，主要栖息在开阔的田野草丛中，行动比较迟缓，发动袭击时躯干前部先向后屈，再猛然离地面向前射击咬住目标，并有咬住不放的现象。圆斑蝰的毒素有两种：一种是出血性毒素，另一种是神经毒素。这在蛇类中是比较少见的。

眼镜王蛇
Ophiophagus hannah

有鳞目眼镜蛇科
体长 200～380 厘米
分布于中国南方及南亚、东南亚

眼镜王蛇是世界上最长的毒蛇。毒液里含有神经毒素以及心脏毒素。眼镜王蛇性情十分凶猛，排毒量也大，因而也是最危险的一种毒蛇。头部椭圆形，虽然没有眼镜蛇那样的眼镜状斑纹，但颈部也能膨大，身体背面主要为黑褐色，有浅色环纹；腹面为灰褐色，有黑色线状斑纹。

眼镜王蛇栖息于山地森林和平原溪流附近的农田、林地中，白天活动，善于爬树，行动敏捷，常抬起身体的前 1/3，同时张开嘴，露出毒牙，发动攻击。眼镜王蛇的头部可灵活转动，不但可向前后左右出击，还可以垂直蹿起来攻击头顶上方的猎物。更奇特的是，它的主要食物居然就是与之相近的同类——其他种类的毒蛇与无毒蛇，因此被称为"蛇类煞星"。

银环蛇

Bungarus multicinctus

有鳞目眼镜蛇科

体长 75 ~ 140 厘米

分布于中国南方及缅甸、越南北部

　　银环蛇是剧毒蛇，具有两种神经毒素。头小，为椭圆形，与颈区分较不明显。舌红色，有前沟牙。身体和尾部都具有黑白相间的横条环纹，共有 30 ~ 50 对，黑纹宽于白纹，黑环纹在接近腹侧呈弧形，尾部最后一个黑纹正位于尖细的末端。

　　银环蛇栖息于平原、丘陵、山麓近水的地方，也常出现于田边、路旁、菜园和草丛中，夜间活动。喜欢吃鳝鱼、泥鳅，也吃其他蛇类、蜥蜴、鼠类等，其蜿蜒爬行的移动方式更易于钻进各种缝隙或地下洞穴去捕食。

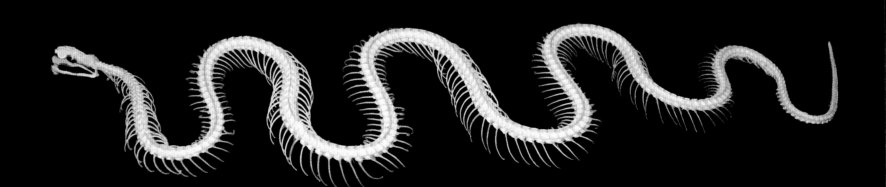

眼镜蛇
Naja naja

有鳞目眼镜蛇科

体长 145 ~ 180 厘米

分布于中国南方及南亚、东南亚

　　眼镜蛇因颈部背面有明显的白色圈纹，状如眼镜而得名。头部椭圆形，略扁，没有外耳孔，也没有鼓室、鼓膜及耳咽管，只有耳柱骨，因此仅对地表传导的振动较为敏感，对空气传导的声波却感受不到。眼镜蛇拥有远程毒液攻击的能力：毒液通道在门齿（前沟牙）末端处的急剧转弯，这个结构能够让它向对方既远又准地喷射毒液。

　　眼镜蛇食性很广，能上树，但没有缠绕能力。当它被激怒时，身体前部 1/3 能竖立起来，颈部急速地膨扁、扩张并发出"呼呼"的声音，然后发动攻击。这是由于它的颈部生有能活动的肋骨，平时这种肋骨顺在颈椎上，发怒时肋骨则向两侧扩张。

黑尾蟒
Python molurus

有鳞目蟒科

体长 300～750 厘米

分布于中国南方及南亚、东南亚

黑尾蟒是最大的蛇类之一，堪称"蛇中之王"。头、颈部区别明显，吻部扁平而圆钝。头骨看起来就是由许多相邻而不连接的小骨头组成的。头盖骨很小，占头骨大部分的是颌骨。上下颌之间的关节可以松脱，并且被有弹性的韧带连在一起，嘴张开最大可达150°，能整个地吞下比自己头部大得多的猎物。上下颌相互独立运动，像棘轮一样交替着把猎物推到咽喉处。牙齿都向后弯，能防止猎物逃脱。尾短而粗，呈圆柱形，肛前两侧各有一个距状的后肢痕迹，长约1厘米，略呈圆锥形，在雄性尤为发达，在交配时可用于抱握雌性，这也是其祖先曾具有健全四肢的一个证据。

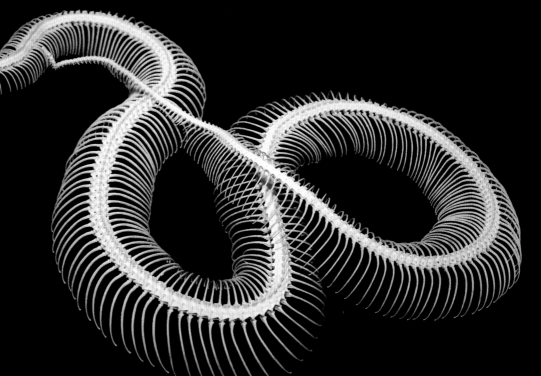

黑尾蟒喜暖怕冷，一般在夜晚活动，或倒吊在树上，或盘在动物经过的路上，等待猎物挨近时，慢慢地将头、颈抬起来并向后收成"S"形，然后突然将猎物一口咬住，用身体紧紧缠裹，直到猎物被绞死或不能再挣扎时再将其吞食。

巨蚺

Boa constrictor

有鳞目蟒科
体长 240 厘米
分布于秘鲁西北部

巨蚺是大型的无毒蛇类。身体有乳黄色、灰色椭圆形斑块组成的斑纹，尾部为栗色斑块，环绕着白色斑纹。巨蚺没有上眼窝骨，前上颌骨没有牙齿，身体留有后肢脚爪的痕迹。

巨蚺栖息于干旱、半干旱地区的草原和稀树草原地带，夜行性，常爬到树上，以哺乳动物、鸟类等为食。捕获猎物时用粗壮有力的躯干将其捆死，连豪猪都能吞下去，而且其消化能力也很强，几天后猎物的骨头都被消化掉。

LIANG QI DONG WU

两栖动物

　　两栖动物的身体分为头、躯干、尾和四肢四部分，体型大致可分为很像蚯蚓的蚓螈型、有短小四肢及发达尾部的鲵螈型和后肢强健而没有尾巴的蛙蟾型。在水栖过渡到陆生的进化中，它们的骨骼发生了巨大变化，获得比鱼类更大的坚韧性、活动性和对身体及四肢的支持作用。

　　头骨宽而扁，口裂宽阔。颈椎只有一枚寰椎，椎体前有一突起与枕骨大孔的腹面连接，突起的两侧有一对关节窝与颅骨后缘的两个枕髁关节，使头部可以上下运动，但与真正的陆栖脊椎动物相比，因其颈椎和荐椎的数目较少，所以在增加头部运动及支持后肢的功能方面还处于不完善的初步阶段。

　　两栖动物具有五趾型附肢，但鲵螈类中的鳗螈仅有细小的前脚，而蚓螈和鱼螈则四肢已经退化。蛙蟾类的四肢发展也很不平衡，前肢短小，四指，指间无蹼，主要用作支撑身体前部，便于举首远眺；后肢强健，五趾，趾间有蹼，适于游泳和在陆地上跳跃前进。树栖蛙类的指、趾末端膨大成吸盘，能往高处攀爬，以及吸附在草木的叶和树干上。

　　鲵螈类和蚓螈类都有 1~2 排单尖形的颌齿，而蛙蟾类则无颌齿或仅有上颌齿。此外，口腔顶壁的犁骨上有两簇细小并无咀嚼食物功能的犁骨齿，只有咬伤捕食对象和防止食物滑出口外的作用。

新疆北鲵
Ranodon sibiricus

有尾目小鲵科
体长 15~20 厘米
分布于中国新疆西部及哈萨克斯坦

　　新疆北鲵头部扁平，有两列间距比较宽的犁骨齿，躯干略呈圆柱形，尾的基部圆，向后呈侧扁形。皮肤光滑，身体主要为淡黄绿色、褐色或黑褐色，有深褐色或黑褐色斑点。

　　新疆北鲵的前肢细弱，具四指，第一指甚为短小；后肢较粗，具五趾，第一趾比较短小；其余指（趾）较宽扁，仅基部具蹼。新疆北鲵栖息于高山小溪比较平缓的溪流中，白天隐藏于水生植物形成的片状沼泽及石块下，夜间在水中爬行或游泳，有时也到地面活动，以水生昆虫、甲壳动物等为食。

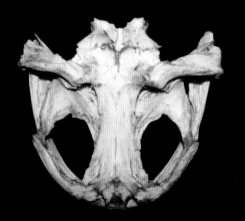

大鲵
Andrias davidianus

有尾目隐鳃鲵科
体长 100~180 厘米
分布于中国华北以南

　　大鲵是最大的两栖动物，因其夜间的叫声犹如婴儿啼哭，所以俗称"娃娃鱼"。头宽大而扁平，眼小。弧形的口裂十分宽大，上下颌具有数量很多、大小相似的细齿，有利于取食。大鲵在捕食的时候很凶猛，常守候在滩口乱石间，发现猎物经过时，突然张开大嘴囫囵吞下。食物包括鱼、蛙、蟹、蛇、虾、蚯蚓及水生昆虫等，有时还吃鸟类和鼠类。

　　大鲵的身体宽扁而壮实，颈部短，躯干长，一般为圆柱状。侧扁的尾部很长，为体长的1/3~1/2，尾的上下有鳍状物。四肢肥短，很像婴儿的手臂，据说也是把它叫做娃娃鱼的又一个原因。前肢具四指，后肢具五趾，指（趾）间有微蹼，无爪。大鲵在傍晚和夜间出来活动游泳时四肢紧贴腹部，靠摆动尾部和躯体拍水前进。中耳一般只有耳柱骨，可借下颌或前肢肌腱的牵引而传导地表震动到内耳。

中华蟾蜍
Bufo gargarizans

无尾目蟾蜍科
体长 9 ~ 11 厘米
分布于东亚

中华蟾蜍又名癞蛤蟆、癞疙疱。头部宽，眼眶突出，没有牙齿，身体主要为黑绿色。皮肤非常粗糙，全身背面长满大大小小的圆形疙瘩（称为瘰粒），这是它的皮肤腺。其中最大的一对位于头侧鼓膜上方，称为耳后腺。这些腺体能分泌白色浆液（蟾酥），浆液具有强烈毒性，遇到危险时可喷向敌人来自卫。

中华蟾蜍四肢发达，前肢长而粗壮，雄性前肢内侧三指基部有黑色膨大的肉垫，称为婚垫，在交配时有加固拥抱的作用；后肢粗短，胫跗关节前达肩部，左右跟部不相遇，趾略扁，基部连成半蹼，适合在路旁、草地上爬行觅食，捕食各种昆虫。行动缓慢笨拙，不像青蛙那样善于跳跃、游泳。

黑斑侧褶蛙
Pelophylax nigromaculatus

无尾目蛙科
体长 6 ~ 8 厘米
分布于东亚

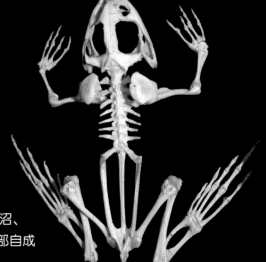

黑斑侧褶蛙头宽，略呈三角形，眼圆而突出，眼间距很窄，口大，舌后端游离，可翻出摄食。体态轻盈，颈部不明显，没有尾，皮肤较光滑，背中央有一条浅色线，背侧有两个褶，主要为黄绿色或深绿色，有不规则的黑斑。四肢发达，前肢短，有四指，在繁殖季节雄性的拇指基部有婚垫；后肢较短而肥硕，具五趾，趾间有全蹼。在游泳时，前肢划水用于身体上浮，前进的主要推动力来自后肢的后蹬和夹水等标准的"蛙泳"动作。

黑斑侧褶蛙是最常见的青蛙，有冬眠习性，栖息于平原和丘陵地带的水田、池塘、湖沼、河流等处，白天隐蔽，夜晚活动，以昆虫及其幼虫、蠕虫等为食。胫跗关节前达眼部，跗部自成一节，平时是折叠的，但在做"蛙跳"时可以爆发出如弹簧一般的力量。

大树蛙

Rhacophorus dennysi

无尾目蛙科

体长 8 ~ 11 厘米

分布于中国南方

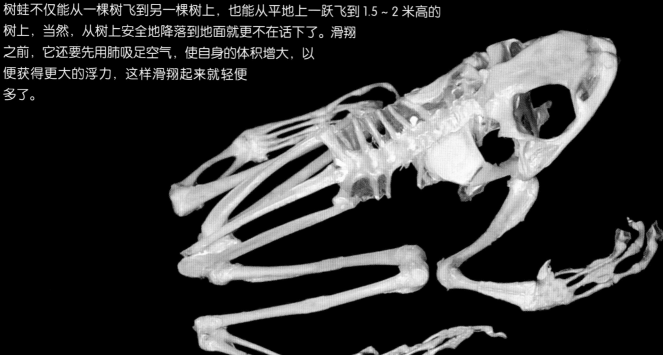

　　大树蛙身体扁平细长，鼻眼间之吻棱极显著，犁骨齿强壮，左右几乎平置。皮肤略粗糙，背部主要为绿色，胸、腹部为灰白色。一般栖息在树林中，昼伏夜出，捕食昆虫和蜘蛛。

　　由于大树蛙能在林间滑翔，所以人们更喜欢叫它"飞蛙"。后腿比前腿长，关节下瘤发达，胫跗关节达眼前部，指（趾）大而长，非常发达，末端膨大成吸盘，指（趾）之间还具有很发达的蹼膜，这种粗简的结构就为其在空中滑翔提供了空气动力学特性。大树蛙不仅能从一棵树飞到另一棵树上，也能从平地上一跃飞到 1.5 ~ 2 米高的树上，当然，从树上安全地降落到地面就更不在话下了。滑翔之前，它还要先用肺吸足空气，使自身的体积增大，以便获得更大的浮力，这样滑翔起来就轻便多了。

牛蛙

Rana catesbeiana

无尾目蛙科

体长 18 ~ 20 厘米

分布于北美洲，已扩散至世界各地

牛蛙的身体比青蛙粗壮得多，叫声响亮，与牛的叫声相似并因此得名。在它的头骨上有容纳双眼的两个大孔，跟青蛙一样，可以通过闭眼压迫眼球使其往颅内收缩来帮助吞咽食物。嘴非常大，下颌骨上没有牙齿，但上颌骨上有一排小齿。身体为褐色或深绿色，有黑色斑点。背面皮肤略粗糙，有细的肤棱或疣粒。前肢较短，有四指，指间无蹼；后肢粗长，有五趾，趾间有蹼相连，蹼达趾端，是其跳跃、游泳的主要器官。后肢有 4 个关节，关节的屈伸转动与力量的传递十分和谐，在跳跃的一刹那充分地把后蹬力量转化为向前的冲力，因而能跳跃出自己身长 9 倍的距离。

牛蛙栖息于沼泽、池塘、水田等处，有冬眠习性。夜晚活动，行动敏捷，食量大，食性广，贪食。

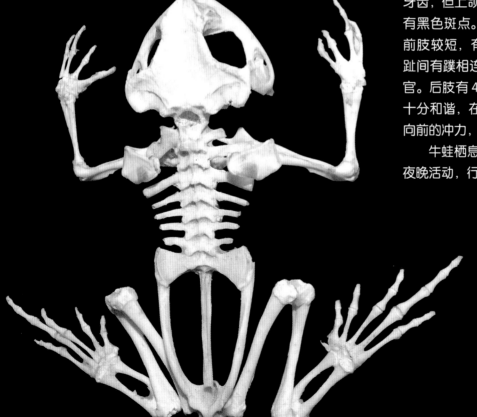

YU LEI

鱼 类

　　广义的鱼类包括软骨鱼类、硬骨鱼类（辐鳍鱼类和肉鳍鱼类）。大多数鱼类的全身或一部分被有鳞片，身体为纺锤形，也有适应底栖生活的平扁形以及潜伏于泥沙而适于穴居或擅长在水底礁石岩缝间穿绕游泳的鳗形等。

　　鱼类的脑颅由一块箱状的软骨或许多骨片拼接而成，骨块数多于所有其他的脊椎动物类群。有 3～4 块鳃盖骨覆盖在鳃弓外侧并构成鳃腔，其中最大的主鳃盖骨的开关与口的闭启起到配合协调的作用。

　　附肢骨骼包括鳍骨及悬挂鳍骨的带骨，而鳍骨除了偶鳍骨外，还有奇鳍骨，即一系列深埋于体肌内的支鳍骨。尾鳍是鱼类游泳时的主要推进器官，最后几枚尾椎骨愈合成一根翘向后上方的尾杆骨，它的上、下各有若干骨片或软骨片愈合而成的上叶和下叶，作为支持尾鳍鳍条的支鳍骨。此外，雄性软骨鱼类还有一个被称为"鳍脚"的交配器，是腹鳍内侧一块基鳍软骨特化所成的变形器官。

　　除了颌齿外，许多鱼类还有附生于犁骨上的犁齿、腭骨上的腭齿、舌骨上的舌齿和下咽骨上的咽齿等，它们一般与颌齿发展程度成反相关的互补作用，即颌齿强大者，则其他齿不发达或退化，反之亦然。齿的形状各异，有犬齿形和圆锥形，也有臼齿形及门齿形，甚至还有前、后异形的颌齿，不同的齿型反映了它们在所食食物方面的差别。

虎鲨
Heterodontus sp.

虎鲨目虎鲨科
体长 325～425 厘米
分布于世界温带和热带海洋

　　虎鲨因身体上有横斑纹而得名。身体前部粗大，头大略呈方形，头顶狭窄，两侧有显著的上嵴突。吻钝，口狭小，上下颌前部的牙细尖，有 3 个尖头。后部牙平扁，呈臼齿状。2 个粗强的背鳍棘均为毒棘，能使被刺者产生剧痛。虎鲨是冷温性近海底层鱼类，运动不活泼，主要以贝类和甲壳类为主要食物。

　　虎鲨与其他鲨鱼一样属于软骨鱼类，头是由软骨而不是硬骨构成的，但它的牙齿着实可怕——不仅强劲有力、锋利无比，边缘常常还有锯齿，一般是三角形的，向嘴后方倾斜，非常坚硬。因此，它那锐利的大嘴对其猎物来说，是彻底的梦魇。

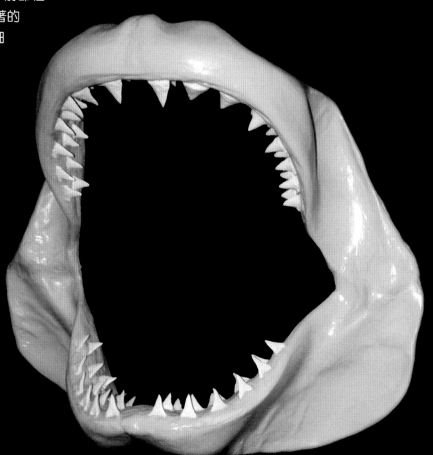

矛尾鱼
Latimeria chalumnae
腔棘鱼目矛尾鱼科
体长 140 ~ 180 厘米
分布于非洲东南部、马达加斯加岛
和科罗摩群岛附近海域

　　矛尾鱼又叫拉蒂迈鱼。因尾不分叉、副叶的形状很像古代士兵用的长矛而得名。体型矮粗而硕壮，头部较大，有锐利的牙齿，一对喉板，没有鳃盖。上颌与头骨联合，背骨和鳍骨由软骨组成，呈管状。第一背鳍由强大的鳍棘组成，棘上还有很强的刺。胸鳍、腹鳍和第二背鳍都和普通的鱼类大不相同，鳍的基部有一条又粗又长的肉质鳍柄，好似带有短柄的船桨，又与陆生动物的四肢有些相像。矛尾鱼的胸鳍附在柄状骨的前端，能做各个方向的转动，动作方便，适于在海底爬行。

　　矛尾鱼营肉食性生活，由于鳍的棘条呈空心状，所以又叫腔棘鱼。在这一类群中，除了矛尾鱼，均为化石种类，因而它在鱼类到两栖动物的演化研究中具有特殊的意义。

中华鲟

Acipenser sinensis

鲟形目鲟科

体长 250 ~ 500 厘米

分布于中国长江等河流及东部沿海

　　中华鲟身体粗壮，略呈梭形。三角形的头部较大，吻长而呈犁状，其腹面有一个呈横裂状，能自由伸缩的口，上下颌均没有牙齿。全身基本无鳞，在背后和两侧排列着 5 行菱形的骨板。骨板的数目随个体不同有所变化，左右也不对称，通常背部中央一行最大，由 12 块组成，体侧各有 2 行，整个看上去就像一个身披铠甲的古代武士。

　　中华鲟是古棘鱼类的一支后裔，属于很原始的硬骨鱼类，故有"活化石"之称。在它的身上仍然保留着许多原始特征，如外形似鲨鱼，全身的骨骼大部分是软骨，尾鳍的上叶保留原始硬鳞，尾为上叶大、下叶小的歪尾形等，但也有一些现代硬骨鱼的特点。中华鲟具有溯江河洄游的习性，在我国东部沿海大陆架附近索饵、育肥的成体溯江河而上，到产卵场所繁殖后代；幼体出生后便同成体一起顺流而下，返回大海中去成长。

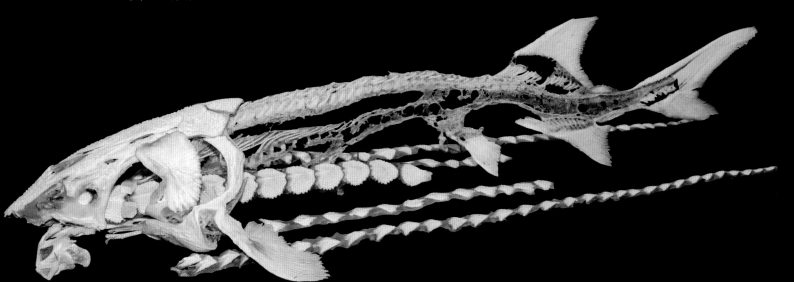

鲤鱼

Cyprinus carpio

鲤形目鲤科

体长 20 ~ 30 厘米

分布于亚洲，引进到欧洲、北美洲

  鲤鱼身体延长，呈纺锤形，稍侧扁。头大，眼小，有两对须，口位于前端，有一个不起眼的小骨使其上颌延展伸出。没有颌齿，有下咽齿 3 行，主行除第一枚齿为光滑的圆锥形外，其他的呈臼齿形，齿冠较平，具 2 ~ 5 道沟纹。背鳍的起点在腹鳍起点之前。体表具有圆形鳞，背面为灰黑色，腹面为淡黄色。尾鳍分叉，下叶为红色。

  鲤鱼栖息于水的下层，以底栖的水生动物、水草等为食。鲤鱼是最为常见的鱼类，因此在我国传统文化中与鱼有关的习俗、传说、窗花、年画等都采用它的形象，尤其是"鲤鱼跳龙门"的故事最为经典。

鲫鱼

Carassius auratus

鲤形目鲤科

体长 13 ~ 20 厘米

分布于亚洲、欧洲淡水水域

　　鲫鱼身体高而侧扁，前半部呈弧形，背部轮廓隆起，腹部圆，尾柄宽。头部短小，吻钝，眼大，口位于前端，无须。背鳍长，外缘较平直，背鳍、臀鳍第三根硬刺较强，后缘有锯齿。胸鳍末端可达腹鳍起点，尾鳍呈深叉形。身体背面为青褐色，腹面银灰色。

　　鲫鱼是生活在淡水中的杂食性鱼类，以藻类、小型水生动物等为食。鲫鱼喜欢群集而行，在水中穿梭游动的姿态十分优美，通常遇流即行，无流即止，择食而居，冬季多潜入水底深处越冬。

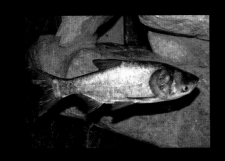

鳙鱼
Aristichthys nobilis

鲤形目鲤科
体长 28～35 厘米
分布于中国大部分淡水水域

鳙鱼因头部甚大，差不多占身体长度的 1/3，因而俗称"胖头鱼"。这一点在它硕大的头骨上也表现得淋漓尽致。身体侧扁而厚，腹部较窄，吻短而钝，眼小，位于头侧的较下方，距吻端近。巨大的口位于身体前端，下颌向上倾斜，下咽齿为铲形，齿冠光滑无纹。胸鳍长，末端远超过腹鳍基部，从腹鳍到肛门前有腹棱，尾鳍为深叉状。背上有不规则的黑斑，所以又叫花鲢。

鳙鱼栖息于水的中上层，喜欢集群活动，以浮游动物为食，兼食浮游植物。通过嘴的张开闭合，食物不断地随水进入口中。鳙鱼性情比较温和，行动缓慢。

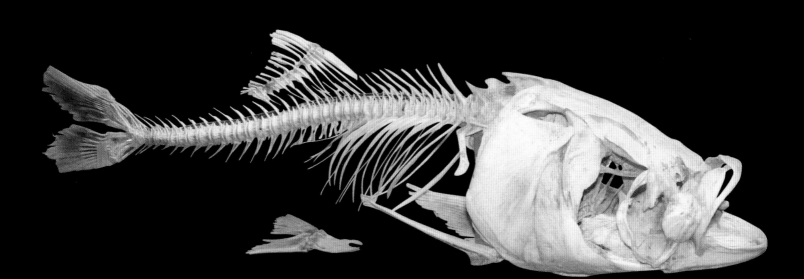

大西洋鮟鱇

Lophius piscatorius

鮟鱇目鮟鱇科

体长 40～150 厘米

分布于东大西洋、地中海

大西洋鮟鱇生活在海底。雌性个体头部和身体均宽阔而平扁，有许多骨刺或骨嵴。口大，颌骨长有一排倒向的牙齿。同样的牙齿在咽部还长有一排，能防止吞到嘴里的猎物逃走。它最显著的特点是由第一鳍棘特别延长而形成的"钓鱼竿"，顶端有两叉状的吻触手，摇摆起来如同活体诱饵一样，上面还生有能发光的细菌。其另一个重要的作用则是性炫耀：头部的钓饵越大、越柔软、亮度越大，对异性的吸引就越强烈。

大西洋鮟鱇的雄性比雌性小很多，而且没有钓饵，只热衷于交配，对捕食毫无兴趣。一旦发现目标，它就会用牙齿牢牢吸附在雌性的身体上，自己的身体却开始慢慢地消失，鳞片、骨骼、血管等都融入雌性的身体里，形成奇特的"性寄生"现象。

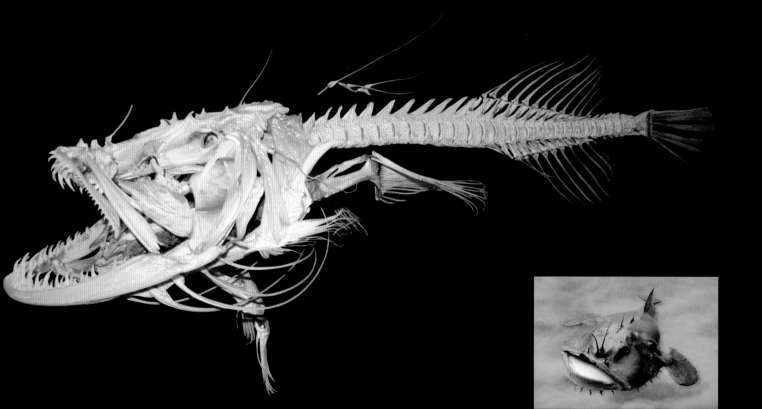

马鲹
Caranx hippos
鲈形目鲹科
体长 50 ~ 100 厘米
分布于大西洋沿岸海域

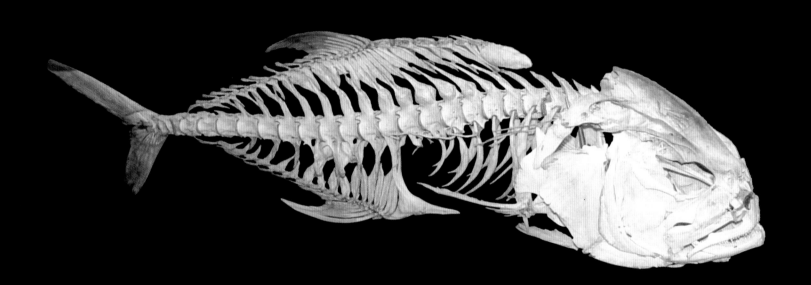

　　马鲹也叫长面鲹。身体为长椭圆形，侧扁而高，从眼后的颈部至背鳍基部急剧隆起。上颌齿呈带状排列，外行齿扩大，下颌齿为一行，犁骨、腭骨和舌上均具齿，胸部下侧面和腹面均无鳞，口裂与瞳孔下缘在同一水平线上，上颌骨后端伸达眼后缘下方或后方。

　　马鲹的侧线上被以扩大而加厚的骨质棱鳞，有两个分离的背鳍，臀鳍与第二背鳍的形状相同，腹鳍位于胸鳍的下方，尾鳍为叉状。马鲹是海洋中、上层鱼类，喜欢集群，以其他鱼类、虾类等为食，具有极高的游动效率和良好的机动性。

鲯鳅

Coryphaena hippurus

鲈形目鲯鳅科

体长 50 ~ 200 厘米

分布于太平洋、大西洋温带及热带海域

　　鲯鳅又名鬼头刀，身体延长而左右扁平，前部高大，向后逐渐变细，被细小而不易脱落的圆鳞。最有趣的是，幼年期后额部的骨质棱随年龄增长而加高，呈一骨质隆起，随成长而越来越明显，尤以雄性为甚。口大，端位，口裂稍倾斜，下颌略突出上颌。上下颌、犁骨和腭骨均有弯齿所形成的齿带，外行齿排列稀疏。舌面齿带呈卵圆形。背鳍由头部一直延伸到尾部，腹鳍胸位，部分可藏于腹沟内，尾鳍呈深叉状。脊椎骨有 30 ~ 33 枚。

　　鲯鳅是一种能够快速游泳的大型上层鱼类，往往会跃出水面，追赶和捕猎文鳐、竹笑鱼和枪乌贼等。鲯鳅善于选择背光的地方巧妙地隐藏自己，等待鱼儿路过时出其不意地发动袭击，因此又被称为阴凉鱼或水下狐狸。

宽鳍旗鱼

Istiophorus platypterus

鲈形目旗鱼科

体长 200 ~ 230 厘米

分布于世界亚热带、热带海域

　　宽鳍旗鱼也叫雨伞旗鱼，身体稍侧扁。上颌骨和鼻骨延长，形成尖长的喙状吻部，像剑一样向前突出，是下颌骨长度的 2 倍。颌齿呈绒毛状齿带，腭骨上具细齿。宽鳍旗鱼的第一背鳍很长，而且高达身高的 1.5 倍，呈帆状，前部上缘凹入，竖展的时候，仿佛是船上扬起的一张风帆，又像是扯着的一面旗帜，因此得名。宽鳍旗鱼还有第二背鳍，不过又短又低。宽鳍旗鱼的另一个特征是有超长的腹鳍，几乎能伸达臀鳍。此外，宽鳍旗鱼还有镰刀状的胸鳍和深叉状的尾鳍。

　　在鱼类中，宽鳍旗鱼的游泳速度最快。它用长剑般的吻突将水很快向两旁分开，并不断摆动尾柄尾鳍，仿佛船上的推进器，再加上流线型的身体、发达的肌肉，摆动的力量很大，于是就像离弦的箭那样飞速地前进。宽鳍旗鱼是肉食性鱼类，闯入别的鱼群之后，就用像剑一样的上颌东刺西砍，还用剪刀般的尾鳍左挥右舞，十分凶猛。

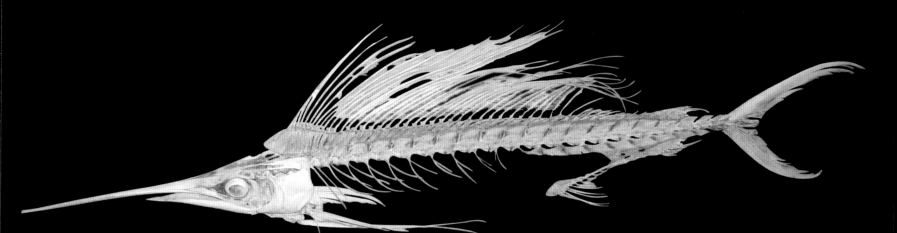

印度枪鱼
Makaira indica

鲈形目剑鱼科
体长 300 ~ 465 厘米
分布于印度洋、太平洋亚热带及热带海域

　　印度枪鱼吻长而尖，呈枪状突出，因此得名。身体延长，大约呈圆筒形，稍侧扁，被细长的骨质鳞。口大，微斜裂，有呈绒毛状齿带的颌齿。印度枪鱼有两个背鳍，第一背鳍软条部显然较体高为短；第二背鳍短小。胸鳍位低，呈镰刀状，僵硬地与体轴垂直相交，保持直角，不能贴服于体侧。腹鳍胸位，深叉形的尾鳍。这些都使其成为海洋中运动速度很快的鱼类之一。

　　印度枪鱼是海洋中、上层鱼类，常成群出现于沿岸或岛屿周围的水域，并具繁殖洄游的习性，主要摄食鱼类、甲壳类及头足类等，尤其是鲭、鲔的幼鱼。

欧洲鲽的身体为卵圆形，侧扁。体型正常的幼鱼在发育过程中，骨骼（特别是颅骨）经历了变态的生长，有些骨骼消失或变形，也有形成和重组，特别是眼眶的位移。它是个"右撇子"，两眼均位于头部右侧，上眼后方至侧线起点之间有一列 4 ~ 7 个不规则形的骨质突起。口在前边，下颌稍突出。颌牙侧扁，呈门齿状，形成一切缘。下咽骨宽，具 3 列臼状牙齿。背鳍从头的前部开始，脊椎骨有 39 ~ 44 枚。身体上大多被圆鳞，有一部分埋入皮内。

欧洲鲽是海底鱼类，平时常单独匍匐在海底不动，喜欢埋藏在沙中，诡异的不对称体型确保其能有良好的伪装。有时用头部的侧面轻击海底，就会有蠕虫、虾类等因受惊而从沙底冒出来，成为它的猎物。

欧洲鲽
Pleuronectes platessa

鲽形目鲽科
体长 35 ~ 100 厘米
分布于北大西洋、地中海西部

叉鼻鲀
Arothron sp.

鲀形目鲀科

体长 10 ~ 50 厘米

分布于太平洋、印度洋热带海域

　　叉鼻鲀身体呈稍长的圆筒形，但前部又粗又圆，肥肥胖胖的像小肥猪一样，而且每侧各具一个叉状突起，因而得名。叉鼻鲀主要借着胸鳍在水中缓慢游动，受惊吓时会泵入大量的空气或水，将身体涨大成圆球状，以吓退掠食者。叉鼻鲀属于有毒鱼类，其身体、骨骼甚至血液中都含有一种神经毒素——鲀毒素，其毒力与生殖腺活性密切相关，在繁殖季节前达到最高峰。

　　叉鼻鲀的身体上被有由鳞片变异而成的小刺、骨板，没有肋骨，在头骨上也没有鼻骨、顶骨及眶下骨，舌颌骨、腭骨与脑颅紧密连接，前颌骨与上颌骨相连或愈合。吻短钝，口前位，很大，牙齿与上下颌骨愈合，各形成两个中央有缝的喙状牙板。眼睛略小，侧位，位于头顶上方。背鳍后移到尾柄处，与臀鳍上下对称。尾柄短而呈锥形，略侧扁。脊椎骨有 17 ~ 20 枚。

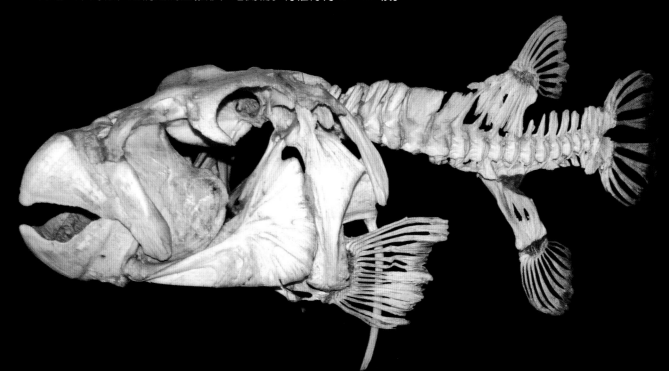

术语解释

骨骼系统：人和脊椎动物的器官系统之一。包括骨和软骨两部分，借韧带连接，构成骨骼系统。有支持体形、保护柔软器官，以及供肌肉附着、作为运动的杠杆等作用。

外骨骼：在脊椎动物中是指由皮肤衍生物（角质鳞、喙、爪、蹄、甲等）形成的能够对机体柔软的内部器官进行保护的坚硬外部结构。

软骨：人和脊椎动物所特有的一种略带弹性的组织，在机体内起着支持和保护的作用。由软骨细胞、纤维和基质所构成。

头骨：人和脊椎动物头部的骨质支架，由许多骨块所组成，主要包括颅骨和下颌骨，具有保护和支持作用。

枕骨髁：脊椎动物颅骨与第一颈椎相连接处的突起，有使头部能作自由转动的作用。现在生存的鸟类和爬行动物各有一个，人和两栖动物、哺乳动物各有两个。

矢状嵴：沿着头骨中线突出的山脊状骨质突起，用来附着肌肉。一般来说，矢状嵴大的动物咬力相对较大。

颧弓：指颧骨，面颊部位的骨头。因为形状像弓，因此被称作颧弓。

囟门：哺乳动物胎儿或新生儿的颅骨没有完全闭合，因此在头顶上有一处没有完全骨化的柔软区域，即联合颅顶各骨间的膜质部，在生后一段时间内逐渐封闭。

脊柱：人和脊椎动物的中轴骨骼，由若干形状不规则的椎骨借椎间盘、韧带互相连接而成，包括颈椎、胸椎、腰椎、骶骨和尾骨，具有支持躯干、保护内脏器官的作用。

肩带：脊椎动物的胸鳍或前肢与脊柱相联系的构造，一般由肩胛骨、喙状骨和锁骨三对软骨或硬骨组成。人的肩带仅由肩胛骨和锁骨两对硬骨组成。

腰带：脊椎动物的腹鳍或后肢与脊柱相联系的构造，一般由髂骨、坐骨、耻骨三对软骨或硬骨组成。人和哺乳动物的腰带由髂骨、坐骨和耻骨三骨相互愈合成为髋骨，并与骶骨相连组成骨盆。

骺：脊椎动物成长期间在长骨的两端、不规则骨或扁骨的周缘发生的骨块，借骺软骨同骨骼主体相连结，并依一定的年龄次序停止增殖而骨化，不再增长、扩大而消失。

关节：骨骼中两骨（或更多骨）互相连结的高级形式。能作特定运动的，称"动关节"；活动性小、坚固性大的骨连结称为"不动关节"。

鳍：鱼类和其他水生脊椎动物的运动器官，包括背鳍、臀鳍、尾鳍、胸鳍和腹鳍。鱼类的鳍一般表面覆有皮肤，内由柔软分节的"鳍条"和坚硬不分节的"鳍棘"所构成。

鳍脚：板鳃鱼类雄鱼腹鳍内侧缘延长而成的一对突起，表面有输送精液的纵沟或管，有助交配用。

阴茎骨：少数哺乳动物（翼手类、须鲸类、食肉类和原猴类等）阴茎中特有的骨骼，交配时可使阴茎直挺。

袋骨：也叫"上耻骨"，是存在于针鼹、袋鼠等耻骨前缘的一对"V"形棒状骨。一般为硬骨，少数为软骨（如袋狼）。有支持腹部育儿袋或捧托幼儿之用。

跖行：哺乳动物中用前肢的腕、掌、指或后肢的跗、跖、趾全部着地行走的方式，如猴和熊等，这类动物就称为跖行性动物。

趾行：哺乳动物中用前肢的指或后肢的趾的末端两节着地行走的方式，如犬和猫等，这类动物就称为趾行性动物。

蹄行：哺乳动物中前、后肢的指（趾）骨延长，单用指（趾）端的蹄着地行走的方式，如牛和马等，这类动物就称为蹄行性动物。

门齿：犬齿外侧的牙齿，用来夹住、切断食物，在有些物种当中，门齿会长得很大，成为獠牙，如象和独角鲸。只有哺乳动物才有真正的门齿。

犬齿：位于切牙和前磨牙之间的牙齿，呈圆锥形，通常长且尖锐，用来咬住、撕裂食物，尤其是肉类。在海象等物种中，犬齿会长成獠牙。只有哺乳动物才有真正的犬齿。

毒牙：毒蛇类上颌所生的一对至数对联通毒腺的长牙。毒牙可分为沟牙和管牙两种。前者有一条细的纵沟，如眼镜蛇；后者中央有管腔，如蝮蛇、五步蛇。

裂齿：许多食肉哺乳动物嘴中存在的牙齿，通常是最后一颗前臼齿或第一颗臼齿，用来切碎肉和骨头。

齿式：呈现哺乳动物牙齿数量与类型的标准模式。齿式对于鉴定物种有重要意义。

鲸须：生在须鲸类口部的一种由表皮形成的巨大的角质薄片。柔韧而不易折断，悬垂于口腔内，如梳状，用以滤取水中小虾、小鱼等为食饵。

角质齿：由表皮角质化所形成的齿。见于圆口类（如七鳃鳗）、两栖动物的蝌蚪、哺乳动物单孔目（如鸭嘴兽）的胎体，用以削刮、压碎和摄取食物。

角：有蹄类动物头上或鼻上所生的突起物，有防御、攻击等作用。角因构造和起源的不同，主要分为角质纤维角（如犀角）、洞角（如牛角）和实角（如鹿角）等。

鳞：鱼类、爬行动物和少数哺乳动物身体表面以及鸟类局部区域所被覆的皮肤衍生物。一般呈薄片状，具有保护作用。